ANTENNA ENGINEERING

안테나 공학

박동국 지음

도서출판 WisdomPL

머리말

무선통신시스템에서 안테나는 중요한 부품 중의 하나로서, 안테나를 적절하게 설계하면 시스템 요건을 완화시킬 수 있고, 또한 시스템의 성능을 개선시킬 수 있기 때문에 통신 시스템 설계에서 안테나 설계는 중요한 부분이다. 약 지난 100년에 걸쳐서 안테나 기술의 진보는 통신 혁명에 없어서는 안 될 중요한 역할을 담당해 왔다. 특히 오늘날에는 시스템 성능에 대한 요구가 더욱더 커지면서 안테나는 더 많은 이슈와 도전에 직면하고 있다.

이러한 시점에 무선 통신 분야를 전공하는 학생들에게 안테나에 대한 기본 지식을 전하고 안테나에 대한 이해의 폭을 넓히는데 조금이나마 일조하고자 본 교재를 저술하게 되었다. 본 교재는 전자기학 및 전자장론 교육을 받은 학생이면 누구나 쉽게 이해할 수 있도록 가능한 쉽게 만들고자 노력하였다.

안테나는 다양한 방법으로 분류를 할 수 있다. 본 교재에서는 특정 주파수나 또는 좁은 주파수 범위에서 사용하는 공진형 안테나, 넓은 주파수 대역에서 사용하는 광대역 안테나, 개구면에 분포된 전자계가 방사원(radiation source)이 되는 개구면 안테나, 방사 빔(beam)의 방향을 조절할 수 있는 배열 안테나로 분류하여 2장~5장에 걸쳐 설명하고, 6장에서 안테나 성능을 측정하는 방법에 대해 설명하였다.

아무쪼록 학생들이 안테나에 대한 전문지식을 쌓는데 도움이 되었으면 하는 작은 희망을 가져보며, 책이 완성되기까지 좋은 자문을 해주신 동아대학교 정봉식 교수님과 동서대학교 이종익 교수님께 감사를 드린다.

2025. 8
저자 박동국

차 례

Chapter 1

안테나 기초 이론

1.1 무선통신의 역사와 안테나의 발전

멀리 떨어져 있는 사람과 의사소통을 하기 위해 인간은 옛날부터 오늘날까지 여러 가지 수단을 사용하여 왔고, 이러한 수단도 비약적으로 발전하였다. 예를 들면, 예전에는 북과 같은 소리를 이용하거나, 깃발이나 봉화 연기 같은 시각적인 방법 및 직접 편지를 작성하여 전달하는 방법 등이 사용되었으나, 오늘날에는 전자기파를 이용한 무선통신을 이용하여 언제, 어디서나 의사소통을 하고 있다. 그러나 인류의 역사에서 살펴볼 때, 전자기파를 사용하여 오늘날과 같이 편리하게 무선 통신을 하게 된 것은 매우 최근의 일이다.

1864년에 맥스웰(James Clerk Maxwell)이 로렌츠(Lorentz), 패러데이(Faraday), 암페어(Ampere), 가우스(Gauss)의 연구 결과를 집대성하여 맥스웰 방정식을 발표하였다[1]. 이것은 전자기파의 전파(propagation)의 존재와 빛이 전자기파의 일종이며, 자유공간에서 전자기파의 전파는 빛의 속도로 전파된다는 것을 예측한 것이었다. 약 20년 후 하인리히 헤르츠(Heinrich Hertz)가 전자기파의 전파를 실험적으로 증명하였다[1]. 헤르츠는 실험실에서 무선주파수의 발생과 전파 및 수신을 실험하였다. 4m 파장에서 동작하는 다이폴(dipole) 안테나를 가진 송신기와 사각형 루프 안테나를 가진 수신기를 구성하여 실험하였다. 이 연구로 인해 헤르츠를 무선의 아버지라고 칭하고 있으며, 주파수의 단위로 헤르츠(Hz)를 사용하고 있다.

헤르츠의 실험 이후 약 20년 뒤 구글리엘모 마르코니(Guglielmo Marconi)가 무선으로 최초의 대서양 횡단 무선통신을 성공시켜 전신(telegraph)을 이용한 무선 통신의 상용화 및 발달에 기여하였다[1]. 특히 S.S. 타이타닉(Titanic)호 침몰사건 당시 무선통신을 이용한 조난 신호의 사용으로 대중은 무선통신의 유용성을 알게 되었고, 마르코니는 이러한 연구로 1909년 노벨상을 수상하였다.

이후 지속적인 연구개발 및 발전이 진행되었고, 1920년대에 디트로이트에서 단방향 방송이 이루어졌으며, 이를 계기로 무선 방송, 이동국과 지상국 간 통신 등 무선 전파의 사용이 급격하게 증가하였다. 특히 2차 세계대전, 1950년대 트랜지스터의 발명, 1960년대에 마이크로웨이브 집적회로 출현을 거치면서 무선 통신 기술의 발전이 가속화 되었다. 1980년대 이후에는 무선 전화기와 셀룰러 전화기가 널리 사용되었고, 2010년대 스마트폰에 이르기까지 무선통신이 비약적으로 발전하고 있다.

이러한 무선통신 시스템에서 없어서는 안 되는 중요한 부품이 안테나이다. 일반적으로 안테나란 전송선로에서 자유공간으로 또는 자유공간에서 전송선로로 전자파를 전달하는 변환기로 정의할 수 있다. IEEE에서는 '송·수신 시스템에서 전자파를 방사하거나 수신하기 위해서 설계된 부분'으로 안테나를 정의하고 있다.

이러한 안테나도 무선통신의 발전에 따라 발전하여 왔다. 헤르츠와 마르코니의 실험 이후 2

차 세계대전 이전까지는 UHF 주파수 대역까지 도선으로 된 안테나가 집중적으로 연구되었다. 2차 대전 이후 클라이스트론(Klystron), 마그네트론(magnetron)과 같은 1 GHz 이상의 주파수를 갖는 마이크로웨이브(microwave) 전원이 발명되면서 도파관, 혼 안테나 및 반사판을 사용하는 다양한 유형의 안테나에 대한 연구가 시작되었다. 1960년대 초를 기점으로 컴퓨터 기술의 발전에 힘입어, 난해한 안테나 구조를 매우 정확하게 해석하고 설계할 수 있는 수치해석 기법이 소개되면서 안테나 기술이 진일보 하였다. 1970년대 초에는 마이크로스트립 안테나가 개발되면서 PCB 형태의 안테나도 소개되었다. 오늘날에는 옷으로 입는 안테나 및 초소형 의료용 안테나 등 다양한 안테나가 개발되고 있는 실정이며, 밀리미터파 및 테라헤르츠 주파수 대역까지 사용하는 통신시스템이 연구, 개발되면서 이러한 시스템에 적합한 안테나 개발도 이루어지고 있다.

과거에는 안테나 설계가 통신 시스템 설계에서 부수적인 문제로 생각되었지만 오늘날에는 안테나 설계가 시스템 설계에 결정적인 역할을 수행하는 중요한 소자가 되었으며, 시스템 성능에 대한 요구가 더욱더 커지면서 안테나 설계 기술은 더 많은 이슈와 도전에 직면하고 있는 공학예술이라 할 수 있다.

1.2 전자파의 분류

규칙적인 시간 간격을 두고 주기적으로 반복되는 사인(sin) 함수나 코사인(cos) 함수 형태의 전기 신호를 정현파(sinusoidal wave) 신호라고 하며, 이 때 처음 위치에서 한 사이클이 끝날 때까지의 시간을 주기(T), 1번의 주기 동안 신호가 진행한 거리를 파장(λ), 1초당 사이클의 수를 주파수(f)라 부른다. [그림 1.1]에 정현파 신호의 주기와 파장을 나타내었다. 각 물리량의 단위를 SI 단위로 표시하면, 주기는 $[s]$, 파장은 $[m]$, 주파수는 $[Hz]$ 로 표시되며, 주기 T, 파장 λ, 주파수 f 의 관계는

$$f = \frac{1}{T} = \frac{v}{\lambda} \tag{1.1}$$

이다. 여기서 v는 신호의 진행(propagation) 속도를 나타내며, 자유공간에서의 속도 v는 $v = 3 \times 10^8\ [m/s]$ 로 광속과 같다.

전자기파(電磁氣波)는 전기장(electric field)과 자기장(magnetic field)의 두 성분이 서로 상호작용하면서 구성된 파동으로, 주파수에 따라 전파(radio wave, 電波), 적외선(infrared ray, 赤外線), 가시광선(visible light, 可視光線), 자외선(ultraviolet ray, 紫外線), X선(X-ray), 감마선(gamma ray) 등으로 나뉜다. 전파는 일반적으로 3 kHz부터 3000 GHz까지의 주파수를 갖는 전자기파를 의미한다. 인간의 눈으로 인지할 수 있는 것은 가시광선이며, 전파는 눈으로 인지할 수 는 없지만 오늘날의 무선통신에 활발히 사용되고 있다.

3 kHz ~ 3000 GHz의 전파에 대해 주파수 대역을 나누어 각각의 대역별로 [표 1.1]과 같이 주파수 대역을 지칭하는 명칭이 있다. 특히, 1 GHz에서 300 GHz 범위의 주파수대역을 마이크로웨이브(Microwave) 대역이라고 부르며, 마이크로웨이브 대역의 신호는 좀 더 세분하여 [표 1.2]와 같은 주파수 대역별 명칭으로 통용되고 있다.

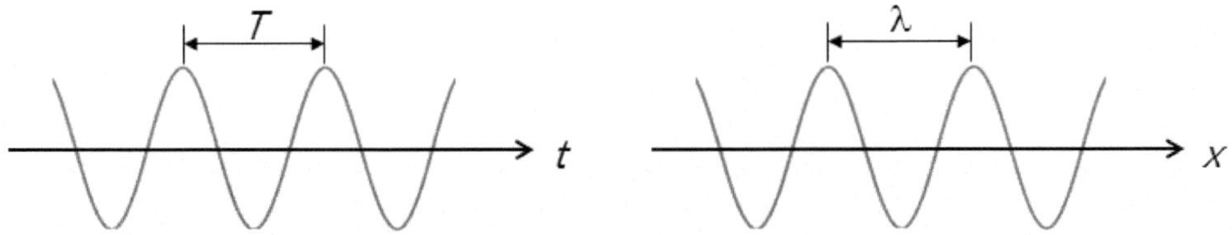

[그림 1.1] 정현파 신호의 주기와 파장

[표 1.1] 주파수에 따른 전파의 국제적 분류

주파수 범위	파장	주파수대 명칭	국문 명칭
3 ~ 30 KHz	100 ~ 10 km	VLF (Very Low Frequency)	초장파
30 ~ 300 KHz	10 ~ 1 km	LF (Low Frequency)	장파
300 ~ 3,000 KHz	1,000 ~ 100 m	MF (Medium Frequency)	중파
3 ~ 30 MHz	100 ~ 10 m	HF (High Frequency)	단파
30 ~ 300 MHz	10 ~ 1 m	VHF (Very High Frequency)	초단파
300 ~ 3,000 MHz	100 ~ 10 cm	UHF (Ultra High Frequency)	극초단파
3 ~ 30 GHz	10 ~ 1 cm	SHF (Super High Frequency)	(센티미터파)
30 ~ 300 GHz	10 ~ 1 mm	EHF (Extremely High Frequency)	(밀리미터파)
300 ~ 3000 GHz	1,000 ~ 100 μm	(없음)	(데시밀리미터파)

[표 1.2] 마이크로웨이브 주파수 대역별 명칭

주파수대 명칭	주파수 범위 [GHz]
L-band	1 ~ 2
S-band	2 ~ 4
C-band	4 ~ 8
X-band	8 ~ 12
Ku-band	12 ~ 18
K-band	18 ~ 26.5
Ka-band	26.5~ 40
Q-band	33 ~ 50
U-band	40 ~ 60
V-band	50 ~ 75
E-band	60 ~ 90
W-band	75 ~ 110
F-band	90 ~ 140
D-band	110 ~ 170
G-band	140 ~ 220
Y-band	220 ~ 325

(예제 1-1) 파장

주파수 2 GHz 의 파장을 구하시오.

(풀이)

식 (1.1)로부터 다음과 같다.

$$\lambda = \frac{v}{f} = \frac{3\times10^8}{2\times10^9} = 0.15\,m = 15\,cm$$

1.3 기초적인 전자기 이론

안테나 공학에 대한 공부를 하기 위해 기초적으로 필요한 전자기 이론에 대해 이절에서 설명하고자 한다. 먼저, 안테나에서 전파된 전자기파가 공간을 통해 전파해 나갈 때 생기는 현상에 대한 이해를 돕기 위해 손실 매질에서 평면파의 전파에 대한 이론을 설명하고자 한다. 그리고 안테나에 흐르는 전류에 의해 발생하는 전자계 필드를 맥스웰 방정식으로 구하는 방법에 대해 기술하고자 한다.

1.3.1 손실매질 내에서의 평면파

유전율이 ϵ이고, 투자율이 μ, 도전율이 σ인 손실 매질에서 시간에 따라 변하는 전계($\overrightarrow{E}$)와 자계($\overrightarrow{H}$)는 다음의 맥스웰 방정식(Maxwell's Equation)을 만족한다.

$$\nabla \times \overrightarrow{E} = -\mu \frac{\partial \overrightarrow{H}}{\partial t} \tag{1.2}$$

$$\nabla \times \overrightarrow{H} = \sigma \overrightarrow{E} + \epsilon \frac{\partial \overrightarrow{E}}{\partial t} \tag{1.3}$$

$$\nabla \cdot \overrightarrow{E} = 0 \tag{1.4}$$

$$\nabla \cdot \overrightarrow{H} = 0 \tag{1.5}$$

식 (1.2) ~ 식 (1.5)는 고려하고 있는 손실 매질내에는 외부에서 인가된 전원은 없다고 가정한 수식이다. 식 (1.2)의 양변에 컬(curl)을 취하면

$$\nabla \times (\nabla \times \overrightarrow{E}) = \nabla \times (-\mu \frac{\partial \overrightarrow{H}}{\partial t}) \tag{1.6}$$

이 되고, 벡터 공식

$$\nabla \times (\nabla \times \overrightarrow{E}) = \nabla (\nabla \cdot \overrightarrow{E}) - \nabla^2 \overrightarrow{E} \tag{1.7}$$

및 식 (1.4)을 이용하면, 식 (1.6)은

$$\nabla^2 \overrightarrow{E} = \mu \frac{\partial}{\partial t}(\nabla \times \overrightarrow{H}) \tag{1.8}$$

으로 되고, 식 (1.3)을 적용하면, 식 (1.8)은

$$\nabla^2 \overrightarrow{E} = \mu\sigma \frac{\partial \overrightarrow{E}}{\partial t} + \mu\epsilon \frac{\partial^2 \overrightarrow{E}}{\partial t^2} \tag{1.9}$$

이 된다. 식 (1.9)를 전계 $\overrightarrow{E}$에 대한 파동 방정식(wave equation)이라 부른다. 마찬가지로 자계 $\overrightarrow{H}$에 대한 파동 방정식을 유도할 수 있으며, 식 (1.10)과 같이 구해진다.

$$\nabla^2 \overrightarrow{H} = \mu\sigma \frac{\partial \overrightarrow{H}}{\partial t} + \mu\epsilon \frac{\partial^2 \overrightarrow{H}}{\partial t^2} \tag{1.10}$$

전계 및 자계가 모두 시간에 대해 정현파(sinusoidal wave)로 변하고, 각 주파수(angular frequency)를 ω라 두면, 전계 및 자계는

$$\overrightarrow{E} = Re\{\overline{E}\, e^{j\omega t}\} \tag{1.11}$$

$$\overrightarrow{H} = Re\{\overline{H}\, e^{j\omega t}\} \tag{1.12}$$

으로 표현할 수 있다. 여기서 $Re\{\circ\}$은 $\{\circ\}$의 값 중에서 실수 부분(real part)을 취한다는 것을 의미한다. 여기서 $\overline{E}$, $\overline{H}$는 크기와 위상을 나타내지만 시간과는 무관한 값으로 페이저(phasor)라고 부르며, 페이저는 복소수(complex number)로서, 이후로는 이러한 페이저로 전자계를 모두 표현하고자 한다. 따라서 페이저로 표현된 파동 방정식을 풀어서 해를 구하면 이것은 페이저로 표현된 전자계 값을 구한 것이 된다. 페이저는 복소수로 표현되며, 실수 값을 갖는 전자계 표현식은 식 (1.11) ~ 식 (1.12)에서 보듯이 페이저 전자계 값에 $e^{j\omega t}$를 곱하여 실수부를 취하면 된다.

페이저로 표현된 파동 방정식을 구하기 위해 식 (1.11), 식 (1.12)을 식 (1.9), 식 (1.10)에 대입하여 정리하면

$$\nabla^2 \overline{E} = (j\omega\mu\sigma - \omega^2\mu\epsilon)\overline{E} \tag{1.13}$$

$$\nabla^2 \overline{H} = (j\omega\mu\sigma - \omega^2\mu\epsilon)\overline{H} \tag{1.14}$$

이 된다. 또한

$$\begin{aligned} j\omega\mu\sigma - \omega^2\mu\epsilon &= -\omega^2\mu\epsilon\left(1 - j\frac{\sigma}{\omega\epsilon}\right) \\ &= -\omega^2\mu\hat{\epsilon} \\ &= \gamma^2 \end{aligned} \tag{1.15}$$

으로 표현하고, 여기서

$$\gamma = j\omega\sqrt{\mu\hat{\epsilon}} \tag{1.16}$$

를 전파상수(propagation constant)라고 부르며, 식 (1.13)과 식 (1.14)을 전파상수로 표현하면

$$\nabla^2 \overline{E} = \gamma^2 \overline{E} \tag{1.17}$$

$$\nabla^2 \overline{H} = \gamma^2 \overline{H} \tag{1.18}$$

이 된다. 또한 $\hat{\epsilon}$은 복소 유전율(complex permittivity) 이라 하며,

$$\hat{\epsilon} = \epsilon\left(1 - j\frac{\sigma}{\omega\epsilon}\right) = \epsilon' - j\epsilon'' \tag{1.19}$$

으로 표현되고, 특히 $\frac{\sigma}{\omega\epsilon}$은 손실 탄젠트(loss tangent) 혹은 탄젠트 델타($\tan\delta$) 라고 하며, 유전체의 손실 특성을 나타낸다.

전계 및 자계에 대한 파동 방정식 (1.17), (1.18)의 해가 갖는 의미를 살펴보자. 만약 직각좌표계에서 전계 및 자계가 $\hat{x}, \hat{y}, \hat{z}$ 벡터 성분을 모두 갖고 있으며, 각각의 성분이 x, y, z의 함수라고 하면 전계와 자계는 다음과 같이 표현된다.

$$\overline{E} = E_x(x, y, z)\hat{x} + E_y(x, y, z)\hat{y} + E_z(x, y, z)\hat{z} \tag{1.20}$$

$$\overline{H} = H_x(x, y, z)\hat{x} + H_y(x, y, z)\hat{y} + H_z(x, y, z)\hat{z} \tag{1.21}$$

식 (1.17)과 식 (1.18)의 해를 구하는 경우 매우 복잡한 수식을 풀어야 하지만, 여기에서는 문제를 간단히 하고자 전계를 식 (1.22)와 같이 가정한다.

$$\overline{E} = E_x(z)\hat{x} \tag{1.22}$$

전계를 식 (1.22)와 같이 가정하면 식 (1.17)은

$$\frac{d^2}{dz^2} E_x(z) = \gamma^2 E_x(z) \tag{1.23}$$

으로 되며, 해를 구하면

$$\begin{aligned} E_x(z) &= A e^{-\gamma z} + B e^{\gamma z} \\ &= A e^{-\alpha z} e^{-j\beta z} + B e^{\alpha z} e^{j\beta z} \end{aligned} \tag{1.24}$$

이다. 여기서 A, B는 임의의 상수이며, 전파상수 γ를

$$\gamma = \alpha + j\beta \tag{1.25}$$

으로 나타내었고, α를 감쇠상수(attenuation constant), β를 위상상수(phase constant)라 한다. 감쇠상수 α의 단위는 Np/m 또는 dB/m 와 같이 단위 길이당 감쇠 비율을 나타내며, Np는 네이퍼(Naper)라 부른다. 위상 상수 β의 단위는 rad/m 로서 식 (1.24)를 보면 βz가 z위치에서의 위상을 나타내므로 β를 위상상수라 한다. 따라서 전계 $\overrightarrow{E}$는 다음과 같이 된다.

$$\begin{aligned} \overrightarrow{E} &= Re\{\overline{E}\, e^{j\omega t}\} \\ &= Re\{E_x(z)\hat{x}\, e^{j\omega t}\} \\ &= A e^{-\alpha z}\cos(\omega t - \beta z)\hat{x} + B e^{\alpha z}\cos(\omega t + \beta z)\hat{x} \end{aligned} \tag{1.26}$$

이제 자계를 구해보자. 전계를 식 (1.22)와 같이 가정하는 경우 자계는 맥스웰 방정식 (1.2)로부터 식 (1.27)과 같이 된다.

$$\overline{H} = -\frac{1}{j\omega\mu}\nabla\times\overline{E} \tag{1.27}$$

$$= -\frac{1}{j\omega\mu}\left(\frac{\partial E_x}{\partial z}\hat{y}\right)$$

$$= \frac{\gamma}{j\omega\mu}\left(Ae^{-\gamma z} + Be^{\gamma z}\right)\hat{y}$$

식 (1.24)와 식 (1.27)로 표현되는 전계 및 자계 전파는 평면파(plane wave)라고 한다. 일반적으로 전자파는 동위상면(equi-phase surface)의 모양에 따라 평면파, 원통면파(cylindrical wave), 구면파(spherical wave)로 구분한다. 동위상면이 평면(plane)인 경우 평면파, 원통형(cylinder) 모양인 경우 원통면파, 구면(sphere)인 경우 구면파라고 한다. 또한 평면파 중에서도 동위상면에서 파의 크기가 모두 동일한 경우 균일평면파(uniform plane wave)라고 한다. 식 (1.24)와 식 (1.27)로 표현되는 전계 및 자계는 동위상면이 z가 일정한 평면이면서, 동위상면에서 크기도 모두 일정하므로 균일평면파가 된다.

(1) 전파상수(propagation constant)

손실 매질에서 $+z$방향으로 진행하는 전계를 $\overline{E_f}$ 라 하면, 식 (1.24)에서

$$\overline{E_f} = A\,e^{-\gamma z} \tag{1.28}$$

$$= A\,e^{-\alpha z}\,e^{-j\beta z}$$

이다. 여기서 전파상수 γ는

$$\gamma = \alpha + j\beta \tag{1.29}$$

$$= j\omega\sqrt{\mu\hat{\epsilon}}$$

$$= j\omega\sqrt{\mu\epsilon}\sqrt{1 - j\frac{\sigma}{\omega\epsilon}}$$

으로 표현된다. 만약 손실이 없다면 $\sigma = 0$ 이므로

$$\alpha = 0 \tag{1.30}$$

$$\beta = \omega\sqrt{\mu\epsilon} \tag{1.31}$$

이 되고, 매질의 손실이 매우 작아서 $(\sigma/\omega\epsilon) \ll 1$ 인 경우에는

$$\gamma \approx j\omega\sqrt{\mu\epsilon}\,(1 - j\frac{\sigma}{2\omega\epsilon}) \tag{1.32}$$

이므로

$$\alpha = \frac{\sigma}{2}\sqrt{\frac{\mu}{\epsilon}} \tag{1.33}$$

$$\beta = \omega\sqrt{\mu\epsilon} \tag{1.34}$$

이 된다. 위상 상수 β는 무손실 매질인 경우와 동일한 값을 갖는다. 또한 감쇠상수의 값은 주파수와 무관하게 일정한 값을 갖는 것을 알 수 있다.

만약 매질의 손실이 매우 큰 경우에는 $(\sigma/\omega\epsilon) \gg 1$ 이므로 전파상수는

$$\gamma \approx \sqrt{j\omega\mu\sigma} = \sqrt{\frac{\omega\mu\sigma}{2}}\,(1+j) \tag{1.35}$$

으로 근사가 되며,

$$\alpha = \beta = \sqrt{\frac{\omega\mu\sigma}{2}} = \sqrt{\pi f\mu\sigma} \tag{1.36}$$

이 된다. 여기서 f는 동작 주파수로서 $f = \omega/2\pi$ 이다. 또한 감쇠상수가 주파수의 함수로서 전계 $\overline{E_f}$ 는 $+z$ 방향으로 진행하면서 $e^{-\alpha z}$ 형태로 주파수의 함수로 크기가 감소하는 것을 알 수 있다.

(2) 위상 속도(phase velocity)

식 (1.26)의 우변의 첫째 항에서 $\cos(\omega t - \beta z)$항에 대해, 시간 변화에 따른 파동의 진행 방향을 살펴보자.

$$t = 0\text{인 경우 :} \quad \cos(\beta z) \tag{1.37}$$

$$t = t_1\text{인 경우 :} \quad \cos(\omega t_1 - \beta z) = \cos\left\{\beta\left(z - \frac{\omega t_1}{\beta}\right)\right\} \tag{1.38}$$

식 (1.37)과 식 (1.38)을 살펴보면 시간이 $t = 0$에서 $t = t_1$으로 변하는 동안 [그림 1.2]와 같이 파동은 $+z$ 방향으로 $\omega t_1/\beta$ 만큼 이동하였다. 따라서 식 (1.26)의 우변의 첫째 항은 파동의 전파 속도 v_p가 식 (1.39)와 같이 주어지며, $+z$ 방향으로 진행하는 파동을 나타낸다.

$$v_p = \frac{\left(\dfrac{\omega t_1}{\beta}\right)}{t_1} = \frac{\omega}{\beta} \tag{1.39}$$

마찬가지 방법으로 유도를 해보면, 식 (1.26)의 우변의 둘째 항은 $-z$ 방향으로 w/β의 전파 속도로 진행하는 파동을 나타낸다. 식 (1.39)로 표현된 파동의 전파속도는 파의 동위상점(equi-phase point)의 이동 속도와 같으므로 위상속도(phase velocity)라 부르며, v_p로 표현한다. 매질이 무손실 매질이거나 손실이 매우 작은 경우 식 (1.31)과 식 (1.34)에서 $\beta = \omega\sqrt{\mu\epsilon}$ 이므로 이것을 식 (1.39)에 대입하면 위상속도 v_p는

$$v_p = \frac{\omega}{\beta} = \frac{1}{\sqrt{\mu\epsilon}} \tag{1.40}$$

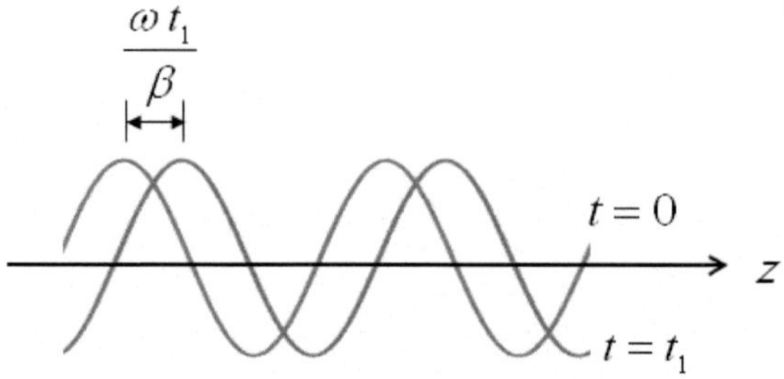

[그림 1.2] $\cos(\omega t - \beta z)$정현파 신호의 시간에 따른 이동

으로 표현된다. 만약 매질이 자유공간인 경우에는

$$v_p = \frac{1}{\sqrt{\mu_0 \epsilon_0}} = 3 \times 10^8 \ [m/s] \tag{1.41}$$

으로 위상속도가 광속도와 같다. 즉 빛도 전자기파의 일종이라는 것을 알 수 있다.

위상속도 v_p는 실제로 에너지가 전달되는 속도와 다르며, 전자파가 진행함에 따라 에너지가 전달되는 속도는 군속도(group velocity)라 부르고, v_g로 표현하고 다음과 같이 구한다.

$$v_g = \frac{\partial \omega}{\partial \beta} \tag{1.42}$$

그리고 군속도 v_g와 위상속도 v_p의 곱은

$$v_g \, v_p = \frac{1}{\mu \epsilon} \tag{1.43}$$

으로 항상 일정한 값을 갖는다.

또한 파가 한 파장(λ)을 진행하는 동안 위상은 2π 변하므로 $\beta \lambda = 2\pi$의 관계로부터 위상 상수 β는 다음과 같이 표현할 수도 있다.

$$\beta = \frac{2\pi}{\lambda} \tag{1.44}$$

(3) 고유 임피던스(intrinsic impedance)

식 (1.24)와 식 (1.27)에서 $+z$방향으로 진행하는 전계 및 자계에 대해, 전계와 자계의 크기의 비를 구하면

$$\frac{E_x}{H_y} = \frac{j\omega\mu}{\gamma} = \sqrt{\frac{j\omega\mu}{\sigma + j\omega\epsilon}} = \sqrt{\frac{\mu}{\hat{\epsilon}}} = \hat{\eta} \tag{1.45}$$

이 된다. 여기서 $\hat{\eta}$을 매질의 고유 임피던스(intrinsic impedance)라 한다. 전계의 단위가 $[V/m]$, 자계의 단위가 $[A/m]$이므로 $\hat{\eta}$의 단위는 $[\Omega]$이 된다.

만약 매질이 $\sigma = 0$인 무손실 매질이거나 매질의 손실이 매우 작아서 $(\sigma/\omega\epsilon) \ll 1$ 인 경우에는 매질의 고유 임피던스가 식 (1.46)와 같이 실수 값을 갖는다. 따라서 전계와 자계는 크기만 차이나고 위상은 동위상이 된다.

$$\hat{\eta} = \sqrt{\frac{\mu}{\epsilon}}\ [\Omega] \tag{1.46}$$

예를 들면, 매질이 자유공간인 경우, 매질의 고유 임피던스는 다음과 같다.

$$\hat{\eta} = \sqrt{\frac{\mu_0}{\epsilon_0}} = \eta_0 \approx 377\ [\Omega] \tag{1.47}$$

그러나 $(\sigma/\omega\epsilon) \gg 1$ 으로 매질의 손실이 매우 큰 경우에는 고유 임피던스는

$$\hat{\eta} \approx \sqrt{\frac{\omega\mu}{\sigma}}\, e^{j\frac{\pi}{4}} \tag{1.48}$$

으로 복소수가 되며, 전계와 자계는 크기도 다르고 위상도 45o 차이가 나는 것을 알 수 있다.

(4) 표피두께(skin depth)

손실매질 내에서 전자기파가 전파하면서 감쇠하는 정도를 표시하는 파라미터로서 표피두께(skin depth) 또는 침투깊이(penetration depth)라는 파라미터를 정의하는데, 이것은 크기가

e^{-1}배(최초 크기의 약 36.8%)로 줄어들 때까지 침투한 깊이로 표시한다. 따라서 표피두께 δ는

$$\delta = \frac{1}{\alpha} = \frac{1}{\sqrt{\pi f \mu \sigma}} \tag{1.49}$$

으로 표현된다. 예를 들면, 구리(copper)의 경우 도전율이 $\sigma = 5.8 \times 10^7\ S/m$ 이므로 주파수 $f = 1\ GHz$ 에서 표피두께 δ는 약 $2\mu m$ 정도로 매우 작다. 즉, 식 (1.49)을 보면 매질의 도전율이 크거나 주파수가 높을수록 전계 및 자계 필드는 매질의 표면 부근에 집중하게 되는 것을 알 수 있다. 이처럼 전계 및 자계가 표면에 집중하는 현상을 표피효과(skin effect)라고 부른다.

(5) 포인팅 벡터

전계 및 자계의 평면파가 $+z$방향으로 진행한다는 것은 $+z$방향으로 에너지 혹은 전력이 전달되고 있다는 의미이다. $+z$방향으로 전달되고 있는 순시 전력밀도(instantaneous power density)는 식 (1.50)의 포인팅 벡터(Poynting vector) $\vec{S}$로 구할 수 있다.

$$\vec{S} = \vec{E} \times \vec{H} \tag{1.50}$$

포인팅 벡터 $\vec{S}$의 단위는 W/m^2 이며, 시간 평균 전력밀도(time average power density) $\langle \vec{S} \rangle$는

$$\langle \vec{S} \rangle = \frac{1}{T} \int_0^T |\vec{S}|\, dt \tag{1.51}$$

로 표현된다.

한편 복소 포인팅 벡터(complex Poynting vector) $\overline{S}$를

$$\overline{S} = \frac{1}{2} \overline{E} \times \overline{H}^* \tag{1.52}$$

로 정의하면, 시간 평균 전력밀도 $\langle \vec{S} \rangle$는 복소 포인팅 벡터를 사용하여

$$\langle \vec{S} \rangle = Re(|\overline{S}|) = \frac{1}{2} Re(|\overline{E} \times \overline{H}^*|) \tag{1.53}$$

와 같이 간단하게 구할 수도 있다. 여기서 $\overline{H}^*$는 $\overline{H}$의 공액 복소수(conjugate complex number)를 의미한다.

한편, 체적 v 를 둘러싸는 폐곡면 s를 뚫고 나가는 총 전력 P은 식 (1.54)와 같이 구할 수 있다.

$$\begin{aligned} P &= Re\left(\iint \overline{S} \cdot d\hat{s}\right) \\ &= \frac{1}{2} Re\left(\iint \overline{E} \times \overline{H}^* \cdot d\hat{s}\right) \end{aligned} \tag{1.54}$$

1.3.2 방사 문제에 대한 맥스웰 방정식의 해

전자기파를 발생하는 교류 전류원으로부터 직접 전계 $\overline{E}$와 자계 $\overline{H}$를 구하는 것은 대부분의 경우 매우 어려우므로, 비교적 간단한 전위(electric potential) 및 벡터자위(vector magnetic potential)를 구하여 전자계 필드를 구하는 방법을 사용한다.

벡터자위 $\overline{A}$ 와 자계 $\overline{H}$ 는

$$\overline{H} = \frac{1}{\mu} \nabla \times \overline{A} \tag{1.55}$$

의 관계가 있으므로, 맥스웰 방정식 중 식 (1.2)에 식 (1.55)을 대입하면,

$$\nabla \times (\overline{E} + j\omega \overline{A}) = 0 \tag{1.56}$$

이 된다. 벡터 항등식에 의해

$$\overline{E} + j\omega \overline{A} = -\nabla V \tag{1.57}$$

으로 정의할 수 있으며, 따라서

$$\overline{E} = -j\omega\overline{A} - \nabla V \tag{1.58}$$

이다. 한편 맥스웰 방정식 중에서 식 (1.3)과 식 (1.54)을 사용하면

$$\begin{aligned}\nabla\times\overline{H} &= j\omega\epsilon\overline{E} + \overline{J} \\ &= \frac{1}{\mu}\nabla\times\nabla\times\overline{A}\end{aligned} \tag{1.59}$$

이 되고, 벡터 항등식

$$\nabla\times\nabla\times\overline{A} = \nabla(\nabla\cdot\overline{A}) - \nabla^2\overline{A} \tag{1.60}$$

을 이용하여 식 (1.59)를 정리하면,

$$\nabla^2\overline{A} + \omega^2\mu\epsilon\overline{A} - \nabla(j\omega\mu\epsilon V + \nabla\cdot\overline{A}) = -\mu\overline{J} \tag{1.61}$$

이 된다. 만약

$$\nabla\cdot\overline{A} = -j\omega\mu\epsilon V \tag{1.62}$$

라고 가정하면, 식 (1.61)은

$$\nabla^2\overline{A} + \omega^2\mu\epsilon\overline{A} = -\mu\overline{J} \tag{1.63}$$

이 되며, 이것을 벡터 자위 $\overline{A}$에 대한 벡터 파동 방정식(vector wave equation)이라 부른다. 여기서 식 (1.62)를 로렌츠 조건(Lorentz condition)이라 부르며, 이러한 조건을 만족하는 모든 potential은 Lorentz gauge에 속한다고 말한다.

식 (1.63)의 파동방정식의 해를 구하면, 전류밀도 $\overline{J}(\overline{r'})$에서 관측점(필드 값을 구하는 위치)까지의 거리를 $R(\overline{r}, \overline{r'})$라 할 때, 관측점에서의 벡터자위 $\overline{A}(\overline{r})$는

$$\overline{A}\,(\bar{r}) = \iiint \mu\,\overline{J}\,(\overline{r'})\,\frac{e^{-j\beta R}}{4\pi\,R(\bar{r}\,,\overline{r'}\,)}\,dv' \tag{1.64}$$

으로 구해진다. 여기서 $\bar{r}$은 원점에서 관측점까지의 거리이며, $\overline{r'}$은 원점에서 전원점, 즉, 전류원까지의 거리이다. 만약, 선전류 $I(\overline{r'}\,)$가 흐르는 경우 관측점에서의 벡터자위 $\overline{A}\,(\bar{r})$는

$$\overline{A}\,(\bar{r}) = \int \mu\,I(\overline{r'})\,\frac{e^{-j\beta R}}{4\pi\,R(\bar{r}\,,\overline{r'}\,)}\,d\overline{l'} \tag{1.65}$$

으로 표현된다.

또한 로렌츠 조건을 사용하는 경우 전계 $\overline{E}$는 식 (1.58)와 식 (1.62)을 사용하여

$$\overline{E} = -j\omega\,\overline{A} - j\,\frac{\nabla(\nabla \cdot \overline{A}\,)}{\omega\,\mu\,\epsilon} \tag{1.66}$$

으로 표현된다. 즉, 식 (1.64)로 벡터자위 $\overline{A}$를 구하면 전계 $\overline{E}$ 및 자계 $\overline{H}$는 식 (1.66)과 식 (1.54)을 이용하여 구할 수 있다. 전계 $\overline{E}$는 자계 $\overline{H}$를 구했다면 식 (1.3)으로부터

$$\overline{E} = \frac{1}{j\,\omega\,\epsilon}\,(\nabla \times \overline{H}\,) \tag{1.67}$$

으로 구할 수 있다.

1.4 미소 다이폴의 방사 전자계

[그림 1.3]과 같이 자유공간내의 원점에 일정한 크기의 교류 전류가 흐르는 미소 전류토막(current element)이 있을 때, 임의의 P점 위치에서 전자계 필드를 구하고자 한다. [그림 1.3]의 원점에 있는 미소 전류토막의 길이(Δz)는 공급되는 교류 전류의 파장(λ)에 비해 $\Delta z \leq \lambda/50$ 정도로 매우 작다고 가정하며, 흐르는 전류의 크기는 I로 일정하다고 가정한다. 이러한 미소 전류토막을 미소 다이폴(infinitesimal dipole) 혹은 헤르츠 전기 다이폴(Hertzian electric dipole)이라 부른다.

미소 전류막대가 [그림 1.3]과 같이 z축 방향으로 놓여 있고, 흐르는 전류의 크기가 I 로 일정하므로 원점에서 거리 r되는 점 P 위치에서의 벡터자위는 식 (1.65)을 사용하여 계산하면

$$\overline{A} = \frac{\mu I \,\Delta z\, e^{-j\beta r}}{4\pi r}\,\hat{z} \tag{1.68}$$

이다. 따라서 식 (1.54)를 이용하여 자계 $\overline{H}$ 를 구하면,

$$\begin{aligned}\overline{H} &= \frac{1}{\mu}\nabla\times\overline{A} \\ &= \frac{I\,\Delta z}{4\pi}\frac{\partial}{\partial r}\left(\frac{e^{-j\beta r}}{r}\right)\hat{r}\times\hat{z} \\ &= \frac{I\,\Delta z}{4\pi}\left[\frac{-j\beta\, e^{-j\beta r}}{r} - \frac{e^{-j\beta r}}{r^2}\right]\hat{r}\times\hat{z} \\ &= \frac{I\,\Delta z}{4\pi} j\beta\left[\frac{1}{r} + \frac{1}{j\beta r^2}\right] e^{-j\beta r}\sin\theta\;\hat{\phi}\end{aligned} \tag{1.69}$$

이 된다. 전계 $\overline{E}$ 는 식 (1.67)을 이용하면

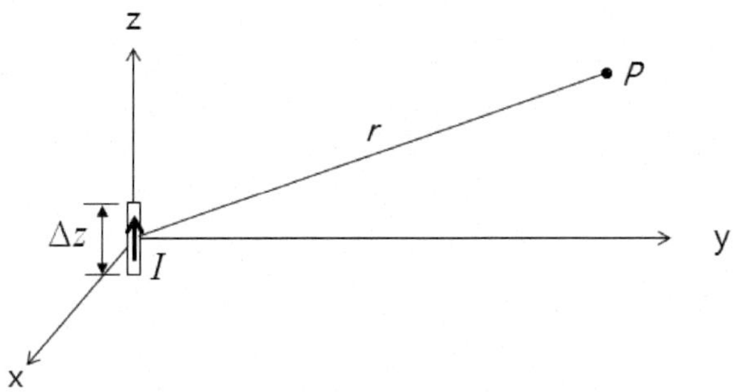

[그림 1.3] 자유공간 내의 원점에 놓인 미소 다이폴

$$\overline{E} = \frac{1}{j\omega\epsilon}\nabla\times\overline{H} \tag{1.70}$$

$$= \frac{I\triangle z}{4\pi}j\omega\mu\left[\frac{1}{r}+\frac{1}{j\beta r^2}-\frac{1}{\beta^2 r^3}\right]e^{-j\beta r}\sin\theta\,\hat{\theta}$$

$$+\frac{I\triangle z}{2\pi}\sqrt{\frac{\mu}{\epsilon}}\left[\frac{1}{r^2}-j\frac{1}{\beta r^3}\right]e^{-j\beta r}\cos\theta\,\hat{r}$$

이 된다.

1.4.1 원거리장 전자계

만약 $\beta r \gg 1$이면, 식 (1.69)와 식 (1.70)의 전계 및 자계는 근사적으로

$$\overline{E} \approx \frac{I\triangle z}{4\pi}j\omega\mu\frac{1}{r}\,e^{-j\beta r}\sin\theta\,\hat{\theta} \tag{1.71}$$

$$\overline{H} \approx \frac{I\triangle z}{4\pi}j\beta\frac{1}{r}\,e^{-j\beta r}\sin\theta\,\hat{\phi} \tag{1.72}$$

이 된다. 이 식은 미소 다이폴에서 멀리 떨어진 점에서의 전자계이며, 전계와 자계의 비를 구하면

$$\frac{E_\theta}{H_\phi} = \frac{\omega\mu}{\beta} = \sqrt{\frac{\mu}{\epsilon}} \tag{1.73}$$

으로 앞서 구한 평면파의 매질의 고유 임피던스 식 (1.46)과 동일하게 표현되는 것을 볼 수 있다.

또한 미소 다이폴을 둘러싸고 있는 반지름 r의 구 표면을 뚫고 나가는 복소 전력 밀도 $\overline{S}$를 구해보면,

$$\overline{S} = \frac{1}{2}\overline{E} \times \overline{H}^{*} = \frac{1}{2}\left(\frac{I\,\Delta z}{4\pi}\right)^2 \omega\mu\beta \frac{\sin^2\theta}{r^2}\,\hat{r} \tag{1.74}$$

으로 구해지며, 복소 전력 밀도 $\overline{S}$의 값이 실수 값을 갖는다. 따라서 미소 다이폴을 둘러싸고 있는 반지름 r의 구 표면을 뚫고 나가는 총 전력은

$$P = \iint \overline{S} \cdot d\overline{s} = \frac{\omega\mu\beta}{12\pi}(I\,\Delta z)^2 \tag{1.75}$$

이다. 이것은 실수 값으로서 실 전력(real power)이 전송되고 있음을 의미하며, 미소 다이폴 관점에서는 방사를 통해 전력이 소모되고 있음을 말해준다. 따라서 이러한 전력을 방사전력(radiated power)라고 하며, 식 (1.71) 및 식 (1.72)의 전계 및 자계를 방사장(radiation field)라고 한다. 전체 필드 성분 중에서 방사장의 크기가 중요한 부분이 되는 영역을 원거리장 영역(far-field region) 혹은 원거리장(far field)이라 한다.

$$\overline{E} = E_\theta\,\hat{\theta} \tag{1.76}$$

$$\overline{H} = H_\phi\,\hat{\phi}$$

$$\frac{E_\theta}{H_\phi} = \sqrt{\frac{\mu}{\epsilon}} = \eta$$

원거리장에서 전계와 자계의 특성을 정리해 보면, 전계와 자계는 서로 수직하면서, 전자기파

의 진행 방향 $\hat{r}$과도 수직하며, 전계와 자계의 크기는 무손실 매질의 고유 임피던스와 같이 표현된다. 즉, 식으로 표현하면 식 (1.76)와 같이 주어짐을 알 수 있다.

이것은 TEM 파(transverse electromagnetic wave)의 일반적인 성질로서 유한한 크기의 안테나에서 원거리 영역으로 방사하는 전파는 TEM 파임을 알 수 있다. 또한 유한한 크기의 안테나에서 방사되는 파는 등위상면이 구면을 이루는 구면파(spherical wave)가 되는 것을 알 수 있으며, 원거리장 영역에서는 구면파의 곡률 반경이 충분히 커서 국부 영역(local region)에서는 위상면이 거의 평면에 가까우므로 평면파로 근사할 수 있음도 알 수 있다.

한편, [그림 1-3]에서 원거리장에서의 전자계를 벡터 자기 포텐셜의 함수로부터 구할 수도 있다. 자계 $\overline{H}$는 식 (1.54)와 식 (1.68)로 부터

$$\begin{aligned} \overline{H} &= \frac{1}{\mu} \nabla \times (A_z \hat{z}) \\ &\approx \frac{j\beta}{\mu} \sin\theta \, A_z \, \hat{\phi} \end{aligned} \tag{1.77}$$

이며, 전계 $\overline{E}$는 식 (1.66)으로부터

$$\begin{aligned} \overline{E} &= -j\omega A_z \hat{z} - j \frac{\nabla(\nabla \cdot A_z \hat{z})}{\omega \mu \epsilon} \\ &\approx -j\omega A_\theta \hat{\theta} \\ &\approx -j\omega \sin\theta \; A_z \hat{\theta} \end{aligned} \tag{1.78}$$

으로 표현 할 수 있다. 식 (1.77)과 식 (1.78)를 유도하는 과정에서 원거리장에서는 r^{-1}항의 값이 r^{-2}, r^{-3} 항에 비해 큰 값을 가지므로 r^{-2}, r^{-3} 항을 무시하였다. A_z에 대한 식 (1.68)을 대입하면 식 (1.77)과 식 (1.78)이 식 (1.71)과 식 (1.72)와 동일한 수식이 되는 것을 확인할 수 있다.

1.4.2 근거리장 전자계

만약 $\beta r \ll 1$ 이면, 전계 및 자계는 근사적으로

$$\overline{H} \approx \frac{I\triangle z}{4\pi}\frac{1}{r^2}e^{-j\beta r}\sin\theta\,\hat{\phi} \tag{1.79}$$

$$\begin{aligned}\overline{E} &\approx -j\frac{I\triangle z}{4\pi}\,\omega\mu\,\frac{1}{\beta^2 r^3}\,e^{-j\beta r}\sin\theta\,\hat{\theta} \\ &\quad -j\frac{I\triangle z}{2\pi}\sqrt{\frac{\mu}{\epsilon}}\,\frac{1}{\beta r^3}\,e^{-j\beta r}\cos\theta\,\hat{r}\end{aligned} \tag{1.80}$$

이다. 이것을 안테나의 근거리장(near field)이라 한다.

만약 원점에 있는 미소길이 $\triangle z$의 도선에 서서히 진동하는(주파수가 매우 낮은) 전류 I가 흐를 때 Biot-Savart 법칙에 의해 근거리 r지점에서 발생하는 자계는

$$\overline{H} = \frac{I\triangle z\,\hat{z}\times\hat{r}}{4\pi r^2} = \frac{I\triangle z}{4\pi}\frac{1}{r^2}\sin\theta\,\hat{\phi} \tag{1.81}$$

이 된다. 식 (1.79)도 주파수가 아주 낮은 경우 $\beta r \ll 1$이므로 $e^{-j\beta r} \approx 1$ 이 되어,

$$\overline{H} \approx \frac{I\triangle z}{4\pi}\frac{1}{r^2}e^{-j\beta r}\sin\theta\,\hat{\phi} \approx \frac{I\triangle z}{4\pi}\frac{1}{r^2}\sin\theta\,\hat{\phi} \tag{1.82}$$

으로 식 (1.81)과 같은 수식이 된다. 따라서 식 (1.79)의 자계 $\overline{H}$는 미소길이 $\triangle z$에 서서히 진동하는(주파수가 매우 낮은) 전류 I가 흐를 때 Biot-Savart 법칙에 의해 거리 r지점에 유도되는 자기장과 같으므로, 유도장(induction field)이라 부른다.

또한 정전계에서 $+q$와 $-q$ 전하가 $\triangle z$ 만큼 떨어져 있는 전기 쌍극자의 전계는

$$\overline{E} = \frac{q\triangle z}{4\pi\epsilon r^3}(\sin\theta\,\hat{\theta} + 2\cos\theta\,\hat{r}) \tag{1.83}$$

이므로, $q = I/\omega$라고 두고, 주파수가 아주 낮은 경우를 가정하면 $e^{-j\beta r} \approx 1$ 이므로, 식

(1.80)의 수식은

$$\overline{E} \approx -j\frac{I\triangle z}{4\pi}\,\omega\mu\,\frac{1}{\beta^2 r^3}\,e^{-j\beta r}\sin\theta\,\hat{\theta} \quad (1.84)$$
$$-j\frac{I\triangle z}{2\pi}\sqrt{\frac{\mu}{\epsilon}}\,\frac{1}{\beta r^3}\,e^{-j\beta r}\cos\theta\,\hat{r}$$
$$\approx -j\frac{I\triangle z}{4\pi\,\omega\,\epsilon\,r^3}\,(\sin\theta\,\hat{\theta} + 2\cos\theta\,\hat{r})$$

이 되며, 식 (1.83)와 같아진다. 따라서 식 (1.80)은 전기 쌍극자 모멘트가 $(I\triangle z/\omega)$인 전기 쌍극자에 의해 거리 r지점에 발생하는 전계와 같으므로, 정전 다이폴(electrostatic dipole) 혹은 준정전 다이폴(quasi-static dipole)의 전계라 한다.

근거리장의 복소 전력 밀도 $\overline{S}$를 구해보면,

$$\overline{S} = \frac{1}{2}\overline{E}\times\overline{H}^* \quad (1.85)$$
$$=-j\,\frac{\eta}{2\beta}\left(\frac{I\triangle z}{4\pi}\right)^2\frac{1}{r^5}\,(\sin^2\theta\,\hat{r} + \cos\theta\,\sin\theta\,\hat{\theta})$$

이 된다. 특이한 점은 복소 전력 밀도가 허수(imaginary)로 표현된다는 점이다. 따라서 평균 방사 전력 밀도가 영(zero)이다. 식 (1.79)과 식 (1.80)에서 전계와 자계의 위상이 서로 90° 차이가 나는 것으로부터 근거리장에 의해서는 리액티브 전력이 구해지는 것을 알 수 있다. 즉 방사가 일어나는 진행파보다는 정재파에 대응하며 리액티브 소자에 저장되는 에너지를 나타내며, 안테나의 입력 임피던스를 나타낼 때 리액티브 성분의 값과 관련이 된다.

1.4.3 원거리장 거리(far-field distance)

안테나에서 어느 정도의 거리만큼 떨어질 때 원거리장 필드라고 할 수 있는지에 대해서 살펴보고자 한다. 먼저 앞서 유도한 수식을 바탕으로 미소 다이폴에서 방사되는 필드를 정리해보면, 다음과 같이 3가지 종류의 전자계로 나눌 수 있다.

- $\frac{1}{r}$ 항에 비례하는 방사계
- $\frac{1}{r^2}$ 항에 비례하는 유도계
- $\frac{1}{r^3}$ 항에 비례하는 정전계

이 3가지 전자계는 거리에 따라 크기의 변화가 다르게 나타난다. 즉, 거리가 멀어질수록 가장 급격하게 감소하는 필드가 정전계이며, 그 다음이 유도계이고, 가장 오래 동안 남아 먼 곳까지 전파하는 것이 방사계이다. 반면에 거리가 가까워지면 정전계 성분이 가장 크고, 그 다음이 유도계이며, 방사계 성분의 크기가 가장 작게 된다. 그러므로 위 3가지 전자계의 크기가 모두 같아지는 특정 거리 r_0가 있을 것으로 예상할 수 있으며, 식 (1.69)과 식 (1.70)의 수식을 사용하여 구하면 r_0는 다음과 같다.

$$r_0 = 0.16\,\lambda \tag{1.86}$$

한편 일반적으로 원거리장 거리(far-field distance)는 다음과 같이 정의된다.

$$r > \frac{2D^2}{\lambda} \tag{1.87}$$

여기서 D는 안테나의 최장 길이를 의미한다.

(예제 1-2) 균일 선전원

원점에 식 (1.88)과 같은 균일 선전류가 있을 때 원거리에서의 전계와 자계를 구하시오.

$$I(z') = \begin{cases} I_o & x' = 0,\ y' = 0,\ |z'| \le \frac{L}{2} \\ 0 & \text{그 밖의 경우} \end{cases} \tag{1.88}$$

(풀이)

식 (1.65)와 원거리 조건을 사용하면

$$A_z = \mu \frac{e^{-j\beta r}}{4\pi r} \int_{-L/2}^{L/2} I_o \, e^{j\beta z' \cos\theta} \, dz'$$

$$= \mu \frac{e^{-j\beta r}}{4\pi r} I_o \left[\frac{e^{j\beta (L/2)\cos\theta} - e^{-j\beta (L/2)\cos\theta}}{j\beta \cos\theta} \right]$$

$$= \frac{\mu I_o L e^{-j\beta r}}{4\pi r} \frac{\sin[(\beta L/2)\cos\theta]}{(\beta L/2)\cos\theta} \tag{1.89}$$

이 된다. 식 (1.78)을 사용하면 전계는

$$\overline{E} = -j\omega \sin\theta \; A_z \hat{\theta} \tag{1.90}$$

$$= \frac{j\omega\mu I_o L e^{-j\beta r}}{4\pi r} \sin\theta \frac{\sin[(\beta L/2)\cos\theta]}{(\beta L/2)\cos\theta} \hat{\theta}$$

이 되고, 자계는

$$\overline{H} = H_\phi \hat{\phi} = \frac{E_\theta}{\eta} \hat{\phi} \tag{1.91}$$

이 된다.

1.5 안테나 기본 파라미터

세상에는 다양한 종류의 안테나들이 사용되고 있다. 비록 그 모양은 달라도 안테나는 전기 신호와 전자기파 신호의 변환을 효율적으로 할 수 있도록 설계된 소자이며, 안테나를 설계하거나 성능을 평가하기 위해서는 안테나의 전기적 특성을 나타내는 파라미터의 정의를 아는 것은 무엇보다도 중요하다. 따라서 구체적인 안테나의 모양에 대해 설명하기에 앞서 이 절에서 안테나의 특성을 설명하는 여러 가지 파라미터에 대해 먼저 살펴보고자 한다.

1.5.1 방사패턴

유한한 크기의 안테나로부터 방사되는 전자계는 구면파(spherical wave) 형태로 방사가 생기므로, 안테나를 좌표계의 원점에 두고, 원거리 영역에 있는 반지름 r인 구(sphere)의 표면에서 전자계를 구해보면, (E_θ, H_ϕ) 혹은 (H_θ, E_ϕ) 성분을 갖게 되고, 전자계 필드의 크기는 θ, ϕ의 함수로 나타난다. 전계가 E_θ으로 표현될 때, 최대값이 1이 되도록 정규화한 E_θ 값을 $F(\theta,\phi)$로 나타내면,

$$F(\theta,\phi)=\frac{E_\theta(\theta,\phi)}{E_\theta(\theta,\phi)_{\max}} \tag{1.92}$$

이다. 여기서 $E_\theta(\theta,\phi)_{\max}$는 반지름 r인 구 위에서 E_θ의 최대값이다. $F(\theta,\phi)$를 정규화한 장 패턴(normalized field pattern)이라 부른다. 원거리 영역에서 전자계는 TEM 파의 성질을 가지므로, $H_\phi = E_\theta/\eta$ 으로 표현되며, 따라서 복소 포인팅 벡터의 r성분은 식 (1.74)에서

$$\overline{S}\cdot\hat{r}=\frac{1}{2}(\overline{E}\times\overline{H}^*)\cdot\hat{r}=\frac{1}{2}E_\theta H_\phi^*=\frac{|E_\theta|^2}{2\eta} \tag{1.93}$$

이 된다. 그러므로 정규화된 전력패턴(normalized power pattern)을 $P(\theta,\phi)$라고 하면,

$$P(\theta,\phi)=|F(\theta,\phi)|^2 \tag{1.94}$$

이 된다. 일반적으로 안테나의 방사 패턴은 정규화된 전력패턴 $P(\theta, \phi)$을 θ 혹은 ϕ의 값에 따라 극좌표 형태로 나타낸 것이다. 안테나 전류에 의해 원거리에서 전자계가 서로 상호 간섭을 일으켜 방사 패턴은 로브(lobe)를 만들게 된다. [그림 1.4]에 전형적인 전력 패턴을 나타내었다.

[그림 1.4]에서 최대 방사를 포함하는 로브를 주엽(main lobe) 또는 주빔(main beam) 이라 하며, 주엽보다 작은 로브들을 소엽(minor lobe)이라 한다. 소엽 중에서 주엽과 반대 방향에 존재하는 로브를 후엽(back lobe)라고 하고, 소엽 중에서 가장 큰 로브를 부엽(side lobe)이라 하며 통상 주엽 바로 옆에 위치한다. 로브(lobe) 사이에 방사의 세기가 급격히 감소하는 지점을 영점(null)이라 한다.

주빔의 빔폭은 반전력 빔폭(half power beamwidth: HPBW)으로 정의되며, HPBW는 전력이 주빔의 최대값의 절반이 되는 두 지점 사이의 각을 말한다. 최대 방사 크기로 정규화하여 방사패턴을 나타내었으므로 주빔의 최대값은 1이 되며, 0 dB에 해당한다. 따라서 반전력 빔폭은 -3 dB 가 되는 두 지점 사이의 각으로 구할 수 있다. 즉

$$HPBW = |\theta_L - \theta_R| \tag{1.95}$$

여기서 θ_L와 θ_R 은 정규화한 전력패턴의 최대값의 1/2 이 되는 주빔의 왼쪽과 오른쪽 지점의 각을 의미한다.

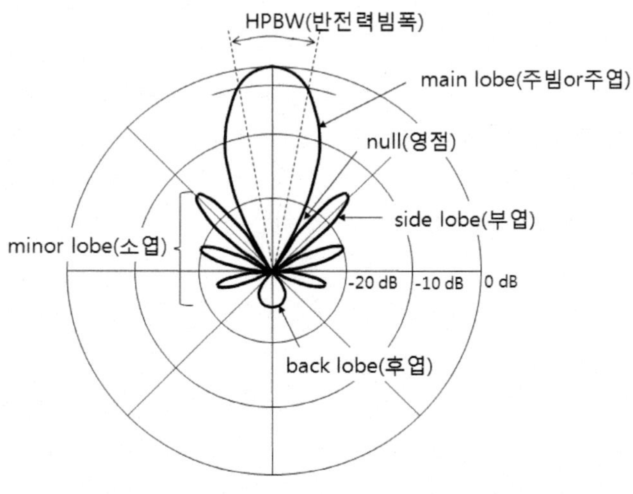

[그림 1.4] 전형적인 전력 패턴의 극좌표 그림

전력이 얼마나 주엽으로 집중되어 있는가의 척도로 부엽레벨(side lobe level ; SLL)이 사용되고 있다. 부엽레벨은 부엽 최고치와 주엽 최고치의 비로 정의되며, 약어로 SLL로 표시한다. 데시벨로 표시하면

$$SLL_{dB} = 20\log\frac{|F(\theta,\phi)_{\max}|}{|F(\theta,\phi)_{SLL}|} \tag{1.96}$$

가 되며, 여기서 $|F(\theta,\phi)_{SLL}|$은 정규화된 장 패턴에서 가장 큰 부엽 레벨의 값을 의미하며, $|F(\theta,\phi)_{\max}|$은 정규화된 장 패턴의 최대값으로 $|F(\theta,\phi)_{\max}| = 1$ 이다.

또한 안테나 지향성의 전후비(front-to-back ratio)는 안테나 후면 방사의 정도를 표시하는 양으로, 주엽 최고치 $|F(\theta,\phi)_{\max}|$에 대한 후방 $\pm 60^o$ 범위내 소엽의 최대치 $|F(\theta,\phi)_{Back_\max}|$의 비로 나타낸다.

$$F/B_{dB} = 20\ \log\frac{|F(\theta,\phi)_{\max}|}{|F(\theta,\phi)_{Back\_\max}|} \tag{1.97}$$

안테나의 방사패턴은 3차원 형태를 취하지만 이것을 2차원 평면에 표시하기 위해 서로 수직인 E-평면과 H-평면에서의 방사패턴을 극좌표로 나타낸다. E-평면 방사패턴(E-plane radiation pattern)은 전계 $\overline{E}$ 벡터와 나란하게 놓여 있으며 방사 최고점을 포함하는 평면에서의 방사패턴을 의미한다. 한편 H-평면 방사패턴(H-plane radiation pattern)은 자계 $\overline{H}$ 벡터와 나란하게 놓여 있으며 방사 최고점을 포함하는 평면에서의 방사패턴을 의미한다. 따라서 E-면 방사패턴과 H-면 방사패턴으로부터 3차원의 방사패턴의 모양을 형상화 할 수 있다.

안테나는 방사패턴의 종류에 따라 분류하기도 하는데, 모든 방향으로 균등하게 방사하는 안테나를 등방성 안테나(isotropic antenna)라고 하며, E-평면 혹은 H-평면 중 하나의 평면에서 모든 방향으로 균등한 방사패턴을 갖고 다른 평면에서는 지향성 패턴을 갖는 안테나를 전방향성 안테나(omni-directional antenna)라고 한다. 또한 안테나를 포함하는 평면에 수직한 방향으로 주빔의 최대값이 생기면 브로드사이드 안테나(broadside antenna)라고 하고, 안테나를 포함한 평면으로 주빔의 최대값이 생기면 엔드파이어 안테나(endfire antenna)라고 한다. 예를 들어 안테나가 $x-y$평면상에 놓여 있을 때 등방성 안테나, 전방향성 안테나, 브로드사이드 안테나 및 엔드파이어 안테나의 E면 방사패턴과 H면 방사패턴 모양의 예를 [표 1.3]에 나타내

었다. [표 1.3]은 하나의 예를 든 것으로 전방향성 안테나, 브로드사이드 안테나 및 엔드파이어 안테나의 방사패턴이 반드시 [표 1.3]과 같은 모양이 되어야 한다는 것은 아님을 명심하기 바란다. [표 1.3] (c)에서 H면 방사패턴을 살펴보면 좌표축이 다른 안테나와 다르게 표현되어 있는 것을 볼 수 있다. 즉, (c)는 z축 방향으로 주빔이 형성되는 지향성 안테나라는 것을 알 수 있다. 이 방향은 안테나가 놓인 면에 수직한 방향이므로 브로드사이드 안테나에 해당한다.

[표 1.3] 방사패턴의 종류에 따른 안테나 분류

	E면 방사패턴	H면 방사패턴
(a) 등방성 안테나 (isotropic antenna)	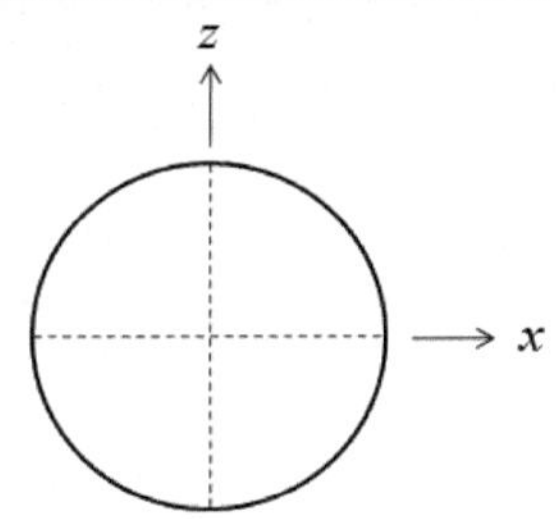	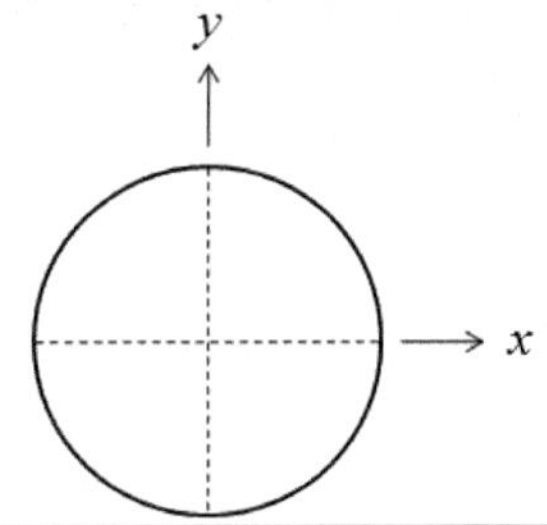
(b) 전방향성 안테나 (omni-directional antenna)	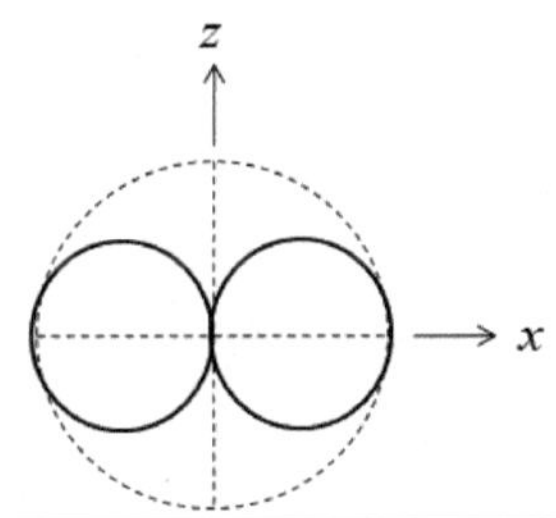	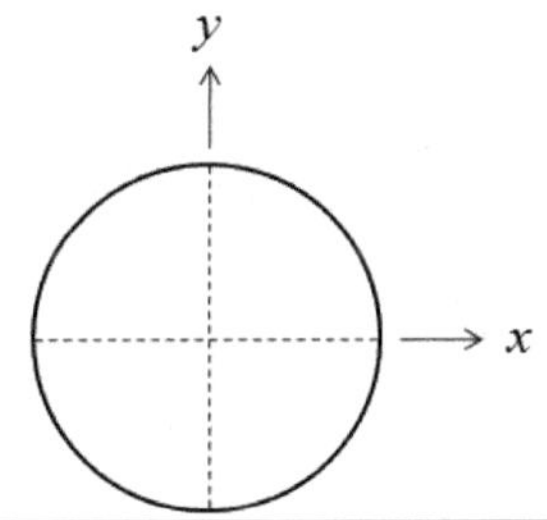
(c) 브로드사이드 안테나 (broadside antenna)	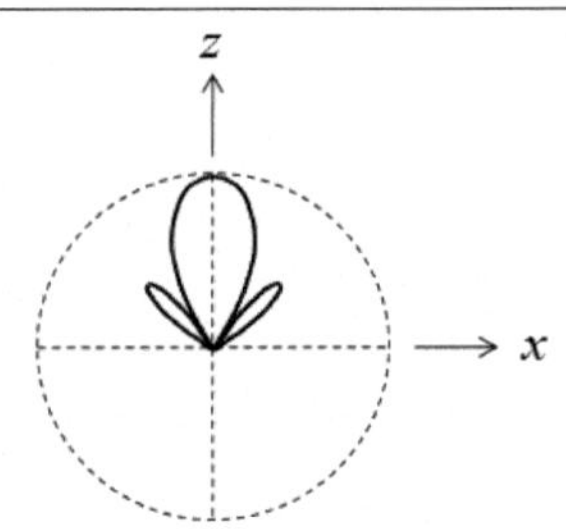	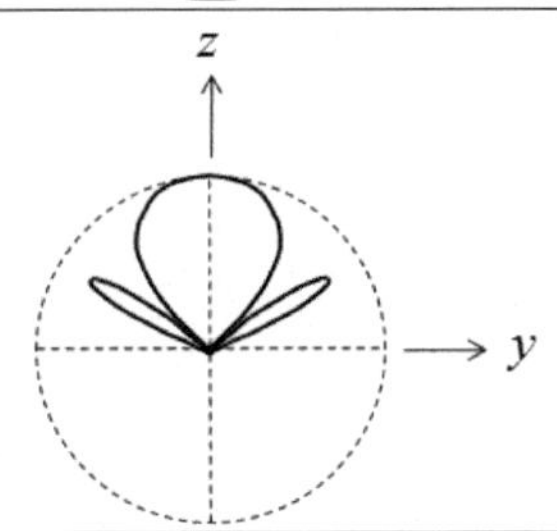
(d) 엔드파이어 안테나 (endfire antenna)	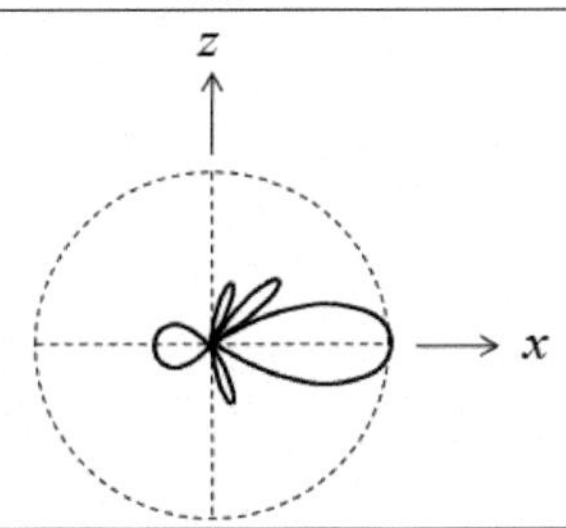	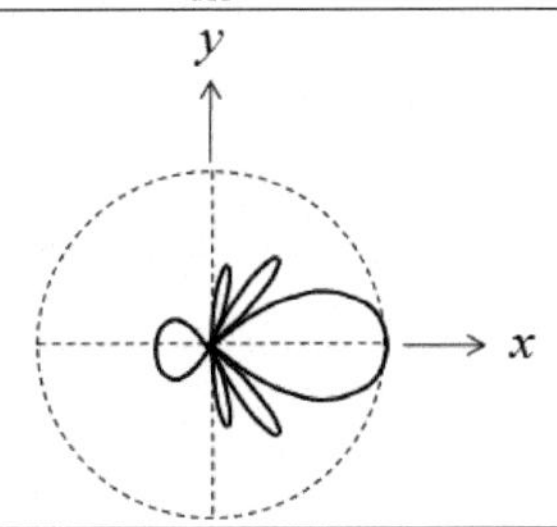

또한, [표 1.3] (d)는 x축 방향으로 주빔이 형성되는 지향성 안테나를 나타내고 있다. 이것은 안테나가 놓여 있는 평면으로 주빔이 형성되므로 엔드파이어 안테나에 해당한다. 브로드사이드 및 엔드파이어 방사패턴은 안테나 단일 소자 하나의 방사패턴에서 생기기보다는 안테나를 여러 개 배열한 안테나에서 배열 구성을 어떻게 하느냐에 따라 형성되는 방사패턴으로 5장에서 자세히 설명하기로 한다.

(예제 1-3) 반전력 빔폭

원거리에서 안테나의 전계가 $E_\theta = \cos^2\theta$ 으로 표현된다면 방사패턴의 반전력 빔폭을 구하시오.

(풀이)

반전력(half power)점에서 전계는 $|E_\theta| = 1/\sqrt{2} = 0.707 = \cos^2\theta$ 이며, 따라서 $\cos\theta = \sqrt{0.707}$ 이다. 그러므로 $\theta = 33^o$ 이고, 따라서 반전력 빔폭은 $HPBW = 2\theta = 66^o$ 이다.

1.5.2 지향성

안테나가 어느 방향으로 전력을 집중하여 방사하거나 수신하는지를 나타내는 파라미터가 지향성이라 할 수 있다. 지향성을 정의하기 위해, 안테나에서 방사하는 총 전력을 먼저 구해보면, 총 방사 전력 P는 다음과 같이 구해진다.

$$P = \iint \overline{S} \bullet d\overline{s} = \iint \frac{1}{2} Re(\overline{E} \times \overline{H}^*) \bullet \hat{r}\, ds \tag{1.98}$$

$$= \frac{1}{2} Re \int_0^{2\pi} \int_0^{\pi} \left(E_\theta H_\phi^* - E_\phi H_\theta^*\right) r^2 \sin\theta\, d\theta\, d\phi$$

지향성은 어떤 특정 방향으로 향하는 전력밀도와 평균 전력 밀도의 비로 정의된다. 즉, $\theta = \theta_1$, $\phi = \phi_1$ 방향으로의 지향성 $D(\theta_1, \phi_1)$은

$$D(\theta_1, \phi_1) = \frac{\frac{1}{2} Re(\overline{E} \times \overline{H}^*) \bullet \hat{r}|_{\theta=\theta_1, \phi=\phi_1}}{P/4\pi r^2} \tag{1.99}$$

으로 나타낼 수 있다. 일반적으로 안테나의 지향성을 말할 때는 방사가 최대가 되는 방향 $(\theta_{\max}, \phi_{\max})$의 지향성을 의미하므로, 방사가 최대가 되는 방향에서의 지향성 D는

$$D = \frac{U_m}{P/4\pi} = \frac{4\pi U_m}{P} \tag{1.100}$$

으로 나타낼 수 있다. 여기서 U_m은 최대 방사 세기로서 단위 입체각(solid angle)당 방사가 최대가 되는 방향으로 방사되는 전력을 나타내며,

$$U_m = \left[\frac{1}{2} Re\,(\overline{E} \times \overline{H}^*) \cdot \hat{r}|_{\theta = \theta_{\max}, \phi = \phi_{\max}} \right] r^2 \tag{1.101}$$

으로 표현된다. 만약 방사 최대 전력으로 정규화한 방사 전력으로부터 지향성을 구하는 경우에는 식 (1.100)은 다음과 같이 표현된다.

$$D = \frac{4\pi}{\iint P_n(\theta, \phi) \sin\theta \, d\theta \, d\phi} \tag{1.102}$$

여기서 $P_n(\theta, \phi)$는 정규화한 방사패턴을 나타낸다.

한편 반전력 빔폭을 알고 있는 경우 지향성는 대략 다음과 같이 근사적으로 구할 수도 있다[2].

$$D \approx \frac{41,253}{\theta^o_{HP}\ \phi^o_{HP}} \tag{1.103}$$

여기서 θ^o_{HP}과 ϕ^o_{HP} 는 각각 E면 또는 H면 방사패턴의 반전력 빔폭을 의미한다. 식 (1.103)은 안테나 방사패턴의 빔폭이 좁을수록, 즉 지향성이 클수록 비교적 잘 맞는 근사 수식이다.

(예제 1-4) 지향성

원거리에서 정규화된 안테나의 전계가 다음과 같이 주어질 때 안테나의 지향성을 구하시오.

$$E_\theta = \begin{cases} \sin\theta \sin\phi & 0 \le \theta \le \pi, 0 \le \phi \le \pi \\ 0 & \text{그 밖의 경우} \end{cases}$$

(풀이)

식 (1.102)로부터 지향성은 다음과 같이 구해진다.

$$D = \frac{4\pi}{\int_0^\pi \int_0^\pi \sin^3\theta \sin^2\phi \, d\theta \, d\phi} = \frac{4\pi}{\left(\frac{2\pi}{3}\right)} = 6$$

1.5.3 안테나 이득

안테나의 이득은 안테나의 지향특성과 더불어 안테나의 입력 단자에서의 가용 전력을 얼마나 효과적으로 방사전력으로 변환시킬 수 있는지의 특성을 모두 고려한 파라미터이다. 안테나의 전력 이득(power gain) 혹은 이득(gain) G를 수식으로 표현하면, 최대 방사가 이루어지는 방향으로의 방사세기 [W/unit solid angle]와 안테나가 실제로 들어간 총 입력전력을 4π로 나눈값의 비로 정의된다.

$$G = \frac{P}{P_{in}} \frac{U_m}{P_{in}/4\pi} = e_r D \quad (1.104)$$

이다. 여기서 P_{in}은 안테나에 전달된 입력 전력이며, e_r은 방사효율로서 $e_r = P/P_{in}$ 이다. 따라서 안테나의 이득은 최대 지향성과 방사효율의 곱으로 나타난다.

또한 이득은 일반적으로 데시벨로 표현을 하며,

$$G_{dB} = 10 \log G \quad (1.105)$$

로 표현된다. 주파수 1 GHz 이하에서 기준 안테나로 사용되는 반파장 다이폴 안테나의 경우 이득은 2.15 dB 이다.

안테나의 이득을 알고자 할 때, 식 (1.104)를 계산하여 이득을 구할 수 있지만 이득을 이미 알고 있는 기준 안테나와의 상대 비교를 통해 안테나의 이득을 구할 수 도 있다. 구체적으로 설명을 하면 다음과 같다.

① 이득을 알고자 하는 안테나를 송신 안테나로 사용하는 경우

이득을 이미 알고 있는 안테나를 기준 안테나(reference antenna)라고 하고, 이득을 알고자 하는 안테나를 테스트 안테나(test antenna)라고 부르며, 기준 안테나와 테스트 안테나를 송신 안테나로 사용하는 경우에 대해 살펴보고자 한다. 두 송신 안테나를 동일한 위치에 두고, 각각 임의의 전력을 입력 받아 송신할 때, 안테나에서 원거리 영역에 있는 동일한 위치에서 동일한 전계 강도가 되도록, 두 송신 안테나에 입력되는 전력을 조절한다. 이런 경우, 기준 안테나에 입력된 전력을 P_{S_in} 이라 하고, 테스트 안테나에 입력된 전력을 P_{T_in} 이라 하면 안테나의 이득은 식 (1.106)과 같이 두 입력 전력의 비로 정의 된다.

$$G = \frac{P_{S\_in}}{P_{T\_in}} \tag{1.106}$$

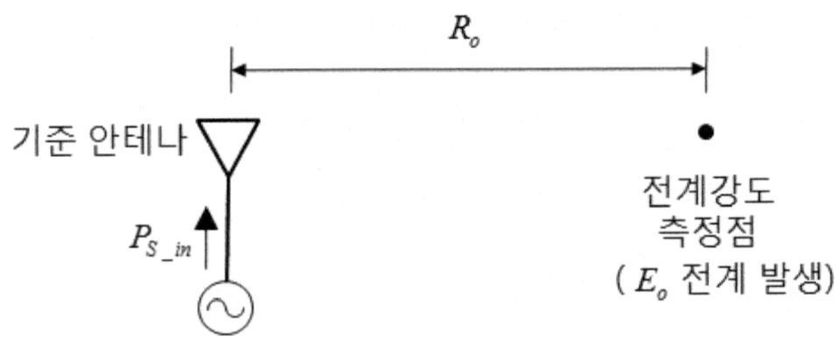

(a) 기준 안테나 송신

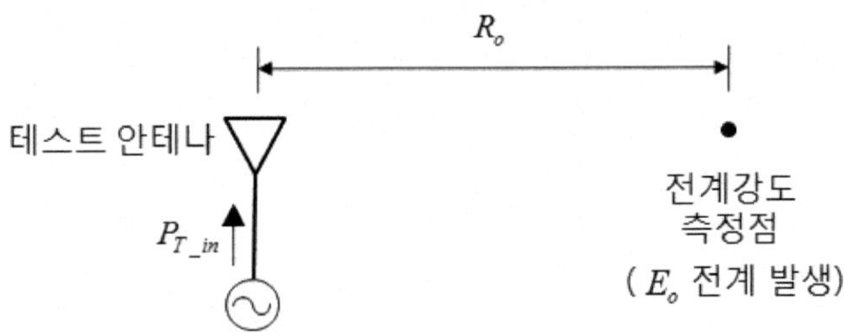

(b) 테스트 안테나 송신

[그림 1.5] 송신 안테나 관점에서의 이득 개념도

데시벨로 표시하면 $G_{dB} = 10 \log G$ 이다. 송신 안테나의 안테나 개념도를 [그림 1.5]에 나타내었다.

예를 들면, 1 GHz 주파수에 대해 안테나 이득이 10 dB인 기준안테나를 사용하여 테스트 안테나의 이득을 구해보자. 동일한 위치에 동일한 전계 강도를 갖기 위해 송신 안테나로 기준 안테나를 사용한 경우 5 dBm의 전력이 기준 안테나에 입력되었고, 송신 안테나로 테스트 안테나를 사용한 경우 13 dBm의 전력이 테스트 안테나에 인가되었다면, 테스트 안테나의 이득은

$$G_{dB} = 10\ dB + (5 - 13)dB = 2\ dB \tag{1.107}$$

이 된다.

② 이득을 알고자 하는 안테나를 수신 안테나로 사용하는 경우

동일한 송신 안테나로부터 송신된 전력을 원거리 영역에 속하는 임의의 한 점에서 기준 안테나와 테스트 안테나로 각각 전력을 수신한다. 이 때 기준 안테나나 테스트 안테나 모두 송신 안테나로부터 동일한 위치에 놓여 있으므로 수신 안테나로 입사되는 전자계의 세기는 동일하게 된다. 즉, 동일한 세기의 전자계가 입사 할 때 기준 안테나를 통해 수신되는 전력이 $P_{in\ \_S}$ 이고, 테스트 안테나로 수신되는 전력이 $P_{in\ \_T}$ 이라고 하면, 테스트 안테나의 이득은

$$G = \frac{P_{in\ \_T}}{P_{in\ \_S}} \tag{1.108}$$

로 정의 된다. 수신 안테나의 이득의 개념도를 [그림 1.6]에 나타내었다.

예를 들면, 1 GHz 주파수에 대해 안테나 이득이 10 dB인 기준안테나를 사용하여 테스트 안테나의 이득을 구해보자. 동일한 위치에서 기준 안테나로 수신한 전력이 $-50\ dBm$ 이고, 테스트 안테나로 수신한 전력이 $-56\ dBm$ 이라면, 테스트 안테나의 이득은

$$G_{dB} = 10\ dB + [(-56) - (-50)]dB = 4\ dB \tag{1.109}$$

이 된다.

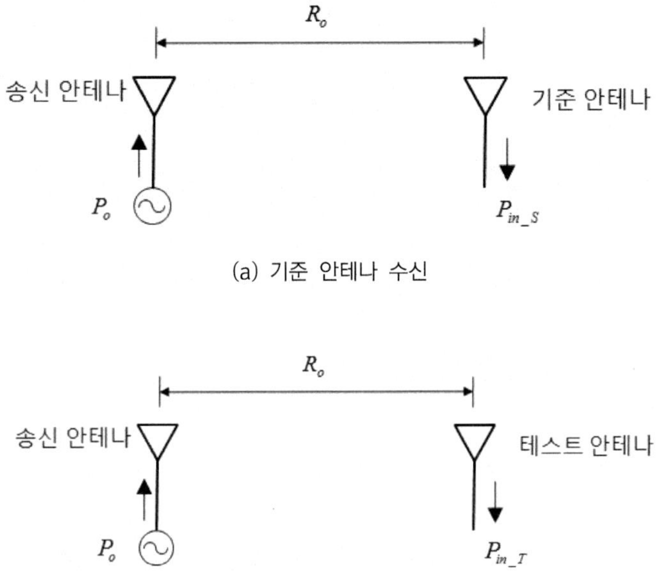

(b) 테스트 안테나 수신

[그림 1.6] 수신 안테나 관점에서의 이득 개념도

앞의 ①, ②에서 테스트 안테나의 이득을 dB로 표시하였는데, 안테나 이득을 표시하는 방법에는 기준 안테나로 어떤 안테나를 사용하였는지에 따라 2가지 표현 방법이 있다. 기준 안테나를 등방성 안테나로 했을 때의 이득을 절대이득이라고 하며 dBi 혹은 dB로 나타내고, 손실이 없는 반파장 다이폴 안테나를 기준 안테나로 사용했을 때의 이득을 상대이득이라고 하며 dBd로 나타낸다. 통상적으로 반파장 다이폴 안테나의 절대 이득이 2.15 dBi 이므로 dBi와 dBd는 식 (1.107)와 같은 관계가 있다.

$$x\,dBd = (x + 2.15)dBi \tag{1.110}$$

1.5.4 안테나 입력 임피던스 및 방사 효율

안테나의 입력 단자에서 안테나를 바라볼 때 등가적으로 R, L, C 소자들의 직렬 혹은 병렬 회로로 표현이 가능한데, 이러한 회로의 임피던스를 안테나의 입력 임피던스라고 한다. 따라서 안테나의 임피던스는 저항과 리액턴스로 식 (1.111)와 같이 표현할 수 있다.

$$Z_{ant} = R_{ant} + j\,X_{ant} \tag{1.111}$$

여기서 R_{ant} 는 안테나에서 소모하는 전력을 의미하며, 안테나를 통해 방사되는 전력과 안테나 자체에서 열로 소모하는 전력을 나타낸다. 또한 X_{ant}는 안테나의 근거리장에서 축적되는 전력을 나타낸다. 이것을 좀 더 자세히 살펴보자.

송신 안테나의 급전점(feeding point)에 인가되는 전류를 $I(0)$ 이라 하면, 안테나에서 소모되는 평균 전력 P_{loss}는

$$P_{loss} = \frac{1}{2}\iint Re(\overline{E} \times \overline{H}^*) \cdot d\overline{s} \tag{1.112}$$

$$= \frac{1}{2} R_{ant}\,|I(0)|^2$$

으로 나타낼 수 있다. 여기서 P_{loss}는

$$P_{loss} = P_{rad} + P_{\Omega ic} \tag{1.113}$$

으로 방사 전력에 의한 전력 손실 P_{rad} 과 안테나 자체의 저항성 손실에 의한 전력 손실 $P_{\Omega ic}$ 의 합으로 표현된다. 여기서 방사 전력 손실은 원거리장에서 식 (1.98)을 계산하면 구할 수 있다. 식 (1.111)에서 안테나의 임피던스의 저항 R_{ant}는

$$R_{ant} = R_{rad} + R_{\Omega ic} \tag{1.114}$$

으로 표현된다. 여기서 R_{rad}는 안테나의 방사전력과 관련된 저항으로 방사저항이라 부르며, $R_{\Omega ic}$은 안테나의 구조에서 발생하는 다른 저항성 손실과 관련된 저항이다.

안테나의 방사효율 e_r은 안테나가 공간에 방사한 전력과 안테나에 입력한 전력의 비율로 정의되므로, 식 (1.115)와 같이 표현할 수 있다.

$$e_r = \frac{P_{rad}}{P_{rad} + P_{\Omega ic}} = \frac{R_{rad}}{R_{rad} + R_{\Omega ic}} \tag{1.115}$$

한편 안테나 입력 임피던스에서 리액턴스 X_{ant}는 안테나의 근거리장에 축적되는 전력 P_{store}와 관련이 있으며, 식으로 표현하면

$$\begin{aligned} P_{store} &= \frac{1}{2}\iint Im\,(\overline{E} \times \overline{H}\,^*) \cdot d\overline{s} \\ &= \frac{1}{2} X_{ant}\,|I(0)|^2 \end{aligned} \tag{1.116}$$

으로 나타낼 수 있다. 즉, 리액턴스 X_{ant}는 포인팅 전력의 허수 부에 해당하는 전력으로부터 구한다.

(예제 1-5) 이상적 다이폴의 방사저항

$\Delta z \ll \lambda$ 일 때, 식 (1.117)과 같은 균일 선전류가 흐르는 안테나를 이상적인 다이폴이라고 부른다. 이러한 이상적 다이폴의 방사저항을 구하시오. 단 안테나 자체의 저항성 손실은 무시한다.

$$I(z') = \begin{cases} I_o & x' = 0,\ y' = 0,\ |z'| \le \dfrac{\Delta z}{2} \\ 0 & \text{그 밖의 경우} \end{cases} \tag{1.117}$$

(풀이)

식 (1.112)로부터 방사저항은

$$R_{ant} = \frac{2P_{loss}}{|I(0)|^2} = R_{rad} \tag{1.118}$$

이며, 이상적인 다이폴의 방사전력 P_{loss}은 식 (1-75)로 주어지므로,이것을 식 (1.118)에 대입하여 계산하면 방사저항은

$$R_{rad} = \frac{2}{|I_o|^2}\frac{\omega\mu\beta}{12\pi}(I_o\triangle z)^2 \quad (1.119)$$

$$= 80\pi^2\left(\frac{\triangle z}{\lambda}\right)^2 \quad [\Omega]$$

이 된다. 이상적인 다이폴의 경우 $\triangle z \ll \lambda$ 이므로 R_{rad} 은 매우 작다.

(예제 1-6) 축 방향으로 균일 전류가 흐르는 선형 안테나의 자체 손실저항

반경 a, 길이 L 2의 선형 안테나에 균일 선전류가 흐르고 있을 때 안테나의 자체 손실 저항 $R_{\Omega ic}$ 을 구하시오.

(풀이)

도선의 표피 두께(skin depth or depth of penetration) δ는

$$\delta = \frac{1}{\sqrt{\pi f\mu\sigma}} \quad (1.120)$$

이다. 여기서 σ는 도선의 도전율이다. 도선에 흐르는 전류는 표피 두께에만 균일하게 흐르는 것으로 가정하면, 길이 L의 도선의 손실 저항 $R_{\Omega ic}$ 은

$$R_{\Omega ic} \approx \frac{L}{(2\pi a\delta)\sigma} = \frac{L}{2\pi a}R_S \quad (1.121)$$

으로 근사할 수 있다. 여기서 $R_S = \frac{1}{\sigma\delta}$ 이며, 표면저항(surface resistance)이라고 부른다.

(예제 1-7) 단형 다이폴(short dipole)의 방사저항

길이가 Δz인 다이폴 안테나의 방사저항을 구하라. 단 $\Delta z \ll \lambda$ 이다.

(풀이)

$\Delta z \ll \lambda$ 일 때 길이가 Δz인 다이폴 안테나에는 일정한 크기의 전류가 흐르지 않고 [그림 1-7]와 같이 삼각형 모양의 전류가 흐른다.

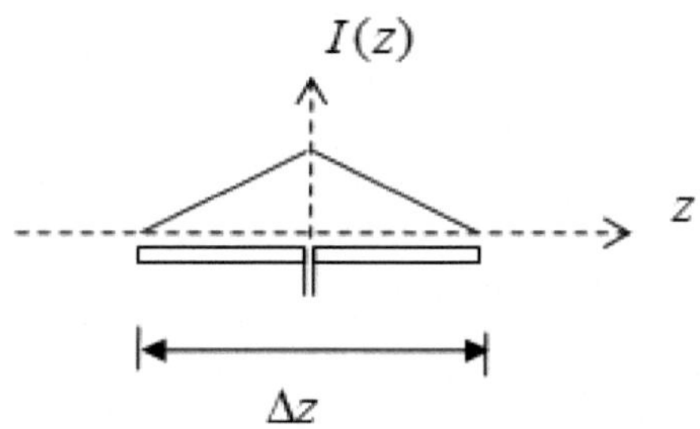

[그림 1-7] 단형 다이폴 안테나에 흐르는 전류 모양

단형 다이폴 안테나의 전류의 면적은 균일 안테나의 전류의 1/2 이므로 식 (1.112)와 식 (1.119)에 의해 방사저항은 이상적인 다이폴의 1/4 이 된다. 따라서

$$R_{rad} = 20\pi^2 \left(\frac{\Delta z}{\lambda}\right)^2 \quad [\Omega] \tag{1.122}$$

이 된다.

1.5.5 안테나의 편파

안테나의 편파를 논의하기 전에 전자기파에서 일어날 수 있는 편파에 대해 먼저 논의하고자 한다. 전자기파의 편파는 공간상의 어떤 일정한 점에서 전계 벡터가 시간에 따라 변하는 상태를 보고 정의한다. 만약 전계 벡터가 시간이 변함에 따라 어떤 임의의 점에서 [그림 1-8] (a), (b)와 같이 어떤 직선을 따라 변화가 생기면 선형 편파(linear polarization, LP)라 한다. 즉 시간이 지남에 따라 크기가 변하는데, 그 방향은 직선을 따라 움직이고 있다. 시간이 지남에 따

라 전계 벡터가 움직이는 궤적이 지표면과 수직으로 움직이면 수직 선형편파, 지표면과 평행하게 움직이면 수평 선형편파라고 부른다.

만약 전계 벡터가 시간이 지남에 따라 임의의 지점에서 전계의 크기가 [그림 1-8] (c), (d)와 같이 일정하고, 방향만 어떤 원주를 따라서 회전하게 되면 원형 편파(circular polarization, CP)라 하며, 크기가 일정하지 않고 어떤 타원 궤적을 따라서 [그림 1-8] (e), (f)와 같이 회전하게 되면 타원 편파(elliptical polarization, EP)라 한다. 원형 편파 및 타원 편파의 경우 전계 벡터의 회전 방향이 두 가지가 가능하며, 이것을 각각 구별하기 위하여 다음과 같은 방법을 사용한다.

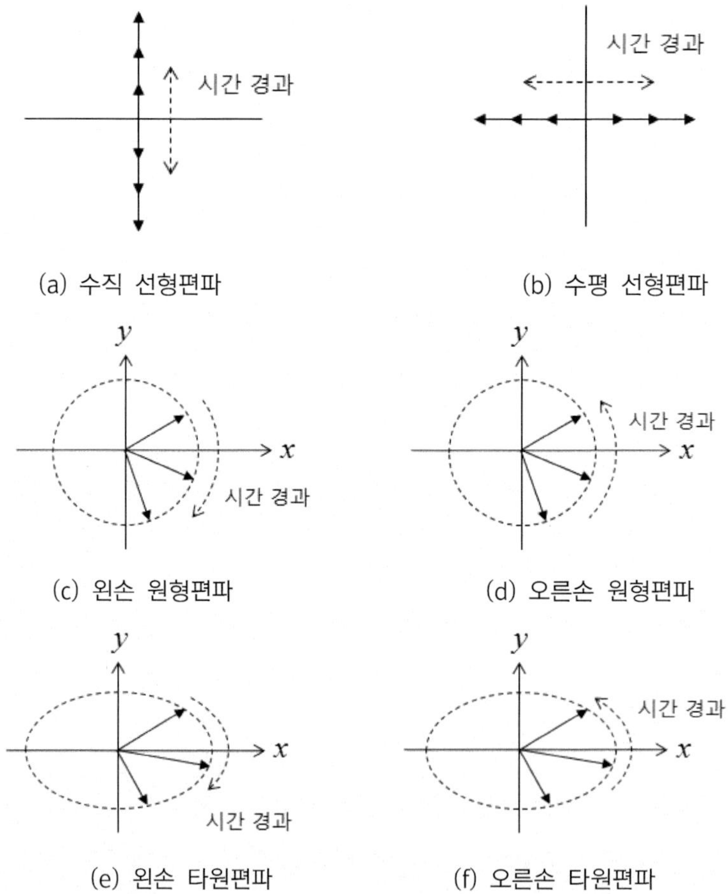

(a) 수직 선형편파 (b) 수평 선형편파 (c) 왼손 원형편파 (d) 오른손 원형편파 (e) 왼손 타원편파 (f) 오른손 타원편파

[그림 1-8] 전자기파의 편파 종류(전파는 $+z$ 방향으로 진행됨)

먼저 원형 편파의 경우를 살펴본다.

- 파의 진행 방향을 왼손(or 오른손) 엄지손가락의 방향으로 둔다.
- 나머지 손가락으로 감아지는 방향으로 전계 벡터가 회전하면 왼손 원형편파(left hand circular polarization, LHCP) (or 오른손 원형편파(right hand circular polarization, RHCP)) 라 한다.

이것은 타원 편파에도 동일하게 적용되며, LHEP 혹은 RHEP로 불린다. [그림 1-8]에서 전파는 $+z$ 방향으로 진행하는 것으로 가정하였다.

임의의 지점에서 시간이 변함에 따라 전계 벡터의 궤적이 [그림 1-9]의 점선을 따라 움직이는 일반적인 타원 편파를 기준 축과 함께 [그림 1-9]에 나타내었다. 타원의 장축(major axis)을 u축, 타원의 단축(minor axis)를 v축으로 나타낼 때, u축이 기준 축인 x축과 γ의 각도만큼 기울어져 있는 경우를 나타내었고, 이때 γ를 회전각(rotation angle)이라 한다. 타원 편파가 $+z$축 방향으로 진행하고 있다고 가정할 때 순시치 전계 벡터는 시간에 따라 계속 변하게 된다. [그림 1-9]에서 장축의 전계 벡터와 단축의 전계 벡터의 비를 축비(axial ratio)로 정의하며 축비 $|AR|$는

$$|AR| = \frac{a_u}{a_v} \tag{1.123}$$

으로 나타낸다. 따라서 축비는 $1 \leq |AR| \leq \infty$ 범위의 값을 가지게 되며, 원형 편파의 경우 $|AR| = 1$, 선형 편파의 경우 $|AR| \rightarrow \infty$, 타원 편파의 경우는 1과 ∞ 사이의 값을 가지게 된다. 축비 $|AR|$은 보통 $20\log|AR|$으로 데시벨로 나타낸다.

안테나의 편파는 송신시 안테나에서 방사하는 파의 편파를 보고 안테나의 편파를 결정할 수 있다. 안테나는 가역성이 성립하므로 수신 안테나로 사용할 때도 송신시 안테나의 편파와 동일한 편파를 수신하게 된다.

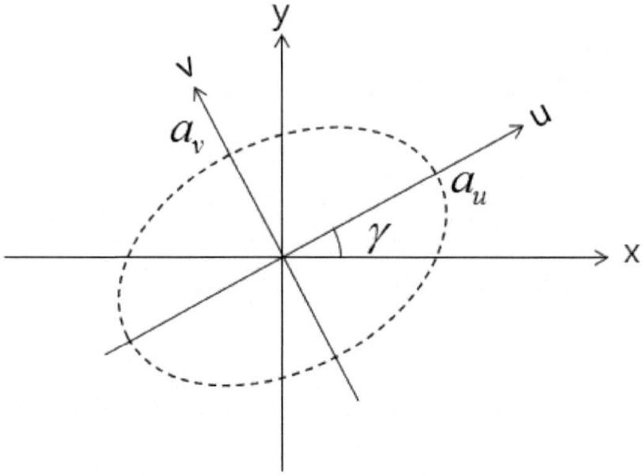

[그림 1-9] 일반적인 타원 편파의 전계 궤적

일반적으로 선형 편파용 안테나는 다이폴 안테나와 같이 선형 안테나 하나를 이용하여 만들 수 있다. 그러나 원형 편파 안테나는 동일한 선형 편파 안테나 두 개를 공간적으로 서로 90^o가 되도록 배치하고, 크기는 같고 위상차가 90^o가 되는 신호를 서로 수직한 각각의 선형 안테나에 공급함으로써 얻을 수 있다. 이것은 원형 편파를 만들어 내는 식 (1.124)를 통해 알 수 있다.

$$\begin{aligned} \overrightarrow{E}(z,t) &= Re\{\overline{E}(z)e^{j\omega t}\} \\ &= Re\{E_0\, e^{-j\beta z}\,(\hat{x} \pm j\hat{y})e^{j\omega t}\} \\ &= \hat{x}\,E_0 \cos(\omega t - \beta z) \mp \hat{y}\,E_0 \sin(\omega t - \beta z) \end{aligned} \tag{1.124}$$

여기서 +부호일 때 오른손 원형 편파, − 부호일 때는 왼손 원형 편파가 발생하게 된다. 즉, 식 (1.124)를 살펴보면, 크기는 동일하게 E_0이며, 공간적으로 방향이 서로 수직한 $\hat{x}, \hat{y}$ 방향의 전계가 필요하고, 각각의 방향에서 전계의 위상은 서로 90^o가 되는 것을 알 수 있다.

한편 식 (1.124)에서 $\hat{x}, \hat{y}$ 방향으로의 전계의 크기가 다르고, 위상차가 90° 나거나, 크기는 같더라도 위상차가 90° 나지 않으면, 타원 편파가 발생하게 된다. 즉, 공간적으로 서로 수직인 선형 안테나에서 발생하는 전계의 크기가 다르고, 위상차가 서로 90^o가 되거나, 전계의 크기는 동일해도 위상차가 90° 나지 않으면, 타원 편파가 발생하게 된다.

1.5.6 안테나의 실효 길이와 실효면적

안테나의 급전점에서 전류가 $I(0)$이며, 임의의 전류 분포를 갖는 선형 안테나가 있다. 이 안테나와 동일한 특성을 갖고 일정한 전류 $I(0)$로 균일한 전류 분포를 갖는 등가의 선형 안테나를 구하면, 이 등가 안테나의 길이를 실효 길이(effective length)라 한다. [그림 1-10]과 같은 전류 분포를 갖는 경우 실효 길이 l_{eff}는

$$l_{eff} = \frac{1}{I(0)} \int_{z_1}^{z_2} I(z)\, dz \tag{1.125}$$

로 계산된다.

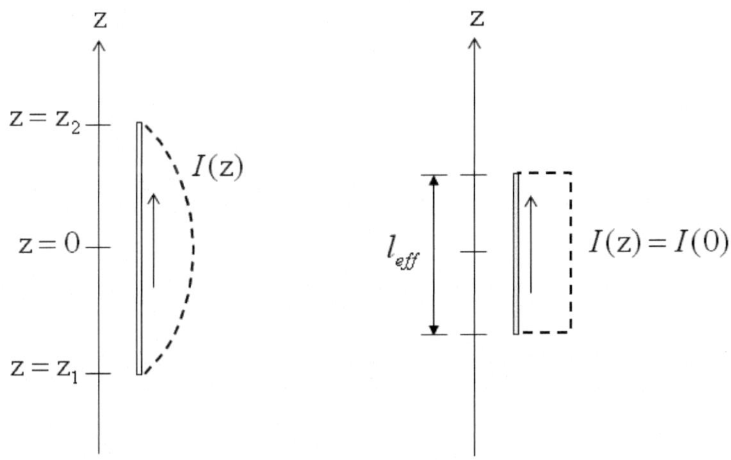

(a) 선형 안테나의 전류 분포 (b) 균일 전류 분포를 갖는 등가 안테나

[그림 1-10] 선형 안테나의 실효 길이 개념

수신 안테나에 부하가 연결되어 있으면, 안테나를 통해 수신된 전력은 부하에 전달이 된다. 따라서 부하 측에서 보면 [그림 1-11]과 같이 수신 안테나는 기전력이 V_0이면서, 내부 임피던스가 안테나의 입력 임피던스($R_{ant} + jX_{ant}$)와 같은 전원으로 볼 수 있다. 여기서 V_0은 수신 개방전압(open circuit voltage)이라 하며, V_0은 안테나가 놓인 위치에서 최대 전계 강도

$E_0\,[V/m]$와 안테나의 실효 길이 $l_{eff}\,[m]$의 곱으로 식 (1.126)와 같이 구할 수 있다.

$$V_0 = E_0 \times l_{eff}\ [V] \tag{1.126}$$

[그림 1-11]에서 부하에 최대 전력이 전달되기 위해서는 안테나의 입력 임피던스와 부하 임피던스 Z_L이 서로 공액 복소수의 관계가 있어야 하며, 이 때 수신 최대 유효 전력(effective receiving power) P_{r_eff}은

$$P_{r\_eff} = \frac{V_0^2}{4R_{ant}} = \frac{E_0^2\, l_{eff}^2}{4R_{ant}} \tag{1.127}$$

이다. 따라서 안테나의 실효 길이 l_{eff}가 크면 수신 최대 유효 전력이 커지는 것을 알 수 있다. 안테나는 가역성이 성립되므로 송신 안테나 관점에서 보면 안테나의 실효 길이가 커지면 안테나의 방사 능력이 향상되는 것으로 볼 수 있다.

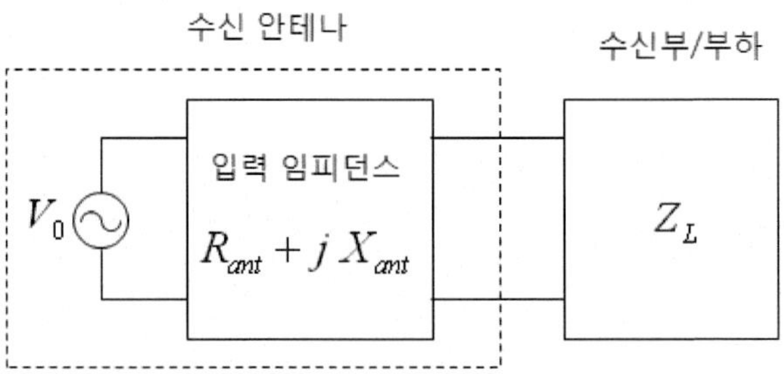

[그림 1-11] 전원으로서의 수신 안테나

한편 안테나의 실효면적(effective area or effective aperture)은 수신 안테나의 수신 최대 유효 전력 P_{r_eff} 과 입사 전자파의 전력 밀도 P_i 의 비로 정의 된다. 즉, 실효면적 A_{eff}는

$$A_{eff} = \frac{P_{r\_eff}}{P_i}\ [m^2] \tag{1.128}$$

이다. 이것은 수신 안테나에 입사하는 전자파 에너지를 유효하게 흡수하는 면적에 해당하므로 붙여진 이름이다. 등방성 안테나의 실효면적 A_{iso_eff}은

$$A_{iso\_eff} = \frac{\lambda^2}{4\pi} \tag{1.129}$$

이다.

(예제 1-8) 반파장 다이폴 안테나의 실효길이

z축 방향으로 놓여 있으며, 급전점에서 전류가 I_o인 반파장 다이폴 안테나의 실효 길이(effective length)를 구하시오. 반파장 다이폴 안테나에 흐르는 전류는 다음과 같이 표현된다.

$$I(z) = I_o \cos(\beta z) \tag{1.130}$$

여기서 $\beta = 2\pi/\lambda$ 이다.

(풀이)

식 (1.125)에서 반파장 다이폴 안테나의 실효 길이 l_{eff}은 다음과 같다.

$$\begin{aligned} l_{eff} &= \frac{1}{I(0)} \int_{z_1}^{z_2} I(z)\, dz \\ &= \int_{-\lambda/4}^{\lambda/4} \cos(\beta z)\, dz \\ &= \frac{\lambda}{\pi} \end{aligned} \tag{1.131}$$

(예제 1-9) 반파장 다이폴 안테나의 수신 개방 전압

자유공간의 임의의 지점에서 주파수가 $150MHz$인 전자기파의 전계 강도가 $2\,[mV/m]$ 이다. 이 지점에 $150MHz$ 반파장 다이폴 안테나를 두면 안테나 단자에 유기되는 수신 개방 전압은 얼마인가?

(풀이)

주파수 150MHz의 파장은 $\lambda = 2m$ 이므로 반파장 다이폴 안테나의 실효 길이 l_{eff} 는 (예제 1-8)에 의해

$$l_{eff} = \frac{\lambda}{\pi} = \frac{2}{\pi}\,[m]$$

이다. 따라서 반파장 다이폴에 유기되는 수신 개방 전압 V_o은 다음과 같다.

$$V_0 = E_0 \times l_{eff} = 2 \times 10^{-3} \times \frac{2}{\pi} = 1.27 \times 10^{-3}\ [V]$$

(예제 1-10) 반파장 다이폴 안테나의 최대 유효 전력

주파수 60MHz, 수신 전계강도 100$dB\mu$의 전자파를 반파장 다이폴 안테나로 수신할 때 수신기에 공급될 수 있는 최대 유효 전력을 구하시오.

(풀이)

주파수 60MHz의 파장은 $\lambda = 5m$ 이므로 안테나의 실효 길이는

$$l_{eff} = \frac{\lambda}{\pi} = \frac{5}{\pi} \approx 1.59\,[m]$$

이다. 100$dB\mu$의 전계 강도 E_o는 $20\log E_o = 100$ 으로부터

$$E_o = 10^5\,[\mu V/m] = 0.1\,[V/m]$$

이다. 따라서 안테나에 유기되는 수신 개방 전압 V_o은

$$V_0 = E_0 \times l_{eff} = 0.1 \times 1.59 = 0.159\ [V]$$

가 된다. 그러므로 수신 최대 유효 전력 P_{r_eff} 은 식 (1.127)로부터

$$P_{r\_eff} = \frac{V_0^2}{4R_{ant}} = \frac{(0.159)^2}{4\times 73} = 8.65\times 10^{-5}\,[W] = 86.5\,[\mu W]$$

이다. 여기서 반파장 다이폴 안테나의 저항 R_{ant} 은 $R_{ant} = 73\,[\Omega]$으로 계산하였다.

(예제 1-11) 반파장 다이폴 안테나의 실효 면적

반파장 다이폴 안테나의 실효 면적을 구하시오.

(풀이)

반파장 다이폴 안테나의 실효 길이는 $l_{eff} = \lambda/\pi$ 이고, 방사 저항 $R_{ant} = 73\,\Omega$ 이므로 수신 최대 유효 전력은 식 (1.127)로부터

$$P_{r\_eff} = \frac{E_0^2\, l_{eff}^2}{4R_{ant}} = \frac{(\lambda/\pi)^2}{4\times 73}\,E^2$$

이며, 전자파의 전계 강도가 E일 때 이 지점의 전력 밀도 P_i는

$$P_i = \frac{E^2}{\eta_o} = \frac{E^2}{120\pi}\,[W/m^2]$$

이다. 그러므로 식 (1.128)에 의해 실효면적 A_{eff}는

$$A_{eff} = \frac{P_{r\_eff}}{P_i} = \frac{\lambda^2/\pi^2}{4\times 73}\times 120\pi = 0.13\lambda^2 \approx \frac{\lambda}{4}\times\frac{\lambda}{2}\,[m^2]$$

이다. 즉 반파장 다이폴 안테나의 실효면적은 $\frac{\lambda}{2}$ 길이에 $\frac{\lambda}{4}$ 폭의 면적으로 들어오는 전파를 수신한다.

1.5.7 안테나 대역폭

안테나의 대역폭은 안테나가 원하는 사양을 만족시키는 동작 주파수 대역을 의미한다. 여기서 원하는 사양이란 일반적으로 반사손실(return loss)이 -10 dB 이하 또는 전압정재파비(Voltage Standing Wave Ratio ; VSWR)가 2 이하를 의미하며, 안테나 사양에 따라 반사손실이나 정재파비 수치가 달라질 수도 있다. 아무튼 이것은 임피던스 정합 관점에서 안테나 동작 주파수 범위를 결정하는 방법이며, 이 외에도 안테나 이득이나 방사패턴 등 다양한 안테나 파라미터에서 요구하는 사양을 만족하는 주파수 대역으로 안테나의 동작 주파수 범위를 결정할 수 도 있다. 안테나 대역폭을 나타내는 방법에는 여러 가지 표현법이 있다. 동작 주파수의 최대 주파수를 f_U, 최소 주파수를 f_L 라고 하면, 일반적으로 안테나의 대역폭은 다음과 같이 표현한다.

$$BW = f_U - f_L \tag{1.132}$$

그 외에도 비대역폭(fractional bandwidth or ratio bandwidth, 比帶域幅)이라고 하여 다음과 같이 정의되는 대역폭 표현 방법이 있다.

$$BW_r = \frac{f_U}{f_L} \quad \text{혹은} \quad BW_r : 1 \tag{1.133}$$

이것은 주로 광대역(wideband) 안테나에서 대역폭을 표현할 때 많이 사용되는 방식이다. 이에 반해 협대역(narrowband) 안테나의 경우에는 퍼센트 대역폭(percent bandwidth) $BW\%$ 을 많이 사용하는데, 이것은 다음과 같이 정의된다.

$$BW\% = \frac{f_U - f_L}{f_U + f_L} \times 200 \tag{1.134a}$$

만약 중심 주파수(center frequency) f_c와 대역폭 BW을 알고 있다면

$$BW\% = \frac{BW}{f_c} \times 100 \tag{1.134b}$$

으로 퍼센트 대역폭을 표현하기도 한다.

1.6 임피던스 정합

송신 시스템에서 정보가 들어 있는 신호를 안테나를 통해 공간으로 방사하기 위해, 전송선로를 통해 신호를 안테나로 전달하게 된다. 또한 수신 시스템의 경우 안테나를 통해 수신된 신호를 신호처리를 위한 모듈에 전달할 때도 전송선로를 사용하여 신호를 전달하게 된다. 이처럼 안테나가 항상 전송선로와 연결이 되는데, 이 때 전송선로의 특성 임피던스와 안테나의 입력 임피던스가 다르게 되면 반사손실이 발생하여 전송되는 신호가 감소하게 된다.

본 절에서는 먼저 전송선로에 대한 기초적인 이론을 살펴보고, 안테나와 전송선로간의 임피던스 정합을 위해 사용되는 여러 가지 임피던스 정합 방법에 대해 소개하고자 한다.

1.6.1 전송선로 기초

[그림 1-12]에 대표적인 전송선로의 예를 나타내었다. [그림 1-12]에 제시된 전송선로를 포함하여 모든 전송선로에서 임의의 위치에서의 전송선간 전압 V와 전송선로에 흐르는 전류 I는 식 (1.135)과 식 (1.136)의 전송선로 방정식(transmission line equations)을 만족한다.

$$\frac{\partial V}{\partial z} = -(R + j\omega L) I \tag{1.135}$$

$$\frac{\partial I}{\partial z} = -(G + j\omega C) V \tag{1.136}$$

여기서 R, L, G, C는 전송선로의 단위 길이 당 저항, 인덕턴스, 컨덕턴스, 커패시턴스를 의미하며, 전송선로의 분포 회로 소자(distributed circuit elements)라 한다[3].

(a) 동축선로 (b) 2선 전송선로

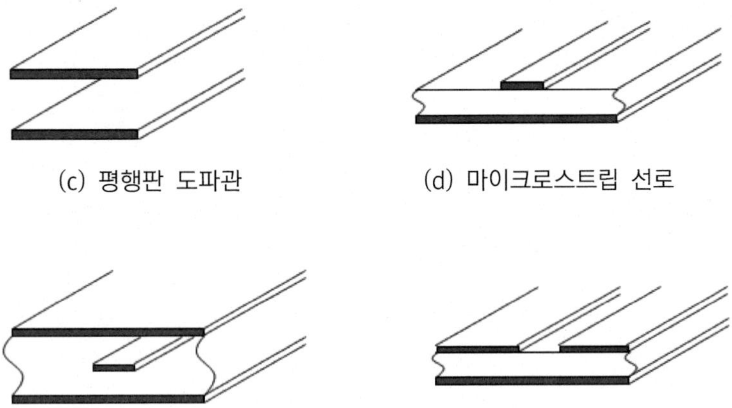

(c) 평행판 도파관 (d) 마이크로스트립 선로

(e) 스트립 선로 (f) 슬롯 선로

[그림 1-12] 여러 가지 모양의 전송선로 예

만약 전송선로에서의 손실을 무시할 수 있다면 $R=G=0$ 이 되므로 식 (1.135)과 식 (1.136)의 해를 구하면 다음과 같다.

$$V(z) = A\,e^{-j\beta z} + B\,e^{j\beta z} \tag{1.137}$$

$$I(z) = \frac{1}{Z_0}\left(A\,e^{-j\beta z} - B\,e^{j\beta z}\right) \tag{1.138}$$

여기서 A, B는 임의의 상수이며, β는 전파 상수(propagation constant), Z_0는 전송선로의 특성 임피던스(characteristic impedance)라고 하며, 그 값은

$$\beta = \omega\sqrt{LC} \tag{1.139}$$

$$Z_0 = \sqrt{\frac{L}{C}} \tag{1.140}$$

로 정의 된다. 여기서 ω는 각 주파수(angular frequency)를 나타낸다.

또한 전압 및 전류가 전송선로를 따라 전송되는 속도는 식 (1.141)와 같다.

$$v_p = \frac{1}{\sqrt{LC}} \tag{1.141}$$

만약 [그림 1-13]과 같이 특성 임피던스 Z_0인 무손실 전송선로로 급전되는 안테나의 입력 임피던스가 Z_a라고 하면 급전점에서 반사계수 Γ_0는

$$\Gamma_0 = \frac{Z_a - Z_0}{Z_a + Z_0} \tag{1.142}$$

이고, 급전점에서 전송선로를 따라 l만큼 떨어진 위치($z = -l$)에 안테나 쪽을 바라본 입력 임피던스 Z_{in}는

$$Z_{in} = Z_0 \frac{Z_a + jZ_0 \tan\beta l}{Z_0 + jZ_a \tan\beta l} \tag{1.143}$$

이며, 이 위치에서의 반사계수 Γ는

$$\Gamma = \frac{Z_{in} - Z_0}{Z_{in} + Z_0} \tag{1.144}$$

이며, 급전점에서의 반사계수 $\Gamma_0 = |\Gamma_0| e^{j\theta}$를 이용하여 표현하면,

$$\Gamma = \Gamma_0 e^{-j2\beta l} = |\Gamma_0| e^{j(\theta - 2\beta l)} \tag{1.145}$$

으로 표현 할 수 있다. 즉 반사계수의 크기는 전송선로 상에서 항상 같은 값을 갖는 다는 것을 알 수 있다.

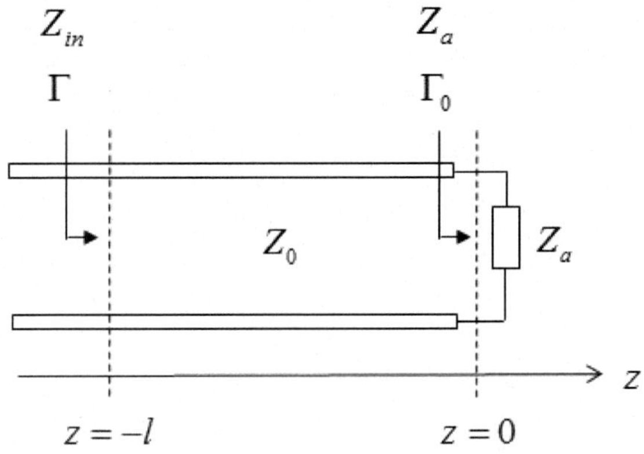

[그림 1-13] 전송선로 모델

한편 전압 정재파비(VSWR : Voltage standing wave ratio)는 전송선로에 존재하는 전압 정재파의 최대값과 최소값의 비로 정의되며, 식 (1.146)와 같이 표현된다.

$$VSWR = \frac{V_{\max}}{V_{\min}} = \frac{1+|\Gamma|}{1-|\Gamma|} \tag{1.146}$$

식 (1.145)에 의해 반사계수의 크기는 전송선로의 위치에 상관없이 일정한 값을 가지므로 VSWR 역시 전송선로의 위치에 상관없이 일정한 값을 갖는다.

또한 안테나의 공진 주파수 측정에 많이 사용되는 반사손실(return loss)은 다음과 같이 정의된다.

$$RL = -20\log|\Gamma| \tag{1.147}$$

반사손실 역시 반사계수의 크기의 함수이므로 전송선로의 위치에 상관없이 항상 일정한 값을 갖는다는 것을 알 수 있다. 안테나 측정에서 반사손실 RL의 값이 10 dB가 되면 입력 전력이 안테나로 약 90% 정도 전달된 것이므로 안테나와 임피던스 정합이 잘 된 것으로 판단하고, 일반적으로 이러한 조건을 만족하는 주파수 범위를 안테나의 동작 주파수 대역으로 간주한다. 반사손실 RL이 10 dB 일 때 VSWR은 1.92 값을 갖는다.

1.6.2 임피던스 정합 방법

안테나를 통해 전자기파 전력을 송신할 때 안테나와 전송선로 간에 임피던스 정합이 되지 않으면 전송선로를 통해 안테나로 전달된 신호가 안테나를 통해 공간으로 전파하지 못하고 안테나 단자에서 반사가 되어 전송선로로 되돌아오게 된다. 마찬가지로 안테나를 통해 전자기파 전력을 수신할 때 안테나와 전송선로가 임피던스 정합이 되어 있지 못하면, 안테나를 통해 들어온 신호가 전송선로로 전달되지 못하고 반사되어 공간으로 나가버리게 되어 신호의 수신이 안되는 경우가 발생한다. 따라서 안테나와 전송선로 간의 임피던스 정합은 매우 중요하며, 아래에서 임피던스 정합 방법의 몇 가지 예를 소개하고자 한다.

(1) 집중소자를 이용한 임피던스 정합

두 개의 리액티브 소자를 사용하여 임의의 안테나 임피던스를 전송선로에 정합시키는 가장 단순한 형태의 임피던스 정합 회로망이 [그림 1-14]과 같은 L형 정합회로이다. 이것은 주파수가 충분히 낮거나 회로의 크기가 파장에 비해 충분히 작은 경우에 집중 소자를 이용하여 임피던스 정합을 하는 경우에 적용된다. L형 정합회로망은 [그림 1-14]에 보는 바와 같이 두 개의 가능한 구성이 있다.

[그림 1-14]과 같이 직렬 또는 병렬로 인덕터와 커패시터를 연결하는 경우 임피던스의 변화가 어떻게 되는지를 스미스 차트(Smith chart)를 이용하여 살펴보면 정합회로 설계에 직관력을 가질 수 있다. 임의의 복소 부하에 직렬 또는 병렬로 인덕터와 커패시터를 연결하는 경우 스미스 차트 상에서 임피던스가 어떤 형태로 변화하는 지를 [그림 1-15]에 도시하였다.

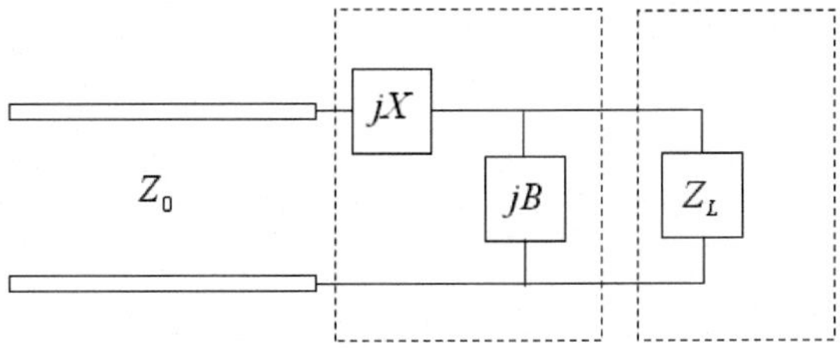

(a)

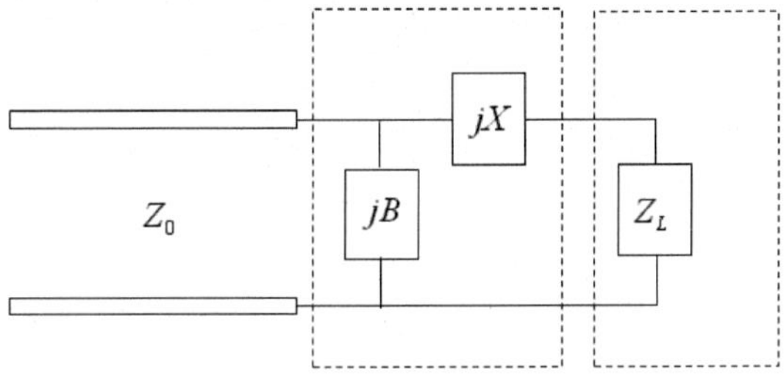

(b)

[그림 1-14] L형 정합회로의 두 가지 유형

만약 정규화한 부하 임피던스를 스미스차트에 표시할 때 $r=1$ 원 안쪽에 있으면 [그림 1-14]의 (a)의 회로를 사용해서 임피던스 정합을 할 수 있으며, $r=1$ 원 바깥쪽에 있으면 [그림 1-14]의 (b)의 회로를 사용해서 임피던스 정합을 할 수 있다.

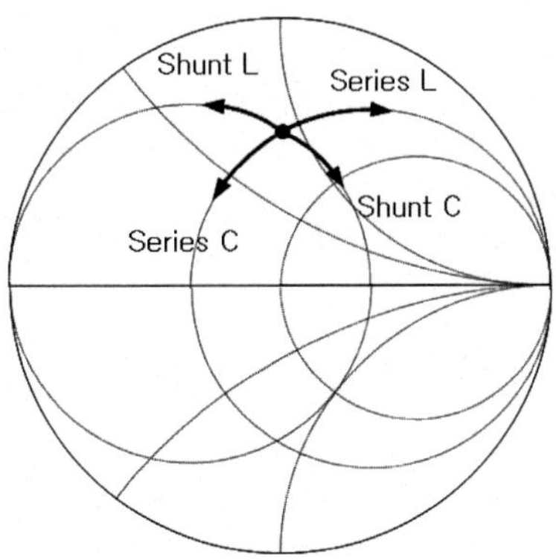

[그림 1-15] L과 C의 직렬 및 병렬 연결에 의한 임피던스 변화 궤적

□ 부하 임피던스가 $r=1$ 원 안쪽에 위치

정규화한 부하 임피던스 $r+jx$의 저항이 $r>1$인 경우 [그림 1-14] (a)와 같이 정합회로를 구성하게 되며, 소자의 구성에 따라 [그림 1-16]과 같은 두 개의 가능한 정합 회로망을 구성할 수 있다.

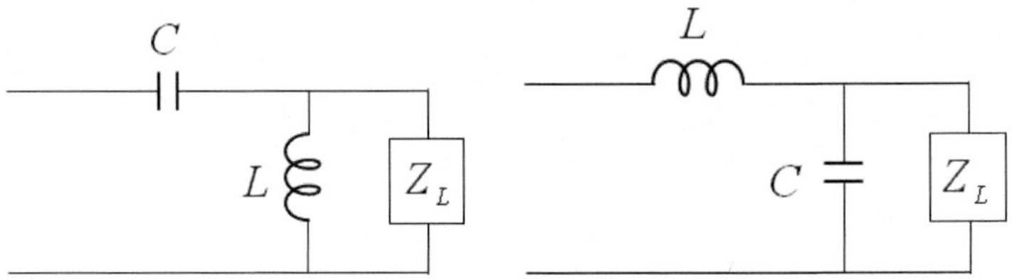

(a) 병렬 L과 직렬 C (b) 병렬 C와 직렬 L

[그림 1-16] 부하와 병렬된 후 직렬로 연결하는 정합회로 유형

[그림 1-16]의 두 정합 회로에 대해 스미스 차트를 이용한 임피던스 정합 과정을 [그림 1-17]에 나타내었다.

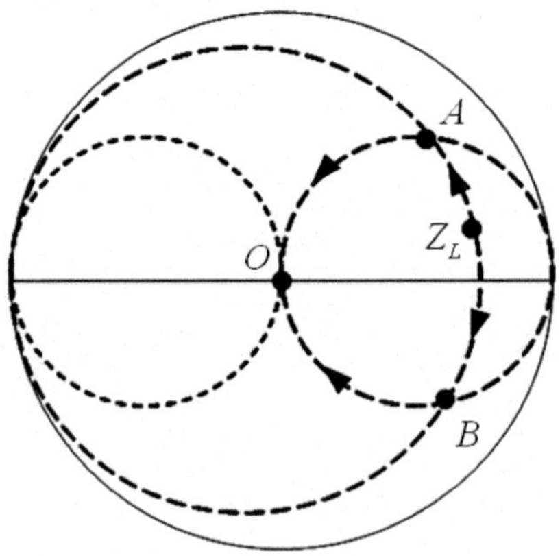

[그림 1-17] 스미스 차트를 이용한 정합 회로 설계

□ 부하 임피던스가 $g=1$ 원 안쪽에 위치

정규화한 부하 어드미턴스 $g+jb$의 컨덕턴스가 $g>1$인 경우 [그림 1-14] (b)와 같이 정합회로를 구성하게 되며, 소자의 구성에 따라 [그림 1-18]와 같은 두 개의 가능한 정합 회로망을 /구성할 수 있다.

[그림 1-18]의 두 정합 회로에 대해 스미스 차트를 이용한 임피던스 정합 과정을 [그림 1-19]에 나타내었다.

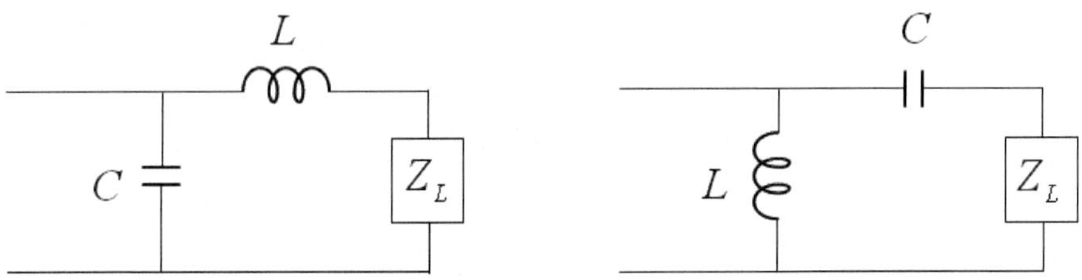

(a) 직렬 L과 병렬 C (b) 직렬 C와 병렬 L

[그림 1-18] 부하와 직렬 된 후 병렬로 연결하는 정합회로 유형

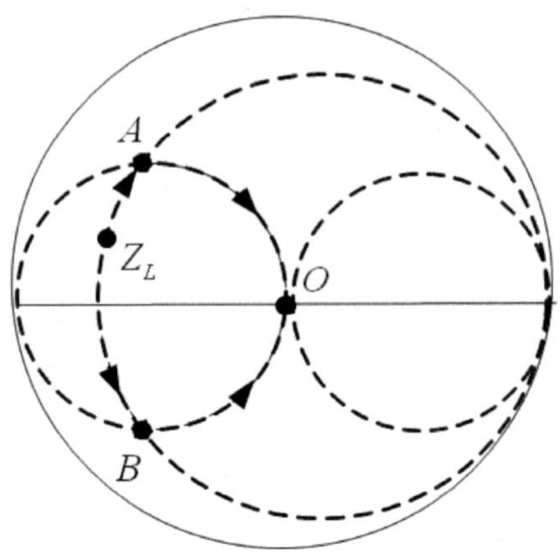

[그림 1-19] 스미스 차트를 이용한 정합 회로 설계

(2) $\lambda/4$ 임피던스 변환기를 이용한 임피던스 정합

$\lambda/4$ 변환기는 실수의 부하 임피던스를 정합시키기 위한 가장 간단한 정합 회로의 하나로서, [그림 1-20]에 그 모양을 나타내었다. 정합시키고자 하는 두 개의 서로 다른 임피던스 사이에 길이가 $\lambda/4$이며 특성임피던스가 Z_2 인 전송선로를 삽입하여 입력 임피던스 Z_{in}이 Z_1이 되도록 하여 정합 회로를 설계한다.

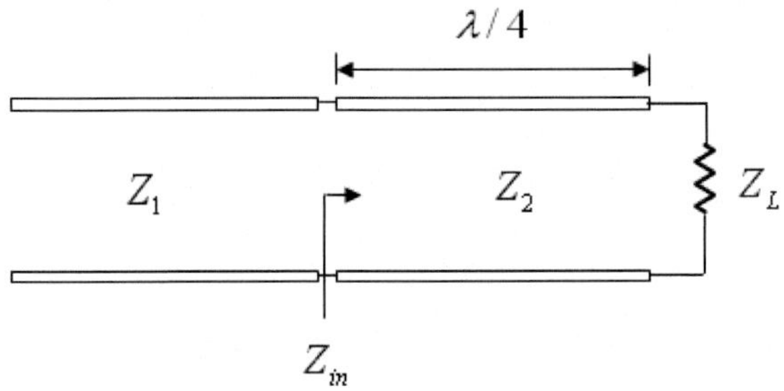

[그림 1-20] $\lambda/4$ 변환기

부하 Z_L이 연결된 특성임피던스 Z_2의 전송선로에 대해 길이 $\lambda/4$ 지점에서의 Z_{in}을 구하여 보면 식 (1-143)을 사용하여 다음과 같이 나타낼 수 있다.

$$Z_{in} = Z_2 \frac{Z_L + jZ_2 \tan \beta l}{Z_2 + jZ_L \tan \beta l} \Big|_{l = \lambda/4} \tag{1-148}$$

여기서 $l = \lambda/4$이므로 $\beta l = \pi/2$가 되므로 $\tan \beta l \rightarrow \infty$가 되어, 식 (1-148)은 다음과 같이 나타낼 수 있다.

$$Z_{in} = \frac{Z_2^2}{Z_L} \tag{1-149}$$

[그림 1-20]의 회로가 완전히 정합되기 위해서는 $Z_{in} = Z_1$이라는 식을 만족해야 하므로 식 (1-149)는 다음과 같이 나타낼 수 있다.

$$Z_{in} = Z_1 = \frac{Z_2^2}{Z_L} \tag{1-150}$$

따라서 $\lambda/4$ 변환기에 사용해야 할 특성 임피던스 Z_2 는

$$Z_2 = \sqrt{Z_1 Z_L} \tag{1-151}$$

이다. 즉, 정합시키고자 하는 두 임피던스 곱의 제곱근에 해당하는 특성임피던스를 지닌 길이 $\lambda/4$의 선로를 사용하게 되면, 이 회로는 완전히 정합이 되었다고 할 수 있다. 이 때 급전 선로 위에는 정재파가 존재하지 않게 되고 단지 $\lambda/4$ 구간 상에서만 정재파가 존재하게 된다.

$\lambda/4$ 변환기의 단점으로는 λ가 주파수의 함수이므로 완전 정합이 단일 주파수에서만 일어나므로 협대역 특성을 가지게 된다. 그러나 Z_L과 Z_1이 비슷한 값을 가질수록 대역폭이 넓어지는 현상을 보이므로 넓은 대역폭을 필요로 하는 시스템에서는 단일 $\lambda/4$ 변환기를 여러 단 사용해서 임피던스 차이를 작게 하여 대역폭을 넓히는 방법을 사용한다. 또한 전송선로의 특성 임피던스와 부하 임피던스의 차이가 너무 커서 한 번에 정합하기가 곤란한 경우에도 여러 단을 연속 접속하여 임피던스 정합을 한다.

(3) 스터브(stub)를 이용한 임피던스 정합 회로

집중 소자를 이용한 정합회로는 소자의 크기가 파장과 유사해지는 높은 주파수에서는 소자의 값들이 고유의 특성을 갖지 못하고 다른 값으로 변하기 때문에, 높은 주파수에서는 분포정수 소자(distributed components)를 사용하여 정합회로를 설계한다.

분포정수 소자를 이용하는 가장 일반적인 방법은 개방(open) 혹은 단락(short) 전송선로 스터브(stub)를 전송선로에 병렬로 연결하는 것으로 스터브를 하나만 연결하는 단일 스터브 정합 방법과 2개의 스터브를 사용하는 이중 스터브 정합방법이 있다.

1) 단일 스터브 정합방법

단일 스터브를 이용하는 임피던스 정합회로의 개략적인 모양을 [그림 1-21]에 나타내었다. 단일 스터브를 이용한 정합회로 설계는 부하에서 떨어진 거리 d와 병렬로 연결되는 전송선로 스터브의 길이 l을 구하는 문제로 된다. 구체적인 설계 방법은 다음과 같다.

부하로부터 거리 d 만큼 떨어진 위치에서 부하를 바라본 정규화한 입력 어드미턴스 y_A 가 $y_A = 1 + jb_B$의 형태가 되도록 d를 선택한다. 그리고 병렬로 연결되는 개방 혹은 단락 스터브의 정규화한 입력 어드미턴스 y_B가 $y_B = -jb_B$가 되도록 스터브 길이 l을 선택한다. 이렇게 하면 병렬로 연결된 두 회로의 총 어드미턴스 y_T는 $y_T = 1$이 되어 임피던스가 정합이 된다.

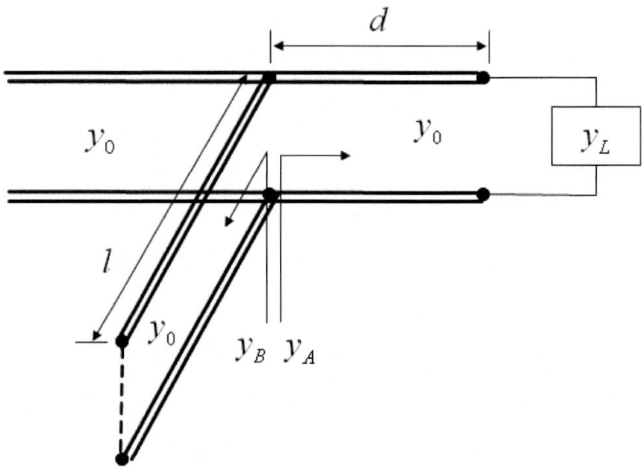

[그림 1-21] 단일 스터브를 이용한 임피던스 정합회로

이러한 과정을 스미스 차트를 이용하여 구체적으로 살펴보면 [그림 1-22]와 같다.

① 임피던스 스미스차트 상에 정규화한 부하 임피던스 z_A 을 그린다.(A점)

② 정규화한 부하 임피던스 z_A 로부터 대각선 방향의 정규화 부하 어드미턴스 y_A을 구하고, 이제 스미스 차트를 어드미턴스 차트로 생각한다.(B점)

③ 정규화 부하 어드미턴스 y_A의 VSWR 원을 그린다.

④ VSWR 원과 $g = 1$인 컨덕턴스 원과의 교점(C점, D점)을 구한다. 이 두 점에서 어드미턴스의 값은 $y_B = 1 \pm jb_B$ 형태가 된다.

⑤ 정규화한 입력 어드미턴스가 부하(y_A)에서 두 교점($y_B = 1 \pm jb_B$)으로 이동하기 위해 길이가 d_1 혹은 d_2 이며 특성 임피던스가 Z_0인 전송선로를 부하에 연결한다.

- C점 : $y_B = 1 + jb_B$(길이 d_1)
- D점 : $y_B = 1 - jb_B$(길이 d_2)

⑥ 임피던스 정합을 위해 $-jb_B$(C점) 혹은 jb_B(D점) 한 어드미턴스를 갖는 소자를 병렬로 추가한다.

⑦ $\pm jb_B$ 한 어드미턴스를 갖는 소자는 단락 혹은 개방 스터브로 구현이 가능하다. 즉 단락된 전송선로의 길이 l_1 을 조정하여 단락 부하를 바라본 정규화한 입력 어드미턴스가 $-jb_B$이 되도록 한다. 혹은 개방된 전송선로의 길이 l_2 을 조정하여 개방 부하를 바라본 정규화한 입력 어드미턴스가 jb_B이 되도록 한다.

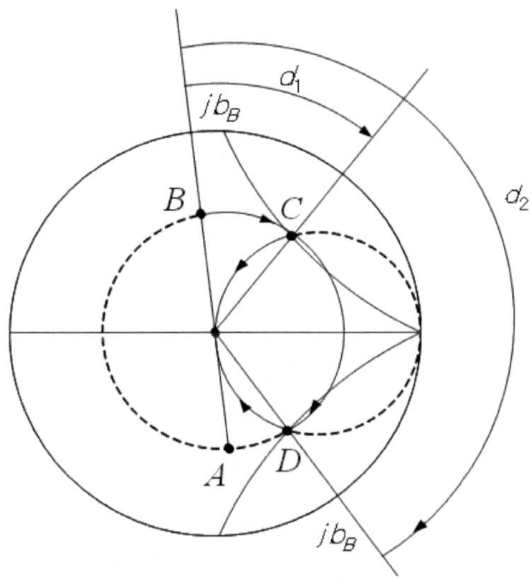

[그림 1-22] 스미스차트를 사용한 단일 스터브 정합 방법

2) 이중 스터브 정합방법

단일 스터브 정합방법은 모든 부하 임피던스를 하나의 스터브를 사용하여 임피던스 정합을 구현할 수 있지만, 부하와 스터브 사이의 선로의 길이를 변화시킬 수 있어야 한다는 단점이 있다. 이것은 실제로 제작을 하는 경우 공간적 배치에 제약사항이 될 수도 있으며, 또한 경우에 따라 조정 가능한 튜너가 필요한 때에는 어려움이 야기된다. 이러한 경우에 사용가능한 방법이 [그림 1-23]에 나타낸 이중 스터브를 사용하는 것이다.

[그림 1-23] (a)에 보인 이중 스터브 정합방법에서는 부하 (Y_L')가 첫 번째 스터브로부터 임의의 거리에 놓일 수 있다. 그러므로 첫 번째 스터브가 연결되는 위치에서 부하를 바라본 입력 임피던스를 Y_L 이라고 하면 [그림 1-23] (a)는 (b)처럼 나타낼 수 있다. 이중 스터브를 이용한 정합회로 설계는 [그림 1-23] (b)에서 스터브 길이 l_1과 l_2 및 전송선로 길이 d를 구하는 문제가 된다.

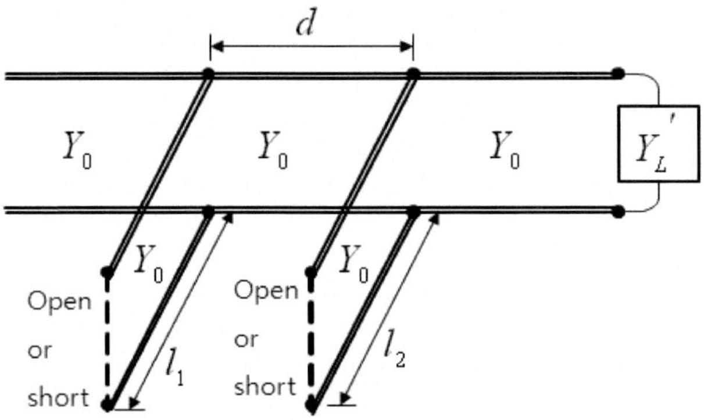

(a) 이중 스터브가 부하로부터 임의의 위치에 연결된 회로

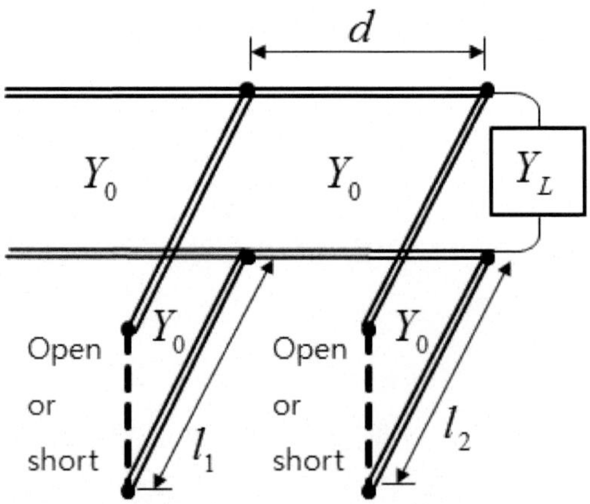

(b) 첫 번째 스터브 위치에 부하를 바라본 입력 임피던스를 둔 경우

[그림 1-23] 이중 스터브를 이용한 임피던스 정합회로

이중 스터브 정합 방법을 스미스 차트를 이용하여 설계하는 방법에 대해 설명하면 다음과 같으며, 이러한 과정을 [그림 1-24]에 나타내었다.

① 첫 번째 스터브의 서셉턴스 b_1 (혹은 두 번째 해인 $b_1{}'$)은 부하 어드미턴스를 y_1(혹은 $y_1{}'$)으로 이동한다. 이러한 점들은 회전된 $1+jb$원상에 존재해야 하며 회전되는 양은 부하 방향으로 두 개의 스터브 사이의 전기적인 거리인 d 만큼 된다.

② y_1(혹은 $y_1{}'$)을 전원방향으로 선로의 길이 d 만큼 변환하면 $1+jb$원상에 있는 점 y_2(혹은 $y_2{}'$)로 오게 된다.

③ 두 번째 스터브를 이용하여 서셉턴스 b_2(혹은 $b_2{}'$)을 더하면 스미스 차트의 중심에 오게 되어 정합이 완성된다.

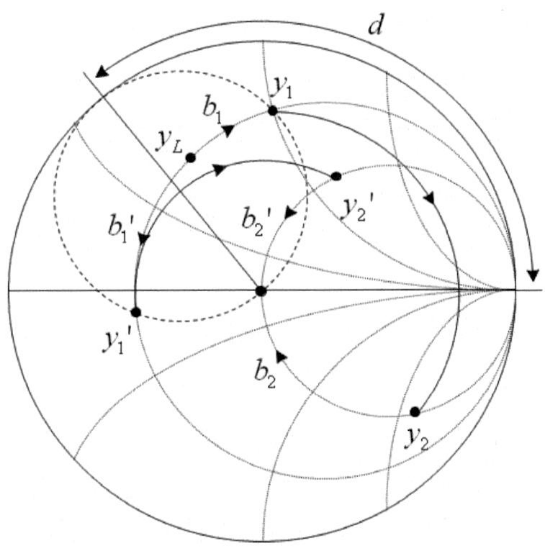

[그림 1-24] 이중 스터브 정합 방법

(4) Y-형 임피던스 정합 회로

[그림 1-25]와 같이 평행 2선식 급전선으로 반파장 다이폴 안테나를 급전하는 경우, 급전선이 다이폴 안테나에 연결되는 위치 l_1을 적당히 잡아서 임피던스 정합을 이루는 방법을 Y-형 임피던스 정합법이라 한다. 급전선이 연결되는 모양이 Y-형 모양으로 생겼다고 하여 Y-형 임피던스 정합이라 부른다.

[그림 1-25]에 반파장 다이폴 안테나가 Y-형 임피던스 정합회로를 통해 특성 임피던스 Z_0인 전송선로에 연결되어 있는 모양을 나타내었다. l_1과 l_2의 값에 따라 전송선로 끝단에서 안테나를 바라본 입력 임피던스가 달라지게 된다. 이것은 반파장 다이폴 안테나의 도선에 분포하는 전압과 전류의 크기가 위치에 따라 달라지기 때문으로 급전 위치가 반파장 다이폴의 끝부분으로 갈수록 안테나의 임피던스는 커지게 된다. 따라서 급전 위치를 적절히 취하면 전송선로의 특성 임피던스와 정합이 되는 위치를 찾을 수 있다.

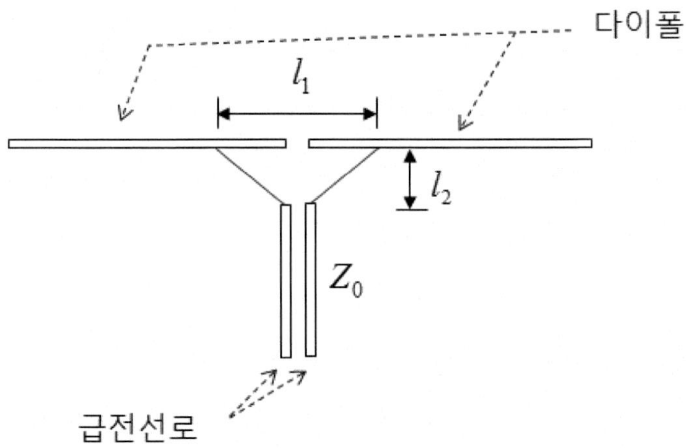

[그림 1-25] Y-형 임피던스 정합회로

(5) T-형 및 감마 임피던스 정합 회로

[그림 1-26]에 T-형 임피던스 정합회로를 사용하여 평행 2선식 급전선으로 급전되는 다이폴 안테나의 임피던스 정합회로를 구현한 모양을 나타내었다. [그림 1-26]의 T-형 임피던스 정합회로는 T-로드의 길이 l과 간격 S의 값에 따라 임피던스가 변하는데, T-로드의 길이 l이 길거나 간격 S를 크게 하면 입력 임피던스가 커진다. 이러한 특성을 이용하여 [그림 1-26]에서처럼 단락된 부위의 위치를 움직여 T-로드의 길이 l을 가변하여 급전선로와 임피던스를 정합시킬 수 있다. 또한 T형 구조가 가지고 있는 리액턴스를 없애기 위해 가변콘덴서를 T-로드와 급전선 사이에 삽입한다.

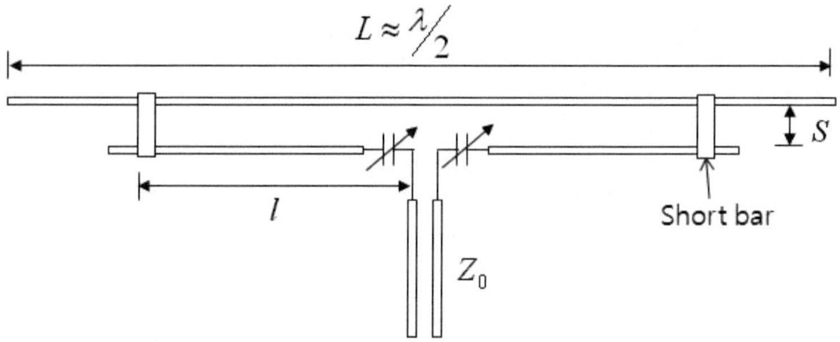

[그림 1-26] T-형 임피던스 정합회로

[그림 1-27]에 감마형 임피던스 정합회로를 사용하여 동축 급전선로로 급전하는 다이폴 안테나의 임피던스 정합회로를 구현한 모양을 나타내었다. 감마형 임피던스 정합회로는 T-형 정합회로의 절반만을 사용하여 임피던스 정합회로를 구성한 것을 알 수 있다.

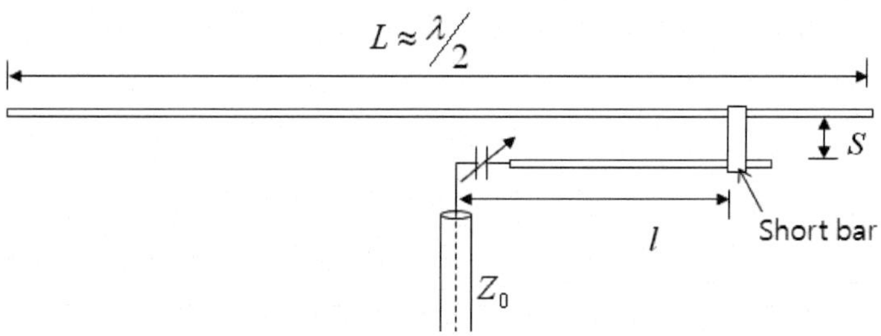

[그림 1-27] 감마 임피던스 정합회로

1.6.3 발룬(BALUN)

전송선로는 평형(balanced) 선로와 불평형(unbalanced) 선로로 나눌 수 있는데, 발룬(balun : balanced to unbalanced transformer)이란 전송선로의 평형(balanced)-불평형(unbalanced) 변환 회로를 말한다. 발룬의 역할을 조사하기 위해 [그림 1-28]와 같이 다이폴 안테나를 동축선로로 급전하는 경우를 살펴보고자 한다. 동축선로는 불평형 선로로서 [그림 1-28]에서 보는 바와 같이 동축선 내부도체와 외부 도체의 안쪽에서는 전류의 크기가 같고 방향이 반대인 평형 전류가 흐르지만, 다이폴 안테나에 급전되는 부분에서는 외부 도체의 내부에서 흐르는 전류가 모두 다이폴 안테나로 가지 못하고 일부 외부도체의 바깥쪽으로 흘러 다이폴 안테나에 불평형 전류가 흐르게 된다. 동축선로 외부로 흐르는 전류는 방사를 야기하게 된다. 이러한 외부도체 바깥으로 흐르는 전류를 줄이기 위해 발룬을 사용하게 된다.

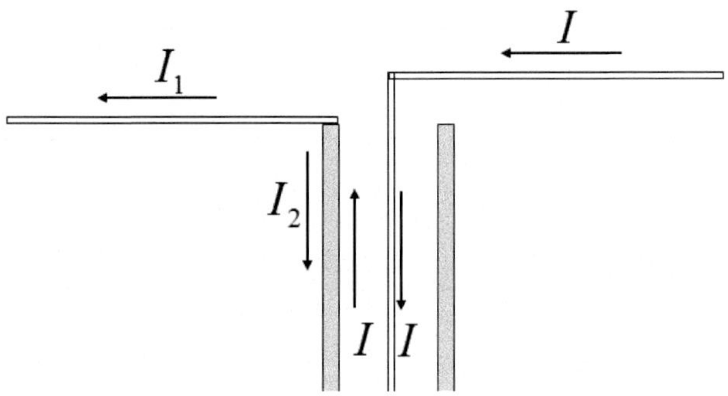

[그림 1-28] 다이폴 안테나를 급전하는 동축선로 단면

[그림 1-29]에 슬리브형 발룬이 설치된 동축선로의 단면을 나타내었다. 슬리브와 동축선로의 외부도체는 또 다른 동축선로를 구성하게 된다. 즉, 동축선로의 외부도체를 내부도체로 하고 슬리브를 외부도체로 하는 동축선로가 된다. 또한 이 동축선로는 안테나 급전 위치에서부터 $\lambda/4$ 지점이 단락된 선로이다. 따라서 다이폴 안테나를 급전하는 동축선로의 외부도체에서 도체 바깥으로 흐르는 전류는 슬리브로 형성된 $\lambda/4$ 길이의 단락 동축선로에 인가되는 모양이 되므로 입력 임피던스가 무한대가 되어 외부도체의 바깥으로 흐르지 못하고 전부 다이폴 안테나로 흐르게 된다. 따라서 다이폴 안테나에는 평형 전류가 흐르게 된다.

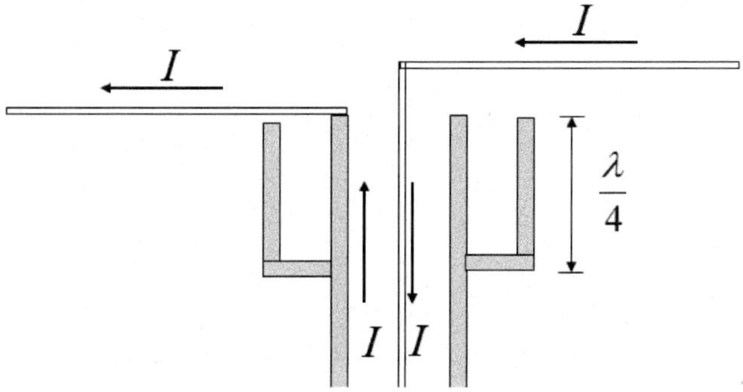

[그림 1-29] 슬리브 발룬이 있는 다이폴 안테나를 급전하는 동축선로 단면

[그림 1-29]과 유사하면서 비교적 제작이 쉬운 발룬으로 접힌 발룬(folded balun)이 있다. [그림 1-30]에 접힌 발룬을 나타내었다. 이것은 급전 동축선의 외부 도체와 동일한 반경을 갖는 동축선을 추가하여 구성한다. 추가된 동축선과 급전 동축선의 외부 도체는 2선 평행 전송선로를 형성하며, 안테나의 급전점으로부터 $\lambda/4$ 지점에 단락이 되어 있다. 따라서 안테나에서 2선 평행 전송선로를 바라본 입력 임피던스는 무한대의 임피던스를 갖는다. 그러므로 안테나 전체 임피던스에는 영향을 미치지 못하고, 급전 동축선로에서 I_3 전류가 흐르지 못하게 되어 다이폴에는 평형 전류가 흐르게 된다.

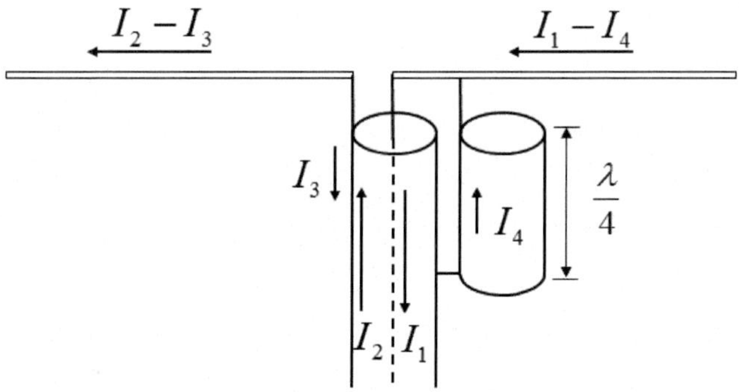

[그림 1-30] 접힌 발룬(folded balun) 구조

1.7 프리스 전달공식(Friis transmission formula)

[그림 1-31]과 같이 송신 시스템과 수신 시스템이 각각 안테나의 원거리 영역에 있고 송수신 안테나 사이의 간격이 R일 때, 수신 시스템으로 입사하는 전력을 구하고자 한다.

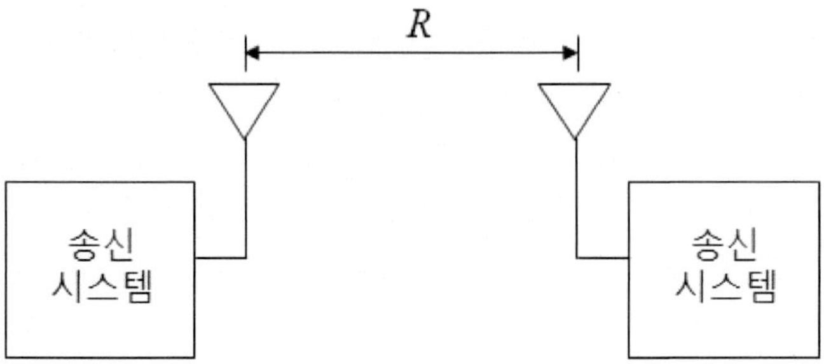

[그림 1-31] 통신 링크

송신 안테나가 등방성 안테나이고, 송신 안테나에 입력되는 시간평균 송신전력을 P_t 라고 할 때, 수신 안테나가 있는 위치에서의 전력밀도 S는

$$S = \frac{P_t}{4\pi R^2} \tag{1.152}$$

이 된다.

송신 안테나가 등방성 안테나가 아니고 안테나 이득이 G_t이면, 수신기 방향으로 최대 전력밀도를 갖는 송신 안테나에 대해 수신 안테나 위치에서의 전력밀도는

$$S = \frac{P_t G_t}{4\pi R^2} \tag{1.153}$$

이 된다.

수신 안테나가 등방성 안테나이면 등방성 안테나의 유효 개구 면적이 $\lambda^2/4\pi$ 이므로, 수신

안테나를 통해 입사되는 전력 P_r은

$$P_r = \frac{P_t\, G_t}{4\pi R^2}\left(\frac{\lambda^2}{4\pi}\right) \tag{1.154}$$

이 된다. 수신 안테나의 이득이 G_r 이면, 수신 안테나의 유효 개구 면적이 $G_r \times (\lambda^2/4\pi)$ 이므로 수신 전력 P_r은

$$P_r = \frac{P_t\, G_t}{4\pi R^2}\left(\frac{\lambda^2}{4\pi}\right) G_r \tag{1.155}$$

이 되며, 이것을 프리스 전달공식(Friis transmission formula)이라 부르며, 식 (1.156)과 같이 표현할 수 있다.

$$P_r = \left(\frac{\lambda}{4\pi R}\right)^2 P_t\, G_t\, G_r \tag{1.156}$$

만약 송수신 안테나가 모두 등방성 안테나인 경우 자유공간 경로 손실(free space path loss) L은 식 (1.157)과 같이 정의된다.

$$L = \frac{P_t}{P_r} = \left(\frac{4\pi R}{\lambda}\right)^2 \tag{1.157}$$

혹은

$$L_{dB} = 10\log\left(\frac{P_t}{P_r}\right) = 20\log\left(\frac{4\pi R}{\lambda}\right) \tag{1.158}$$

따라서 송수신 안테나의 이득이 G_t, G_r 인 경우 모든 파라미터를 데시벨(dB) 로 표시하면, 수신 전력은 다음과 같이 표현 할 수 있다.

$$P_{r,dB} = P_{t,dB} + G_{t,dB} + G_{r,dB} - L_{dB} \tag{1.159}$$

여기서 $P_{r,dB} = 10\log P_r$ 이고 $G_{r,dB} = 10\log G_r$ 이며 $P_{t,dB}$와 $G_{t,dB}$ 도 동일한 형태를 취한다.

한편 통신시스템에서 유효(또는 등가) 등방성 방사전력(effective(또는 equivalent) isotropically radiated power, EIRP)이라 부르는 용어가 자주 사용되는데, 이것은 주어진 방향에서 송신 안테나의 이득과 송신기에서 안테나에 수용된 순 전력의 곱으로, 다음과 같이 정의된다.

$$EIRP = P_t\, G_t \tag{1.160}$$

아래의 세 가지 서로 다른 송신 시스템을 고려해보자.

- 송신 시스템 A : 송신 시스템의 안테나 이득이 G_t이고, 송신 안테나에 수용된 송신 전력이 P_t인 송신 시스템
- 송신 시스템 B : 송신 시스템의 안테나 이득이 $G_t/3$이고, 송신 안테나에 수용된 송신전력이 $3P_t$인 송신 시스템
- 송신 시스템 C : 송신 안테나로 등방성 안테나를 사용하면서 송신 안테나에 수용된 송신 전력이 $P_t\, G_t$인 송신 시스템

수신 시스템에서는 수신 전력이 동일하게 입사하므로 위의 송신 시스템 A, B, C를 구별할 수 없다. 실제로는 등방성 안테나가 존재할 수 없으므로 송신 시스템 C는 존재할 수 없는 시스템이고, 송신 시스템 A, B 만이 존재 가능한 시스템이다. 그러나 수신 시스템에서는 수신되는 전력만이 주요한 파라미터이지, 송신 시스템이 A 타입으로 구동되는지 B 타입으로 구동되는지는 정확히 알 필요가 없다. 즉, 수신 시스템 입장에서는 $P_t\, G_t$의 값이 중요한 값이며, 이 값은 마치 송신 안테나가 등방성 안테나일 때 안테나에 수용되는 전력과 같으므로, 이 값을 유효 등방성 방사전력(EIRP)으로 정의하여 수신 시스템 설계에서 사용하고 있는 것이다.

또한 유효 방사 전력(effective radiated power, ERP)라는 용어도 사용된다. 이것은 EIRP와

유사하지만 송신 안테나를 등방성 안테나로 생각하지 않고 반파장 다이폴 안테나로 생각하는 경우이다.

(예제 1-12) 프리스(Friis) 전달 공식

200MHz VHF 송신기를 통해 10dB 이득을 갖는 안테나에 20kW의 전력을 공급하고 있다. 20km 떨어진 지점에 이득이 2dB인 수신 안테나를 통해 수신한 전력을 얼마인가?

(풀이) 식 (1.159)를 사용하여 수신 전력을 구해보자.

$$P_t = 20\,[kW] = 10\log(20\times 10^3)\,[dBW] = 43\,[dBW] = 73\,[dBm]$$

$$G_t = 10\,dB$$

$$G_r = 2\,dB$$

$$L_{dB} = 20\log\left(\frac{4\pi R}{\lambda}\right) = 20\log\left(\frac{4\pi\times 20\times 10^3}{1.5}\right) \approx 104.5\,[dB]$$

따라서 식 (1.159)에 의해 수신전력 P_r은 다음과 같다.

$$P_{r,\,dB} = 73 + 10 + 2 - 104.5 = -19.5\,[dBm] = 11.2\,[\mu W]$$

(예제 1-13) 유효 등방성 방사 전력(EIRP)

어떤 송신시스템이 이득 3dB의 안테나를 통해 100kW의 전력을 송신하고 있다. 이 송신기의 유효 등방성 방사전력(EIRP)을 kW 단위로 나타내시오.

(풀이)

$G_t = 3dB = 2$ 이므로 유효 등방성 방사전력(EIRP)는

$$EIRP = P_t\,G_t = 100\times 10^3\times 2 = 200\times 10^3\,[W] = 200\,[kW]$$

이 된다.

1.A 요약

1.1 무선통신의 역사와 안테나의 발전

- 무선통신을 위해 전자기파를 사용한 것은 19C 후반으로 약 150년의 시간이 지났지만 비약적으로 발전하여 언제 어디서나 전화는 물론 동영상 데이터까지 무선통신으로 전송하게 되었음.
- 무선 통신기기의 발전과 함께 안테나도 역할에 따라 다양한 종류가 개발되었으며, 안테나의 동작 특성 및 모양에 따라 공진형 안테나, 광대역 안테나, 개구면 안테나, 배열 안테나 등으로 분류를 할 수 있음.

1.2 전자파의 분류

- 전자기파(電磁氣波)는 전기장(electric field)과 자기장(magnetic field)의 두 성분이 서로 상호작용하면서 구성된 파동으로, 전파란 일반적으로 3 kHz부터 3000 GHz까지의 주파수를 갖는 전자기파를 의미함.
- 주파수 대역을 나누어 각각의 대역별로 주파수 대역을 지칭하는 명칭이 있음.

1.3 기초적인 전자기 이론

- 도전율이 있는 매질은 손실매질이며, 손실 매질을 전파(propagation)하는 전파(electromagnetic wave)의 크기는 지수함수적으로 감소하며, 감소 정도를 알 수 있는 파라미터로 표피두께(skin depth)가 있음.
- 손실 및 무손실 매질을 전파하는 전계와 자계는 서로 수직하며, $\overrightarrow{E} \times \overrightarrow{H}$ 의 방향으로 진행함.
- 무손실 매질에서 전파하는 전계와 자계는 동위상이며, 크기의 비($|\overrightarrow{E}|/|\overrightarrow{H}|$)는 매질의 고유 임피던스($\sqrt{\mu/\epsilon}$) 이며, 전파의 진행 속도는 $1/\sqrt{\mu\epsilon}$ 임.
- 전자기파를 야기하는 교류 전류원으로부터 벡터자위(vector magnetic potential) $\overline{A}$를 구하고 이것을 미분 연산을 수행하여 전계와 자계를 구할 수 있음.

1.4 미소 다이폴의 방사 전자계

- 미소 다이폴에 의해 야기되는 전자계는 크게 근거리장 전자계와 원거리장 전자계로 분류할 수 있음.
- 근거리장 전자계는 r^{-2}과 r^{-3}에 비례하는 항으로 유도계(induction field)과 정전계(electrostatic field)이라 부르며, 원거리장 전자계는 r^{-1}에 비례하는 항으로 방사계(radiation field)라 부름.
- 일반적으로 안테나의 최대 길이를 D라고 할 때 안테나로 부터 $2D^2/\lambda$ 이상의 거리를 원거리장 영역이라 함.

1.5 안테나 기본 파라미터

- 안테나의 사양을 제시하는 파라미터로 방사패턴, 지향성, 이득, 방사효율, 입력 임피던스, 편파, 실효길이, 실효면적, 대역폭 등이 있음.
- 방사패턴은 안테나로부터 원거리장 영역에 있으며, 안테나로부터 반경이 일정한 구의 표면 위에서 방사 전자계 및 방사전력 밀도의 크기를 θ, ϕ 함수로 나타낸 것임.
- 지향성은 어떤 특정 방향으로 향하는 전력밀도와 평균 전력 밀도의 비로 정의되며, 안테나가 어느 방향으로 전력을 집중하여 방사하거나 수신하는지를 나타내는 파라미터임.
- 안테나의 이득은 최대 지향성과 방사효율의 곱으로 표현되며, 기준 안테나에 비해 테스트 안테나의 수신전력 혹은 송신전력의 차이를 이용하여 기준 안테나에 비해 테스트 안테나의 상대적인 이득을 구할 수 있음.
- 방사효율은 안테나가 공간에 방사한 전력과 안테나에 입력된 전력의 비율로 정의함.
- 안테나의 입력 단자에서 안테나를 바라볼 때 등가적으로 R, L, C 소자들의 직렬 혹은 병렬 회로로 표현이 가능한데, 이러한 회로의 임피던스를 안테나의 입력 임피던스라고 함.
- 전자기파의 편파는 공간상의 어떤 일정한 점에서 전계 벡터가 시간에 따라 변하는 상태에 따라 선형편파, 원편파, 타원편파로 분류하고 있으며, 안테나의 편파는 송신 및 수신하는 전자기파의 편파에 따라 결정됨.

- 안테나의 급전점에서 전류가 $I(0)$이며, 임의의 전류 분포를 갖는 선형 안테나가 있을 때, 이 안테나와 동일한 특성을 갖고 일정한 전류 $I(0)$로 균일한 전류 분포를 갖는 등가의 선형 안테나를 구하면, 이 등가 안테나의 길이를 실효 길이(effective length)라 함.
- 안테나의 실효면적(effective area or effective aperture)은 수신 안테나의 수신 최대 유효 전력과 입사 전자파의 전력 밀도의 비로 정의됨.
- 안테나의 대역폭은 안테나가 원하는 사양을 만족시키는 동작 주파수 대역을 의미함.

1.6 임피던스 정합

- 안테나와 전송선로간에 임피던스 정합을 하는 방법은 $\lambda/4$ 임피던스 변환기를 사용하는 방법, 스터브를 사용하는 방법, 집중소자를 이용한 L형 정합회로를 사용하는 방법, Y형, T형, 감마 임피던스 정합회로를 사용하는 방법이 있음.
- 전송선로는 평형 구조와 불평형 구조가 있으며, 전송선로의 평형(balanced)-불평형(unbalanced) 변환 회로를 발룬(balun : balanced to unbalanced transformer)이라 함.

1.7 프리스 전달공식

- 이득이 G_t인 송신 안테나를 통해 P_t 전력을 송신할 때 거리 R 떨어진 위치에 놓여 있는 이득 G_r의 수신 안테나를 통해 수신되는 전력 P_r은 프리스 전달공식에 의해 $P_r = \left(\frac{\lambda}{4\pi R}\right)^2 P_t G_t G_r$ 으로 구해짐.
- 유효(또는 등가) 등방성 방사전력(effective(또는 equivalent) isotropically radiated power, EIRP)은 송신 안테나의 이득과 송신기에서 안테나에 수용된 순 전력의 곱으로 정의됨.

1.B 연습문제

1.1 주파수 177MHz인 TV 채널 7을 수신하기 위해 공진형 반파장 다이폴을 제작하려고 한다. 1/2인치 지름을 갖는 알루미늄 관이 사용된다면 안테나의 길이는 얼마이면 되겠는가?

1.2 반파장의 길이로 선형 안테나를 만드는 경우 다음 주파수 대역의 안테나의 길이는 얼마인가?

(a) FM 용 88MHz

(b) VHF TV 용 193MHz

(c) UHF TV 용 600MHz

(d) X 밴드 레이더용 9.5GHz

1.3 전력이 $-45dBm$일 때, 이것은 몇 mW 이며, $dB\mu$단위로 나타내면 얼마인가?

1.4 어떤 안테나가 원거리 영역에서 다음과 같은 정규화된 방사패턴 모양을 가질 때 이 안테나의 지향성을 구하시오.

$$E_\theta = \begin{cases} 1 & \frac{\pi}{2} - \alpha \le \theta \le \frac{\pi}{2} + \alpha \\ 0 & \text{그 밖의 경우} \end{cases}$$

1.5 어떤 안테나의 지향성이 25이고, 방사 효율이 90% 일 때, 이 안테나의 이득을 dB로 나타내시오.

1.6 지표면에 수직으로 서 있는 $150\,m$ 길이의 수직 안테나에서 $100\,kHz$ 주파수를 송신하고 있다. 안테나가 지표면과 연결되는 부분에서 급전이 되고 있으며, 안테나의 손실 저항은 2Ω이라고 할 때 다음을 구하시오.

a) 실효 높이(effective height)

b) 방사 저항

c) 방사 효율

1.7 전계 $\overrightarrow{E_1} = E_1 \cos(\omega t - \beta z)\hat{x}$ 과 $\overrightarrow{E_2} = E_2 \cos(\omega t - \beta z + \delta)\hat{y}$ 으로 아래에 제시된 편파를 만들고자 할 때 E_1, E_2, δ의 값은 얼마인가?

a) 오른손 원편파

b) 왼손 원편파

c) $\delta = 45^o$ 인 타원 편파

1.8 $200\,MHz$, 전계 강도 $10\,\mu V/m$의 파가 반파장 다이폴 안테나로 수신될 때 수신기 입력단자에 나타나는 전압을 구하시오. 이 때 급전선과 수신기는 임피던스 정합되어 있다.

1.9 주파수 $3\,MHz$, 실효길이 $50\,m$인 안테나에 $20\,A$의 전류가 흐르고 있다. 이 안테나에서 방사되는 전력은 얼마인가?

1.10 동작 주파수 $500\,MHz$에서 임피던스가 $25\,\Omega$인 부하를 특성 임피던스 $50\,\Omega$의 전송선로에 연결하고자 한다. 1/4 파장 임피던스 변환기를 이용하여 임피던스 정합 회로를 설계하시오.

1.11 $2\,GHz$에서 동작하는 송신기의 출력 임피던스가 $150 + j75\,\Omega$이고, 안테나의 입력 임피던스가 $75 + j15\,\Omega$일 때, 안테나로 최대 전력이 전달되기 위한 L형 정합회로를 집중소자를 사용하여 설계하시오.

1.12 송신기의 출력 임피던스가 $50 + j25\,\Omega$이고, 안테나의 임피던스가 $25 - j50\,\Omega$이며, 특성 임피던스 $50\,\Omega$의 전송선로를 통해 송신기와 안테나가 연결되어 있다. 동작 주파수 $2\,GHz$에서 2개의 집중 소자를 사용하여 안테나를 송신기에 임피던스 정합할 수 있는 모든 가능한 방법에 대해 스미스차트(Smith chart)를 사용하여 설계하시오.

1.13 100Ω, $200m$길이의 무손실 전송선로에 $10MHz$ 신호가 인가되고 있다. 부하로 $50 - j200\,\Omega$이 종단되어 있고, $200m$전송선로를 전파하는 속도가 $1\mu s$라고 할 때, 단락 스터브 하나를 사용하여 임피던스 정합을 구현하시오.

1.14 주파수 $5\,GHz$에서 유효 개구 면적이 $2.5m^2$을 갖는 안테나를 사용하여 $15\,W$의 전력을 송신한다. $15km$ 떨어진 위치에 유효 개구 면적이 $0.5m^2$ 인 수신 안테나를 사용하여 전력을 수신할 때 수신 전력은 얼마인가? 단 안테나 자체의 손실은 무시하고, 안테나는 임피던스 정합이 되어 있다고 가정한다.

1.15 방송 위성에서 $55dBW$의 EIRP와 $120\,W$의 전력으로 $12.45GHz$ 신호를 송출하고 있다. 지상의 수신 안테나의 이득이 $30dB$ 일 때 수신 전력을 구하시오. 단, 위성과 지상 수신 안테나까지의 거리는 $38{,}000km$ 로 가정한다.

1.16 마이크로파 중계소의 송신 출력이 $40dBm$, 중계 거리가 $60\,km$이다. 송수신 안테나의 이득은 모두 $40\,dB$이고, 주파수는 $5\,GHz$이다. 수신 전력은 얼마인가?

1.17 출력 $100\,kW$로 방송되고 있는 방송신호가 있다. 송신 안테나로부터 $1\,km$ 떨어진 지점에서 전계 강도가 $2.2\,V/m$라면 $20\,km$ 떨어진 장소에서 전계 강도는 얼마인가?

Chapter 2

공진형 안테나

2.1 다이폴 안테나
2.2 접지 안테나
2.3 폴디드 다이폴 안테나
2.4 야기 우다 안테나
2.5 코너 반사판 안테나
2.6 루프 안테나
2.7 턴스타일 안테나
2.8 마이크로스트립 패치 안테나
2.9 슬롯 안테나

2.A 요약
2.B 연습문제
2.C 상용 안테나 제품 소개

2.1 다이폴 안테나 (Dipole antenna)

선형 다이폴(linear dipole) 안테나는 [그림 2-1]과 같이 중앙에서 급전되는 두 개의 도체 막대(pole)로 이루어진 안테나로서, 선형 안테나의 기본적인 구조이며, 공진형 안테나(resonance antenna)에 해당한다. 이 절에서는 안테나의 길이 l이 반파장인 경우와 반파장 이상의 임의의 길이를 갖는 경우에 대해 각각 다이폴 안테나의 특성에 대해 살펴보고자 한다.

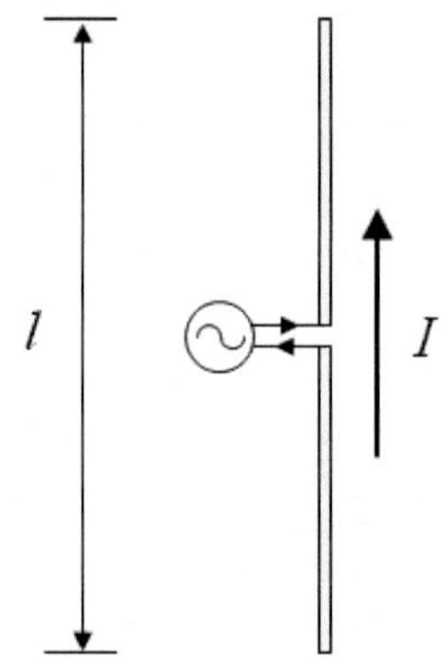

[그림 2-1] 선형 다이폴 안테나 모양

2.1.1 반파장 다이폴 안테나

[그림 2-1]의 선형 다이폴 안테나에서 안테나의 길이 l이 $\lambda/2$인 경우를 반파장(half wavelength) 다이폴 안테나라고 한다. 반파장 다이폴 안테나는 선형 다이폴 안테나 중에서도 가장 많이 사용되고 있는 기본 안테나이며, 안테나의 이득 측정에서 기준 안테나(reference antenna) 혹은 표준 이득 안테나(standard gain antenna)로도 사용되고 있다. 따라서 반파장 다이폴 안테나의 특성에 대해서는 이후 소개되는 다른 종류의 안테나에 비해 좀 더 자세하게 살펴보고자 한다.

(1) 방사전계 및 방사패턴

[그림 2-2]와 같이 원점에 놓여 있는 반파장 다이폴 안테나에 의해 원거리 영역 Q점에서

발생하는 방사 전계를 구해보자. 반파장 다이폴 안테나에 흐르는 전류는 다이폴의 양쪽 끝점에서는 영이며, 다이폴 중앙에서 최대값을 갖는 정현파 함수로 근사될 수 있으므로, 따라서 근사적으로

$$I(z) = I_0 \cos \beta z \tag{2.1}$$

으로 표현할 수 있다. 여기서 I_0는 급전점에서의 전류이다.

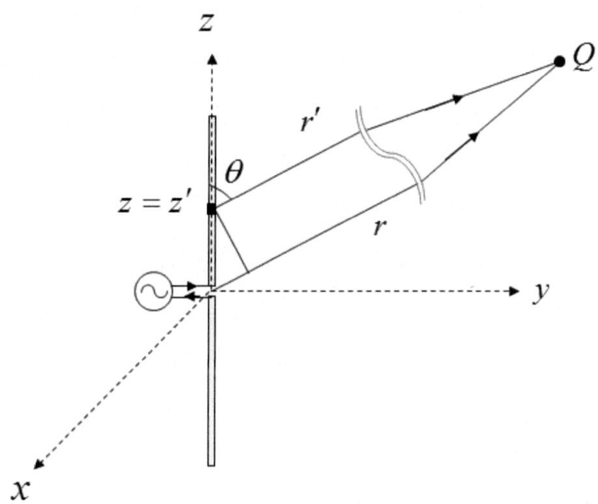

[그림 2-2] 반파장 다이폴 안테나의 원거리장 방사 전계

먼저 반파장 다이폴 위의 $z = z'$ 위치에 dz' 길이를 갖는 미소 다이폴에 흐르는 전류에 의해 원거리 영역에 있는 Q점에서 발생하는 방사 전계를 구하자. $z = z'$ 위치의 미소 전류소 (current element) $I(z')\,dz'$ 에 의한 방사 전계는 식 (1.71)로 부터

$$d\overline{E} \approx \frac{I(z')\,dz'}{4\pi} j\omega\mu \frac{1}{r'} e^{-j\beta r'} \sin\theta\ \hat{\theta} \tag{2.2}$$

으로 된다. 따라서 반파장 다이폴의 방사 전계는

$$E_\theta = \int_{-\lambda/4}^{\lambda/4} \frac{j\,\omega\,\mu}{4\pi r'} \sin\theta \ e^{-j\beta r'} I(z')\,dz' \tag{2.3}$$

이다. Q 점이 원거리 영역에 있으므로 [그림 2-2]에서 보듯이 $r' \approx r - z'\cos\theta$ 으로 가정할 수 있으므로, $e^{-j\beta r'} \approx e^{-j\beta r}\, e^{j\beta z' \cos\theta}$ 으로, $1/r' \approx 1/r$ 으로 근사할 수 있다. 따라서 이것을 식 (2.3)에 적용하여 정리하면,

$$E_\theta = \frac{j\,\omega\,\mu}{4\pi r}\, e^{-j\beta r} \sin\theta \int_{-\lambda/4}^{\lambda/4} I(z')\, e^{j\beta z' \cos\theta}\, dz' \tag{2.4}$$

이 되며, 식 (2.1)을 대입하여 계산하면 반파장 다이폴의 방사 전계는

$$E_\theta = \frac{j\omega\mu}{4\pi r}\,\frac{2I_0}{\beta}\, e^{-j\beta r}\, \frac{\cos(\frac{\pi}{2}\cos\theta)}{\sin\theta} \tag{2.5}$$

으로 표현된다. 그러므로 반파장 다이폴 안테나의 정규화한 전계의 방사 패턴은

$$F(\theta,\phi) = \frac{\cos(\frac{\pi}{2}\cos\theta)}{\sin\theta} \tag{2.6}$$

이 된다. 정규화한 전력 방사패턴을 구하기 위해서는 정규화한 전계의 방사패턴을 제곱하면 된다. 따라서 반파장 다이폴 안테나의 E-면 전력 방사패턴은 식 (2.6)을 제곱하여 얻을 수 있고, [그림 2-3]에 정규화한 전계의 E-면 전력 방사패턴을 나타내었다. 반전력 빔폭(HPBW)은 78^0 가 되는 것을 알 수 있다.

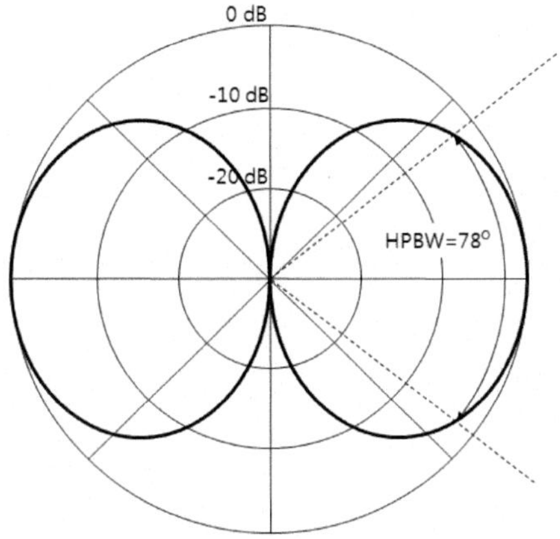

[그림 2-3] 반파장 다이폴 안테나의 정규화한 전계의 E면 전력 방사패턴

한편 H-면 방사패턴은 $z=0$ 평면에서 ϕ에 따른 전계 E_θ의 방사패턴을 그린 것인데, 식 (2.6)은 ϕ의 함수가 아니므로 ϕ방향으로는 일정한 값을 갖게 된다. 따라서 H-면 방사패턴은 무지향성을 갖는 원형으로 나타난다.

(2) 방사전력 및 입력 임피던스

반파장 다이폴 안테나의 방사전력 P는 원거리 영역에서의 방사 전계로부터 식 (2.7)과 같이 구할 수 있다.

$$\begin{aligned} P &= \iint \overline{S} \bullet d\overline{s} \\ &= \iint \frac{1}{2}\overline{E} \times \overline{H}^* \bullet d\overline{s} \\ &= \int_0^{2\pi}\int_0^{\pi} \frac{(E_\theta)^2}{2\eta} r^2 \sin\theta \, d\theta \, d\phi \end{aligned} \tag{2.7}$$

식 (2.7)의 방사전력을 구하면, 방사저항 R_{rad}은

$$R_{rad} = \frac{2P}{I_0^2} \tag{2.8}$$

으로 구할 수 있고, 수치적분을 이용하여 구하면,

$$R_{rad} \approx 73\ \Omega \tag{2.9}$$

을 얻는다. 반파장 다이폴 안테나에서 방사손실을 제외한 다른 손실을 무시하여 $R_{\Omega ic} = 0$ 으로 두면, 안테나의 입력 임피던스의 저항(resistance) R_{ant}는

$$R_{ant} = R_{rad} + R_{\Omega ic} = R_{rad} \tag{2.10}$$

으로 방사저항과 같은 값을 갖는다.

한편, 반파장 다이폴 안테나의 리액턴스 X_{ant}는 안테나의 근거리장에서 축적되는 전력과 관련이 있으며 식으로 표현하면

$$\begin{aligned} P &= \frac{1}{2}\iint (\overline{E} \times \overline{H}^*) \cdot d\overline{s} \\ &= j\frac{1}{2} X_{ant}\ I_0^2 \end{aligned} \tag{2.11}$$

으로 나타낼 수 있고, 수치 적분을 통해 구하면,

$$X_{ant} \approx 42.5\ \Omega \tag{2.12}$$

으로 리액턴스가 유도성을 갖는다. 따라서 반파장 다이폴 안테나의 입력 임피던스는

$$Z_{ant} \simeq 73 + j42.5\ \Omega \tag{2.13}$$

이다.

(3) 지향성 및 이득

반파장 다이폴 안테나의 지향성을 구하기 위해, 원거리 장에서 최대 방사 세기 U_m 을 구하면

$$U_m = \left[\frac{1}{2} Re\,(\overline{E} \times \overline{H^*}) \bullet \hat{r}|_{\theta = \theta_{\max},\, \phi = \phi_{\max}} \right] r^2 \tag{2.14}$$

$$= \frac{|E_\theta|^2_{\max}}{2\eta} r^2$$

이므로, 식 (1.100), 식 (2.7) 및 식 (2.14)로부터 지향성은

$$D = \frac{4\pi U_m}{P} = 4\pi \frac{|E_\theta|^2_{\max}}{2\eta} r^2 \left[\int_0^{2\pi} \int_0^{\pi} \frac{|E_\theta|^2}{2\eta} r^2 \sin\theta \; d\theta \; d\phi \right]^{-1} \tag{2.15}$$

이 되며, 방사 효율이 100%인 무손실 반파장 다이폴 안테나의 경우 지향성과 이득이 같으며, 식 (2.15)을 계산하면

$$D = G = 1.63 = 2.15 \; dB \tag{2.16}$$

이 된다.

(4) 실효 길이 및 실효면적

반파장 다이폴 안테나의 실효 길이를 구해보자. 반파장 다이폴 안테나에 흐르는 전류는 식 (2.1)과 같이 분포하므로 식 (1.125)를 이용하여 실효 길이를 구하면

$$l_{eff} = \frac{1}{I(0)} \int_{z1}^{z2} I(z)\, dz \tag{2.17}$$

$$= \frac{1}{I_0} \int_{-\lambda/4}^{\lambda/4} I_0 \cos\beta z \; dz$$

$$= \frac{\lambda}{\pi}$$

이 된다. 반파장 다이폴의 실효면적은 식 (1.128)에 의해

$$A_{eff} = \frac{P_{r\_eff}}{P_i} = \frac{\left(\dfrac{E_0^2\, l_{eff}^2}{4\,R_{ant}}\right)}{\left(\dfrac{E_0^2}{120\,\pi}\right)} \tag{2.18}$$

으로 된다. 식 (2.10)과 식 (2.17)을 대입하여 정리하면 반파장 다이폴 안테나의 실효면적은

$$A_{eff} = 0.13\,\lambda^2 \tag{2.19}$$

이 된다.

2.1.2 임의의 길이의 직도선형 다이폴 안테나

길이 L의 직도선형 다이폴이 z축을 따라 놓여 있고, 중앙에서 급전하는 경우 다이폴을 따라 분포하는 정현파 전류 $I(z)$은

$$I(z) = I_m \sin\left[\beta\left(\frac{L}{2} - |z|\right)\right] \tag{2.20}$$

으로 표현되며, 여기서, $|z| < L/2$이다. 길이 L의 값이 변함에 따라 중앙 급전되는 직도선형 다이폴 안테나에 흐르는 전류의 모양은 식 (2.20)과 같이 달라지며, 전류가 달라짐으로 인해 안테나의 특성도 달라지게 된다. [그림 2-4]에는 다이폴 안테나의 길이가 반파장에서 $\lambda/4$씩 길이가 증가할 때 다이폴에 흐르는 전류 분포의 모양을 나타내었다.

[그림 2-4]에서 다이폴 안테나에 흐르는 전류를 살펴보면 다이폴 안테나의 양쪽 끝단에서는 전류가 영이며, 끝단에서 중앙으로 오면서 정현파 형태로 다이폴 전류의 크기가 변하는 것을 볼 수 있다. 따라서 다이폴 안테나의 길이가 한 파장 이상이 되면 다이폴 안테나에 흐르는 전류 분포는 동일한 방향이 되지 않고 서로 반대 방향의 전류도 흐르는 것을 볼 수 있다. 이렇게 되면 방사패턴에서 서로 상쇄 효과가 나타나게 되며, 다중 빔이 발생하게 된다.

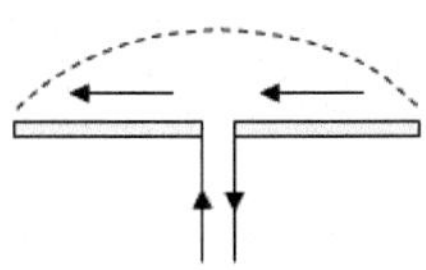

(a) $L = \frac{\lambda}{2}$

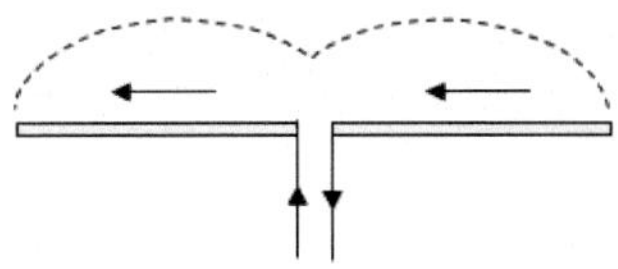

(b) $L = \frac{3}{4}\lambda$

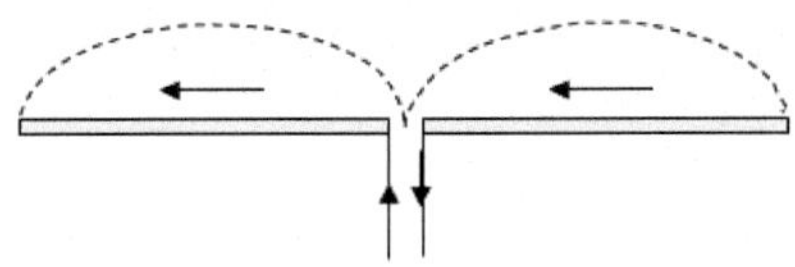

(c) $L = \lambda$

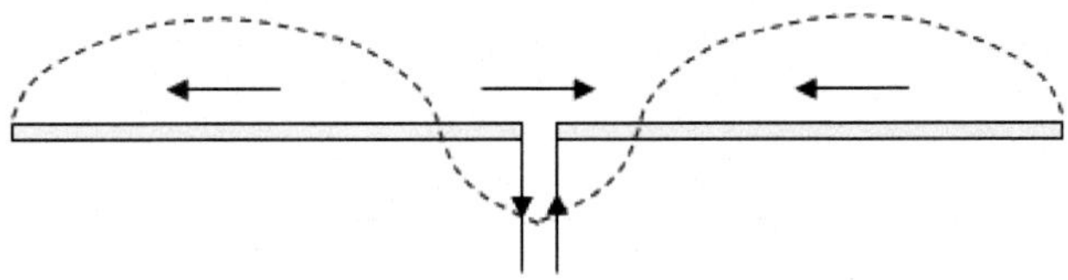

(d) $L = \frac{5}{4}\lambda$

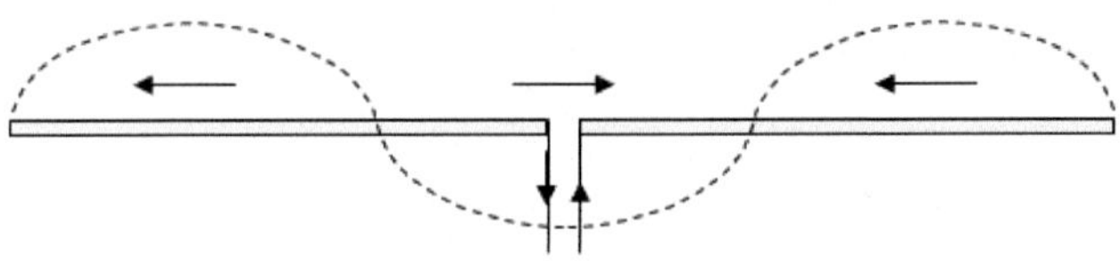

(e) $L = \frac{3}{2}\lambda$

[그림 2-4] 다양한 길이의 중앙 급전되는 직도선형 다이폴 안테나에 대한 전류 분포

[그림 2-4]의 전류 분포는 [그림 2-5]의 평행 2선 전송선로에 흐르는 전류를 이용하여 다음과 같은 방법으로 구할 수 도 있다.

- [그림 2-5] (a)와 같이 종단이 개방된 평행 2선 전송선로에 흐르는 전류 분포를 구한다.
- [그림 2-5] (a)의 전송선로의 임의의 위치($B-B'$)에서 선로를 직각으로 구부려 [그림 2-5] (b)와 같이 다이폴 안테나 모양을 만든다.
- [그림 2-5] (b)와 같이 다이폴에 흐르는 전류 분포 모양을 평행 2선 전송선로에 흐르는 전류 분포 모양을 이용하여 구한다.

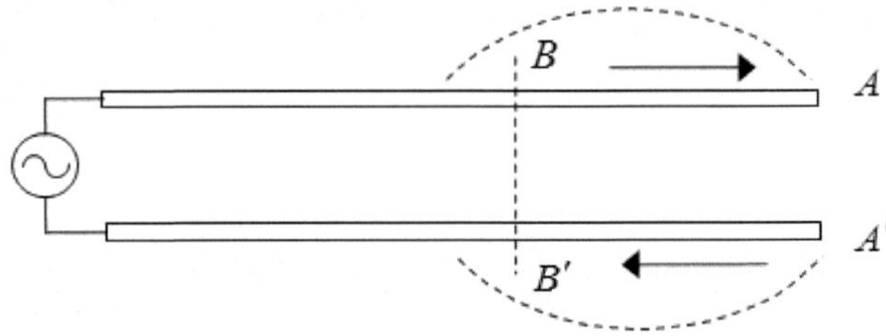

(a)

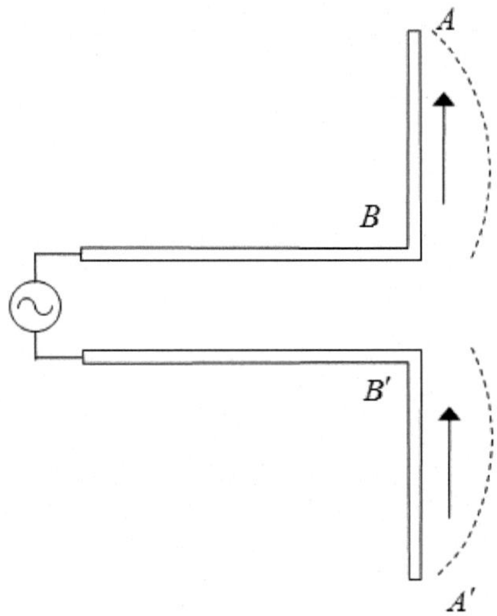

(b)

[그림 2-5] 선형 다이폴 안테나의 전류 분포 구하는 법

임의의 길이를 갖는 직도선형 다이폴 안테나의 방사패턴을 구해보자. 식 (2.20)의 전류에 대해 원거리 영역에서의 방사 전계 E_θ를 식 (2.4)을 사용하여 나타내면

$$E_\theta = \frac{j\,\omega\,\mu}{4\pi r}\, e^{-j\beta r}\, \sin\theta\ \Big[\int_{-L/4}^{0} I_m \sin\Big[\beta\Big(\frac{L}{2}+z'\Big)\Big]\, e^{j\beta z'\cos\theta}\, dz' + \int_{0}^{L/4} I_m \sin\Big[\beta\Big(\frac{L}{2}-z'\Big)\Big]\, e^{j\beta z'\cos\theta}\, dz'\ \Big] \tag{2.21}$$

이 되고, 계산을 하여 구해보면,

$$E_\theta = j\eta \frac{e^{-j\beta r}}{2\pi r} I_m \frac{\cos[(\beta L/2)\cos\theta] - \cos(\beta L/2)}{\sin\theta} \tag{2.22}$$

이 된다.

다이폴의 길이가 L인 안테나의 원거리장 패턴(far-field pattern)은 식 (2.22)의 E_θ를 제곱하여 $|E_\theta|^2$으로부터 구할 수 있다. [그림 2-4]에 제시된 다양한 길이의 다이폴 안테나에 대해 원거리장 패턴을 [그림 2-6]에 나타내었다. [그림 2-6]는 상용 시뮬레이션 소프트웨어인 NEC-Win Pro를 사용하여 길이 50 cm의 다이폴 안테나를 주파수를 달리하면서 시뮬레이션 한 결과이다. 안테나의 길이가 한 파장 보다 더 긴 경우의 다이폴의 방사패턴은 안테나의 도선에 서로 반대방향으로 흐르는 전류에 의한 원거리 장(far-feld)의 상쇄효과가 발생하여 방사패턴이 다중 빔을 갖게 된다. 또한 안테나의 길이가 한 파장 이하에서 안테나의 길이가 길어질수록 반전력 빔폭(HPBW)이 작아지며, 안테나의 이득이 증가하는 것을 알 수 있다.

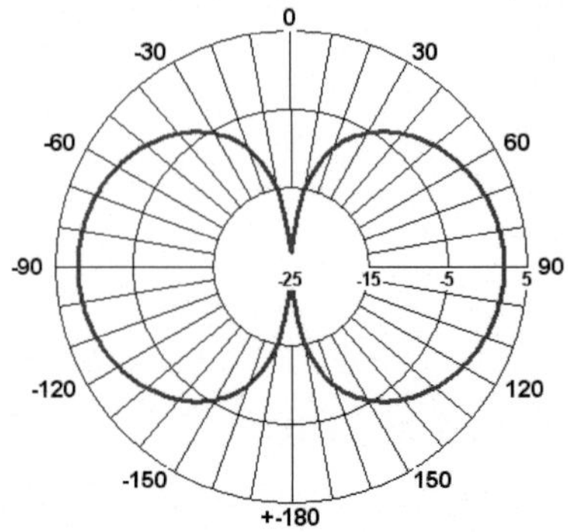

(a) $L = \frac{\lambda}{2}$

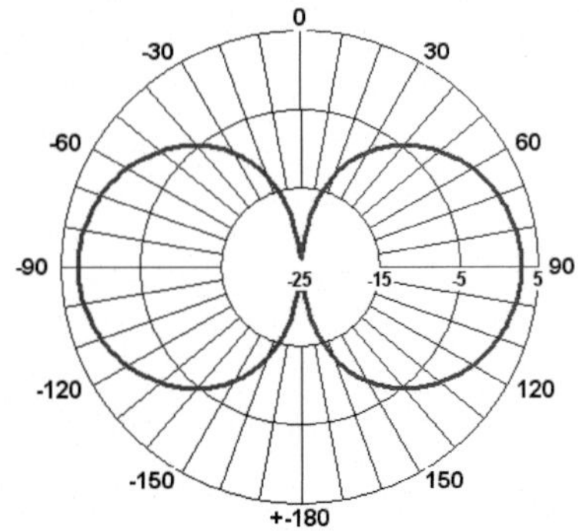

(b) $L = \frac{3}{4}\lambda$

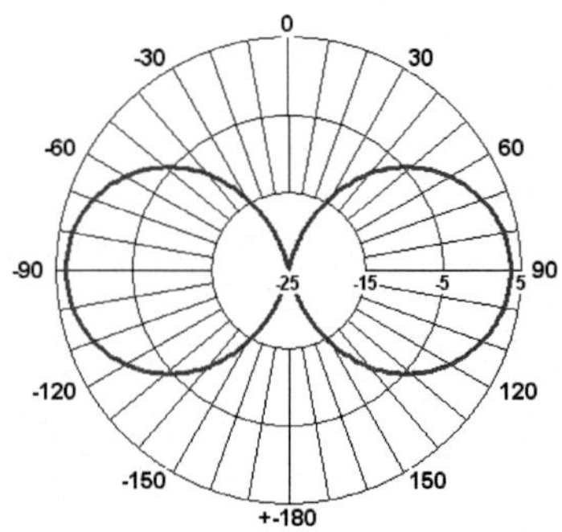

(c) $L = \lambda$

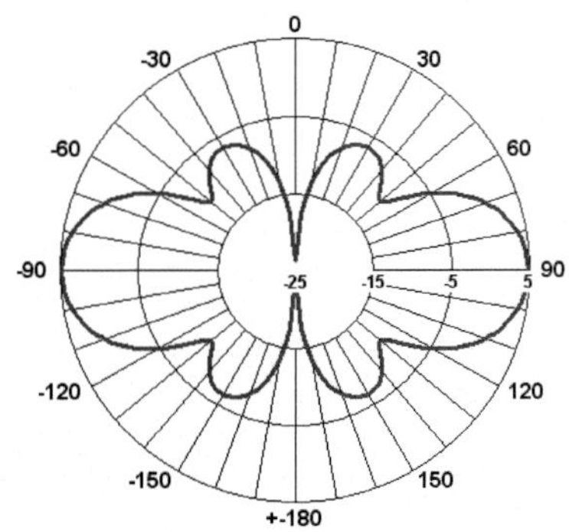

(d) $L = \frac{5}{4}\lambda$

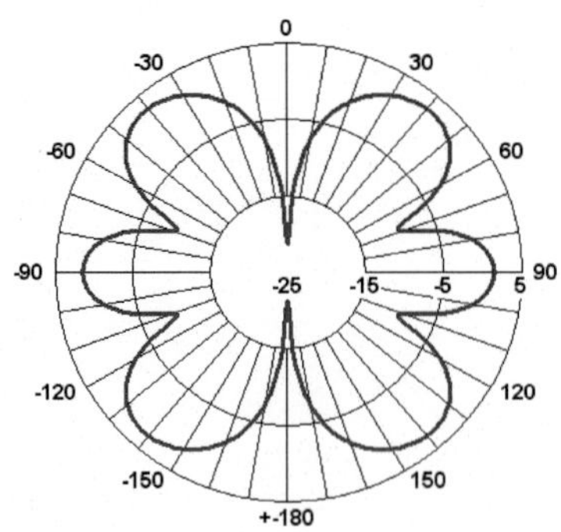

(d) $L = \frac{3}{2}\lambda$

[그림 2-6] 다양한 길이의 중앙 급전되는 직도선형 다이폴 안테나의 방사패턴

안테나의 입력 임피던스 $Z_{in} = R_{ant} + j\,X_{ant}$ 를 구하기 위해 1.5.4절을 참고하면

$$P = \frac{1}{2}\iint (\overline{E} \times \overline{H}^*) \cdot d\overline{s} \tag{2.23}$$

$$= \frac{1}{2} I_m^2 \,(R_{rad} + j\,X_{ant})$$

이 됨을 알 수 있다. 구체적인 계산은 생략하고, 본 교재에서는 NEC-Win Pro 시뮬레이션 소프트웨어를 사용하여 직경이 0.1 mm 이고, 길이가 472 mm 인 다이폴 안테나의 입력 임피던스를 시뮬레이션하여 [그림 2-7]에 제시하였다.

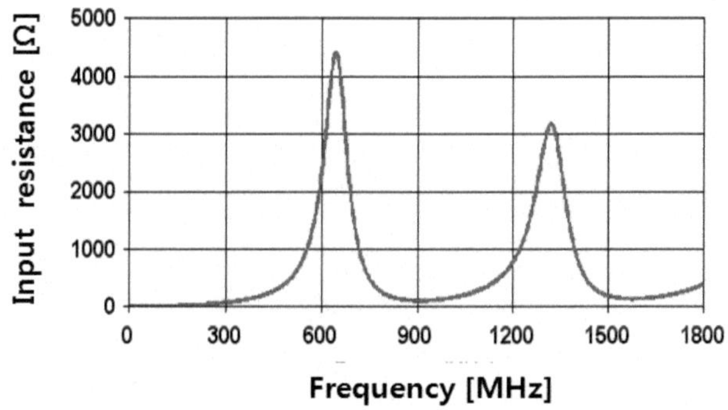

(a) 저항

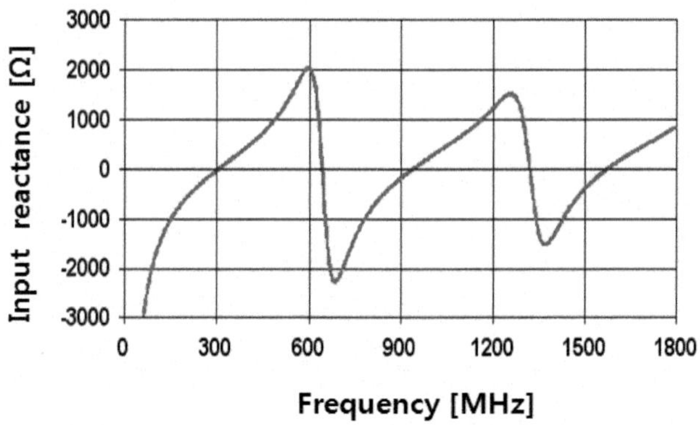

(b) 리액턴스

[그림 2-7] 중앙 급전 직도선형 다이폴 안테나의 입력 임피던스

주파수가 300 MHz 일 때 반파장이 500 mm 이므로 주어진 다이폴 안테나를 대략 300 MHz 근처 주파수에서 특성을 먼저 살펴보자. [그림 2-7] (b)를 살펴보면, 300 MHz에서 안테나의 리액턴스가 영이 되므로 이 안테나는 300 MHz에서 공진하는 안테나임을 알 수 있다. 300 MHz 이하의 주파수에서 주파수가 낮아지면 (or 안테나의 전기적인 길이가 작아지면) 안테나의 저항 값이 점점 작아져 영에 가까워지고 리액턴스의 값은 음의 값을 가지면서 값이 무한대로 커지는 것을 볼 수 있다. 안테나의 전기적인 길이가 0.1λ 보다 작아지는 경우 안테나로서의 방사 효율은 매우 낮고, 안테나는 마치 큰 용량의 커패시터로 등가 될 수 있음을 나타낸다.

또한 안테나의 길이가 한 파장 정도가 되는 길이에서는 안테나의 저항 값이 매우 큰 값을 갖고, 리액턴스의 값은 한 파장 길이를 전후 하여 부호가 반대가 되는 것을 볼 수 있다. 그리고 한 파장을 주기로 하여 반복적으로 임피던스가 반복되는 것을 볼 수 있다.

[그림 2-7]에서 안테나의 리액턴스 값이 영(zero)이 되는 안테나의 길이에 주목하자. 안테나의 리액턴스가 0 이므로 안테나가 공진이 되었다고 하며, 이 길이를 안테나의 공진 길이라고 한다. 일반적으로 직도선형 다이폴 안테나의 공진 길이는 직도선형 다이폴의 도선 두께에 따라 달라진다. 예를 들면 300 MHz에서 공진이 되도록 하기 위해 반파장 다이폴 안테나의 길이를 구하보고자 한다. NEC-Win pro 를 사용하여 반파장 다이폴 안테나의 지름을 바꾸면서 300 MHz에서 공진이 되는 안테나의 길이를 구하여 [표 2-1]에 정리하여 나타내었다.

[표 2-1] 300 MHz에 공진하는 직도선형 다이폴의 공진 길이

다이폴의 지름	안테나 길이	전기적 길이 @300 MHz	단축률
0.1 mm	485 mm	0.485λ	3%
1 mm	478 mm	0.478λ	4.4%
10 mm	459 mm	0.459λ	8.2%

[표 2-1]에서 도선의 길이에 비해 도선의 두께가 굵어지면 공진 길이가 짧아지는 현상을 볼 수 있다. 반대로 이상적으로 도선의 두께를 무시할 정도로 매우 가는 경우에는 공진 길이가 거의 반파장에 가까워지게 된다. [표 2-1]에서 단축률이란 아래와 같이 정의하였다.

$$단축률 = \frac{(반파장\,길이) - (공진\,길이)}{(반파장\,길이)} \times 100 \qquad (2.24)$$

일반적으로 단축률을 감안하면 반파장 다이폴 안테나는 대략 안테나의 길이가 공진주파수의 $0.45\lambda \sim 0.49\lambda$ 정도의 범위 안에 존재하게 되어 반파장보다 작은 길이에서 공진이 발생한다.

한편 직도선형 다이폴의 도선 두께에 따라 공진 길이뿐만 아니라 안테나의 대역폭 특성도 달라지는데, 도선 두께에 따른 VSWR 특성을 조사하기 위해 NEC-Win Pro 를 사용하여 시뮬레이션을 하였다. [표 2-1]에서 조사한 3개의 다이폴 안테나에 대해 50Ω 특성 임피던스를 갖는 전송선로로 다이폴의 중앙에 급전되는 경우에 대해 VSWR 특성을 시뮬레이션하여 [그림 2-8]에 나타내었다. 다이폴 길이/지름의 비율이 작아질수록 (or 단축률이 증가할수록) 안테나의 대역폭이 증가하는 것을 볼 수 있다. 따라서 안테나를 광대역화 하는 방법으로 안테나의 두께를 크게 하여 단축률이 커지도록하는 방법도 가능하다는 것을 알 수 있다.

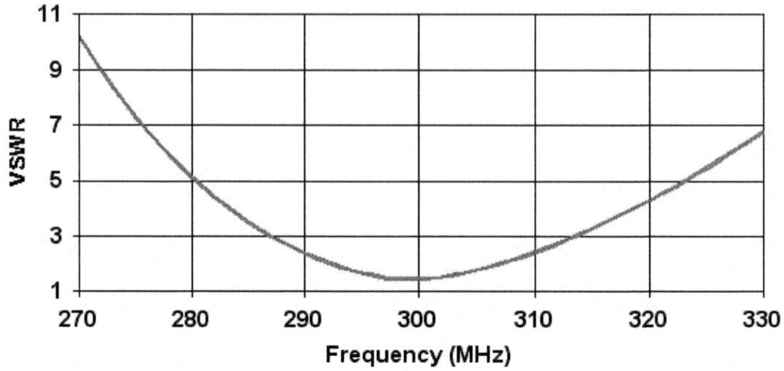

(a) 다이폴 길이/지름 = 4850 (단축률 3%)

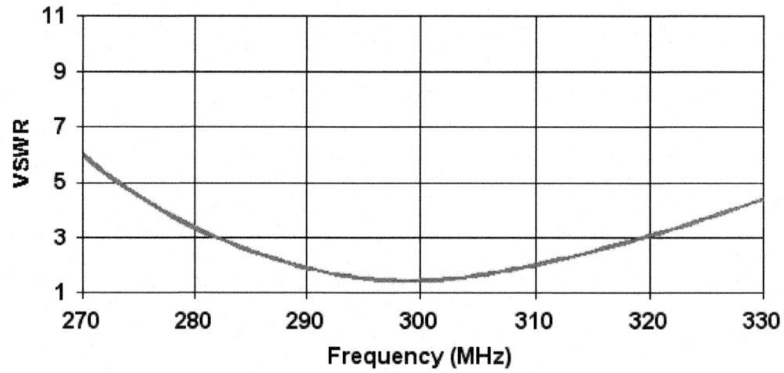

(b) 다이폴 길이/지름 = 478 (단축률 4.4%)

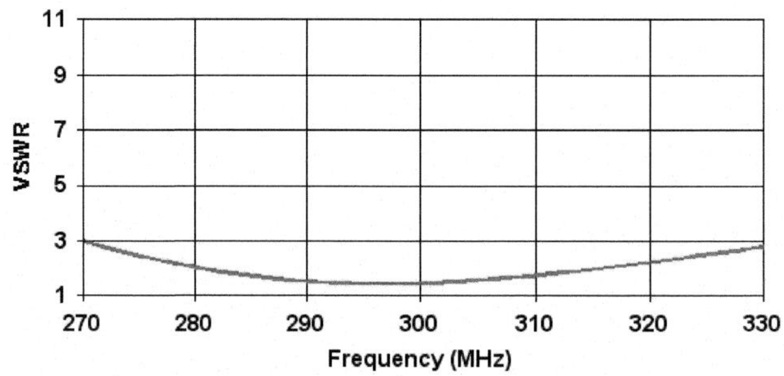

(c) 다이폴 길이/지름 = 45.9 (단축률 8.2%)

[그림 2-8] 중앙 급전 직도선형 다이폴 안테나의 도선 두께에 따른 VSWR 특성

2.1.3 기타 다이폴 안테나

(1) 평판 금속 스트립 다이폴

앞서 직도선형 다이폴 안테나에서 안테나의 길이를 고정할 때 도선 두께가 굵어질수록 공진 주파수가 낮아지면서 대역폭이 넓어지는 것을 [표 2-1]과 [그림 2-8]에서 볼 수 있었다. 도선의 두께를 굵게 하는 방법의 하나로 [그림 2-9] (a)와 같이 원통형 도선 다이폴 대신 평판 금속 스트립 다이폴을 사용하는 방법이 있다.

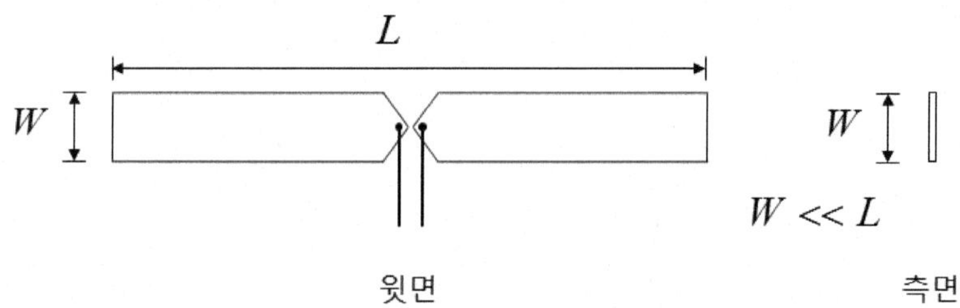

(a) 평판 금속 스트립 다이폴

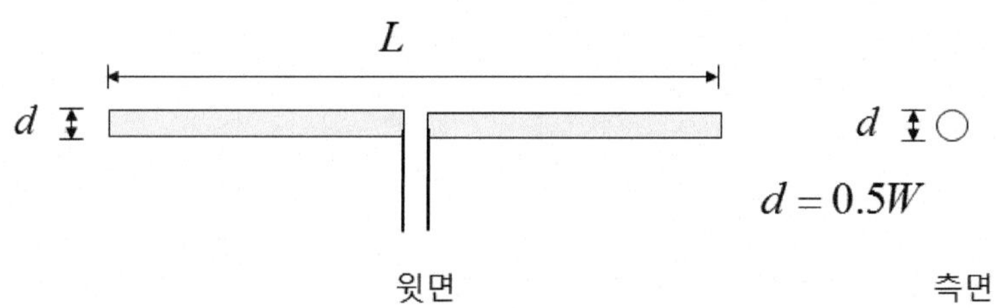

(b) 등가 원통형 다이폴

[그림 2-9] 평판 금속 스트립 다이폴 및 등가 원통형 다이폴

[그림 2-9] (b)에는 (a)에 제시된 평판 금속 스트립 다이폴과 등가적인 원통형 도선의 다이폴 모양을 나타내었다. $W \ll L$일 때 폭 W의 도체 스트립은 직경 $0.5W$의 원통형 도선으로 등가가 된다[4].

(2) 제펠린(zeppeline) 안테나

안테나 급전점이 다이폴 안테나처럼 안테나의 중앙에 있지 않고 도선의 한쪽 끝에 있으면서 다이폴 안테나와 비슷한 특성을 나타내는 안테나를 제펠린(zeppeline) 안테나 또는 피카드(picard) 안테나라고 한다[5]. [그림 2-10]에 제펠린 안테나를 나타내었다. 제펠린 안테나는 구조가 간단하여 간이시설에 주로 사용된다. 제펠린 안테나는 급전점과 신호원 사이의 급전선의 길이가 $\lambda/4$의 배수로 되어 있다.

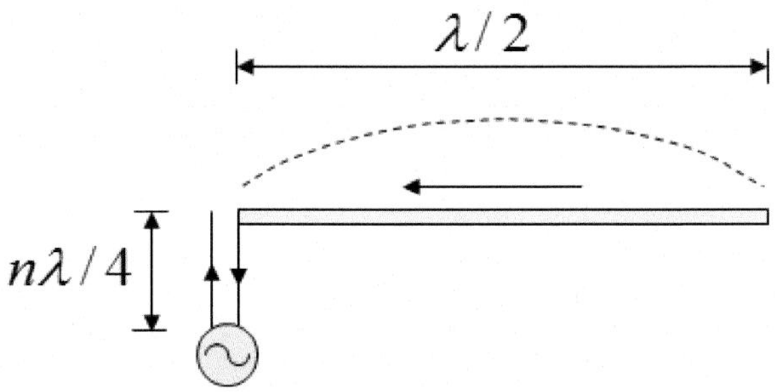

[그림 2-10] 제펠린 안테나

(3) 벤트(bent) 안테나

반파장 다이폴 안테나를 설치할 장소가 협소할 때 반파장 다이폴 안테나를 구부려 사용하게 되는데, 이렇게 구부러진 반파장 다이폴 안테나를 벤트 안테나(bent antenna)로 부른다[5]. 모양은 [그림 2-11]에 나타내었다.

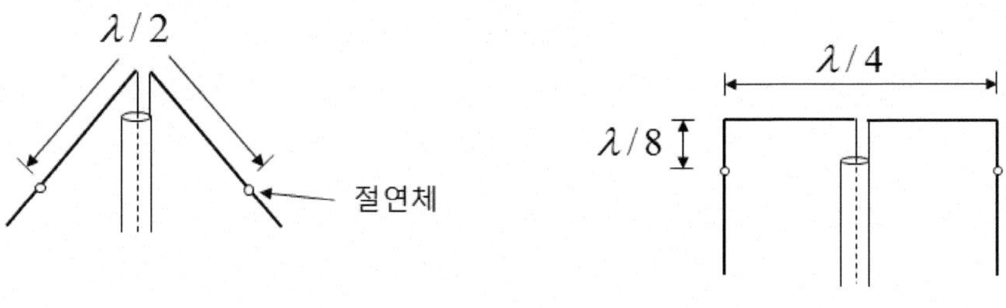

[그림 2-11] 벤트 안테나

(4) 고조파 안테나

선형 다이폴 안테나에서 안테나의 전체 길이가 반파장의 정수배가 되는 다이폴 안테나를 고조파 안테나라고 한다[5]. 안테나의 길이가 $n(\lambda/2)$ 이면, n차 고조파 안테나라고 하며, 차수가 홀수 일 때는 급전점이 다이폴의 중앙에 위치하며 전류 분포가 급전점을 중심으로 대칭이 된다. 그러나 차수가 짝수 일 때는 급전점이 다이폴 안테나의 중앙이 아니며, 전류 분포도 대칭이 되지 않는다. [그림 2-12]에 2차, 3차, 4차 고조파 안테나의 전류 분포 및 방사 패턴을 나타내었다.

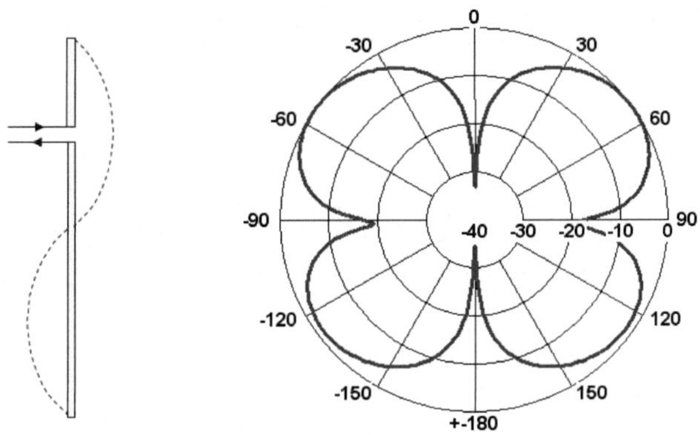

(a) 길이 1λ 일 때 (주빔 각도 = 54°)

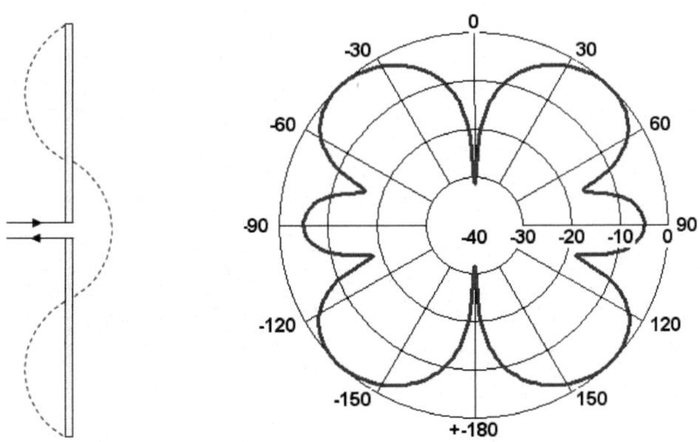

(b) 길이 $\frac{3\lambda}{2}$ 일 때 (주빔 각도 = 42°)

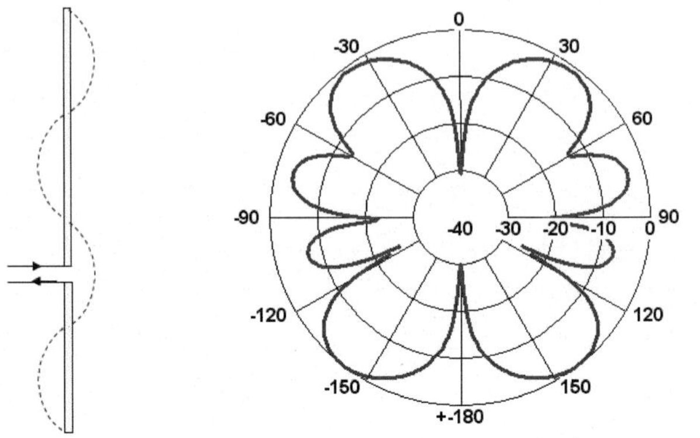

(c) 길이 2λ일 때 (주빔 각도 = 36°)

[그림 2-12] 고조파 안테나

[그림 2-12]에서 방사패턴은 NEC-Win Pro 프로그램을 사용하여 시뮬레이션한 결과를 나타낸 것으로, 고조파의 차수와 방사 패턴의 로브의 개수가 일치하는 것을 볼 수 있다. 또한 고조파의 차수가 올라갈수록 안테나의 주빔이 다이폴의 축 방향으로 이동하는 것을 볼 수 있다.

(5) V자형 안테나

선형 다이폴을 직선형으로 배치한 직도선형 다이폴 외에도 두 도선형 다이폴을 [그림 2-13]와 같이 V자형으로 만들어 사용하는 V자형 안테나가 있다. 안테나의 한 쪽 도선의 길이가 각각 $L/2$ 이고, 두 도선이 이루는 각이 α 일 때, 각 α의 중심 방향으로 최대 지향성을 갖기 위해서는 각 α와 길이 L과의 관계는 다음과 같이 주어진다[6].

$$\alpha = 152\left(\frac{L}{2\lambda}\right)^2 - 388\left(\frac{L}{2\lambda}\right) + 324\,, \qquad 0.5 \le \frac{L}{2\lambda} < 1.5 \tag{2.25}$$

$$\alpha = 11.5\left(\frac{L}{2\lambda}\right)^2 - 70.5\left(\frac{L}{2\lambda}\right) + 162\,, \qquad 1.5 \le \frac{L}{2\lambda} < 3.0$$

이 때 지향성 D은

$$D = 2.95\left(\frac{L}{2\lambda}\right) + 1.15 \tag{2.26}$$

으로 경험적으로 얻어진 수식을 사용한다[6].

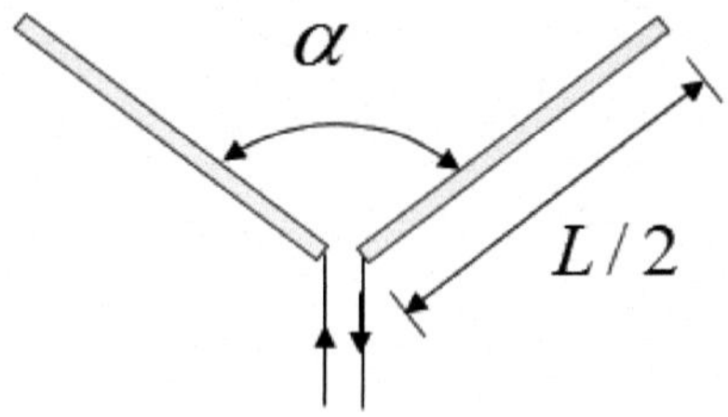

[그림 2-13] V자형 안테나

2.2 접지 안테나

안테나의 특성은 지표면이나 건물, 차 등 주위 환경에 따라 많은 영향을 받는다. 특히 지표면은 무한하고 평탄하다고 가정할 수 있으며, 전기적으로 저주파수에서는 접지면(ground plane)으로 생각할 수 있다. 이러한 접지면이 안테나 주변에 있으면 안테나의 특성이 영향을 받게 된다. 본 절에서는 이러한 접지면의 영향을 고려한 안테나의 특성 및 접지면을 안테나의 일부로 사용하는 접지 안테나에 대해 설명하고자 한다.

2.2.1 완전 접지면 위의 안테나

이상적인 형태의 접지면(ground plane)은 무한 평면으로 완전 도체를 의미하며, 완전 접지면(perfect ground plane)이라 한다. 완전 접지면이 있는 곳에서 동작하는 안테나의 특성을 조사하기 위해 먼저 영상법(image method)을 소개하고자 한다.

(1) 영상법(image method)

[그림 2-14] (a)와 같이 완전 접지면 부근에 접지면과 수직으로 놓여 있는 다이폴에 흐르는 전류는 영상 이론에 의해 [그림 2-14] (b)와 같이 자유공간에 원래의 다이폴 전류와 동일한 방향으로 흐르는 영상 전류가 존재하는 것으로 가정할 수 있어, 자유공간에 이러한 두 다이폴 전류가 존재하는 문제로 변환이 되어 지금까지 배운 안테나 파라미터 지식을 사용하여 안테나 문제를 풀 수 있게 된다.

한편 완전 접지면 부근에서 접지면과 평행한 다이폴의 경우는 영상 이론에 의해 [그림 2-15] (b)와 같이 자유공간에 원래의 다이폴 전류와 반대 방향으로 흐르는 영상 전류를 가정하여 안테나 파라미터를 구하게 된다.

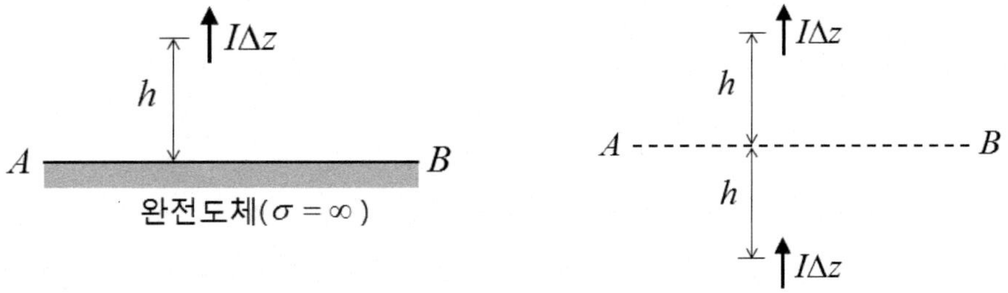

(a) 물리적 모델 (b) 영상이론을 이용한 등가모델

[그림 2-14] 완전 접지면 부근에서 접지면과 수직인 다이폴

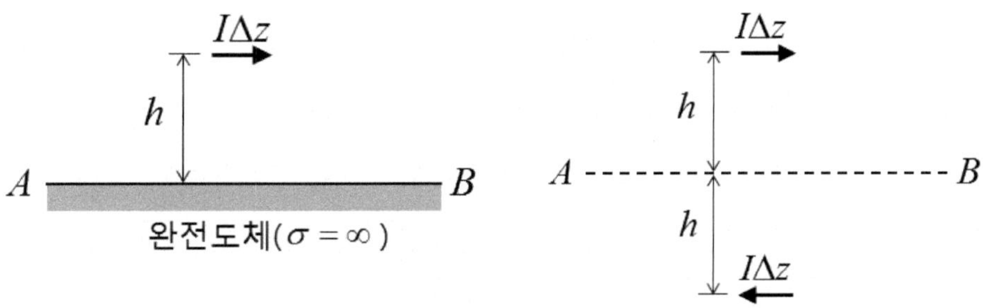

(a) 물리적 모델 (b) 영상이론을 이용한 등가모델

[그림 2-15] 완전 접지면 부근에서 접지면과 평행한 다이폴

(2) $\lambda/4$ 모노폴(monopole) 안테나

모노폴(monopole) 안테나는 완전 접지면 위에 접지면과 수직으로 직선 도선를 두고, 도선과 접지면 사이에 급전을 하는 안테나로서 [그림 2-16]에 완전 접지면을 갖는 동축케이블로 급전되는 $\lambda/4$ 길이의 모노폴(monopole) 안테나를 나타내었다. 다이폴과 달리 모노폴은 도체막대가 하나로 구성된 안테나이며, 안테나 길이가 다이폴의 절반에 해당한다.

[그림 2-14]와 [그림 2-15]에 제시된 영상 이론을 사용하면 [그림 2-16]의 모노폴은 중앙에서 급전되는 다이폴 안테나의 위쪽 절반과 전기적으로 동일한 특성을 갖는 것을 알 수 있다. 즉, 모노폴에 흐르는 전류는 다이폴의 위쪽 절반에 흐르는 전류와 같고, 급전점에서의 전압은 다이폴의 절반이 된다. 입력 전압이 다이폴의 절반이 되는 것은 [그림 2-16] (b)에서 보듯이 입력 단자의 간격이 다이폴의 절반인 것으로부터 알 수 있다.

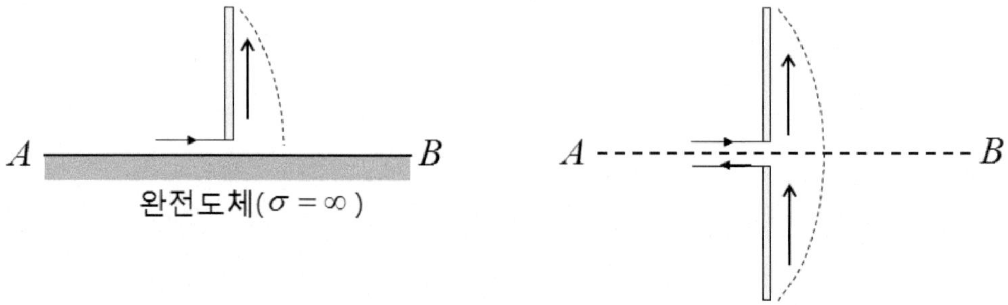

(a) 물리적 모델 (b) 영상이론을 이용한 등가모델

[그림 2-16] 완전 접지면 위의 모노폴 안테나

모노폴 안테나의 입력 임피던스는 다이폴 안테나의 입력 임피던스의 절반이 된다. 이것은 안테나 급전점에서 전압은 다이폴의 절반이고, 전류는 다이폴 전류와 동일하기 때문이다. 즉,

$$Z_{ant\_mono} = \frac{V_{ant\_mono}}{I_{ant\_mono}} = \frac{\frac{1}{2}V_{ant\_dipole}}{I_{ant\_dipole}} = \frac{1}{2}Z_{ant\_dipole} \tag{2.27}$$

이다. 이것은 방사저항 관점에서도 쉽게 알 수 있다. 모노폴 안테나의 방사 전력이 다이폴 안테나의 방사 전력에 비하면 절반이 되기 때문에 방사저항 역시 다이폴에 비해 절반이 된다.

반면에 모노폴 안테나의 지향성은 다이폴 안테나의 지향성에 비해 2배가 된다. 이것을 식 (1.100)에 제시된 지향성 수식을 사용하여 나타내보면,

$$D_{mono} = \frac{4\pi U_m}{P/2} = 2\frac{4\pi U_m}{P} = 2\ D_{dipole} \tag{2.28}$$

으로 표현되며, 식 (2.28)에서 알 수 있듯이 지향성이 2배가 되는 것은 방사세기의 증가에서 비롯하는 것이 아니라 방사전력이 다이폴에 비해 절반이 되므로 평균 전력밀도가 절반 감소하게 되고, 따라서 지향성이 2배가 된 것이다. 따라서 $\lambda/4$ 모노폴의 입력 임피던스와 지향성은

$$Z_{ant\_mono} = \frac{1}{2}(73 + j42.5) \approx 36 + j21\,\Omega \tag{2.29}$$

$$D = 2 \times (1.64) = 3.28 = 5.16\ dB \tag{2.30}$$

이 된다.

(예제 2-1) 모노폴 안테나 실효 길이

완전 접지면 위에 수직으로 놓인 $\lambda/4$길이 모노폴 안테나의 실효길이를 구하시오.

(풀이)

식 (1.125)로부터

$$\begin{aligned} l_{eff} &= \frac{1}{I_0}\int_0^{\lambda/4} I_0 \cos\left(\frac{2\pi}{\lambda}z\right) dz \\ &= \frac{\lambda}{2\pi} \end{aligned}$$

이 됨을 알 수 있고, 반파장 다이폴 안테나의 실효길이의 1/2 이 된다.

(3) 모노폴(monopole) 안테나의 변형

모노폴 안테나의 끝단을 변형시켜 안테나의 실효 길이를 크게 하는 방법에 대해 소개하고자 한다. 일반적으로 안테나의 실효 길이(effective length)가 커지면 수신 안테나 관점에서 보면 수신 최대 유효 전력(effective receiving power)이 커지고, 송신 안테나 관점에서 보면 안테나의 방사 능력이 향상되는 것으로 볼 수 있다. 그러므로 안테나의 실효 길이를 크게 하는 것은 안테나의 효율을 향상시킬 수 있으므로 중요하다고 할 수 있다. [그림 2-17]에 모노폴 안테나의 실효 길이를 크게 하기 위해서 사용하는 방법을 제시하였다. [그림 2-17]에서 점선은 안테나의 전류 분포를 나타내고 있다.

[그림 2-17] (a)는 기본형의 모노폴 안테나를 나타내고, (b)~(e)는 높이는 (a)와 같지만 (a)보다 수직 도선상의 전류 세기가 더 커서 안테나의 실효 길이가 더 커지는 구조를 나타내었다. [그림 2-17] (b)~(e)의 안테나는 (a)의 수직형 모노폴의 끝단에 또 다른 도선을 수평 방향으로

연결하여 수직형 도선의 끝단의 전류가 영이 안 되도록 하는 구조이다. 수평 방향으로 연결되는 도선의 모양에 따라 다양한 이름이 붙여져 있다.

수평 방향으로 연결된 도선에 흐르는 전류는 접지 도체에 의한 영상 전류에 의해 안테나의 방사 패턴에 큰 영향을 미치지 못하고, 수직형 도체에 흐르는 전류에 의해 안테나의 방사 패턴이 결정된다.

또한 [그림 2-17] (b)~(e)는 안테나의 길이가 (a)에 비해 길어진 효과가 나타나므로 공진주파수는 낮아진다. 다시 말하면 모노폴 끝단에 수평 방향으로 또 다른 도선을 인가해 줌으로 인해 안테나의 수직 길이를 줄일 수 있어 안테나의 소형화가 가능하다는 것이다.

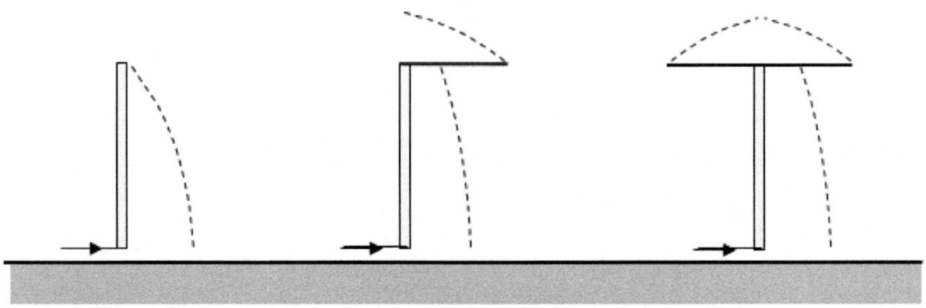

(a) 수직형 (b) 역 L형 (c) T형

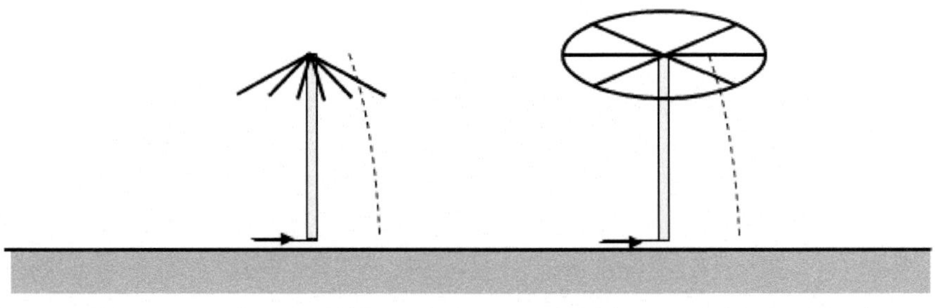

(d) 우산형 (e) 정부 부하형

[그림 2-17] 실효 길이를 크게 하기 위한 완전 접지면 위의 모노폴 안테나

2.2.2 불완전 접지면 위의 안테나

VHF 대역 이하의 저주파수 안테나의 특성은 지표면이나 건물 등 주위 환경에 따라 많은 영향을 받는다. 특히 지표면은 무한하고 평탄하다고 가정할 수 있으나 평균적으로 유전상수 15, 도전율 0.02 S/m 이하의 값을 갖는 불완전 접지면이다. 따라서 지표면과 같이 낮은 도전율을 갖는 불완전 접지면 근처에 안테나가 있으면, 안테나에서 발생한 전계가 지표면과 같은 불완전 접지면으로 들어가 $\sigma|\overline{E}|$의 저항성 손실을 야기하는 전류를 발생시킨다. 이 손실은 입력 저항 성분을 증가시켜 식 (1.115)와 같이 정의된 안테나의 방사효율을 떨어뜨린다. 본 절에서는 지표면과 같이 불완전 접지면 부근에 있는 안테나에 대해 조사하고자 한다.

(1) 영상 안테나 전류

[그림 2-18]과 [그림 2-19]에 지표면(불완전 접지면)과 수평 및 수직으로 놓인 선형 안테나의 전류 및 영상 전류를 각각 나타내었다. 영상 전류의 크기는 완전 접지면에서의 영상 전류의 크기보다 작은 값을 갖는다.

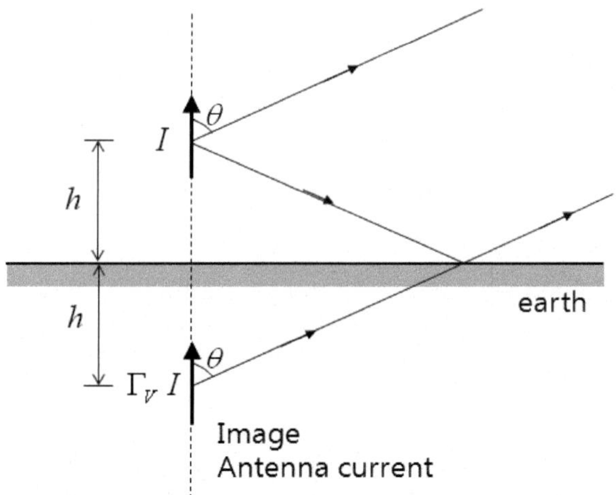

[그림 2-18] 불완전 접지면 위의 선형 수직 안테나 및 영상 안테나 전류

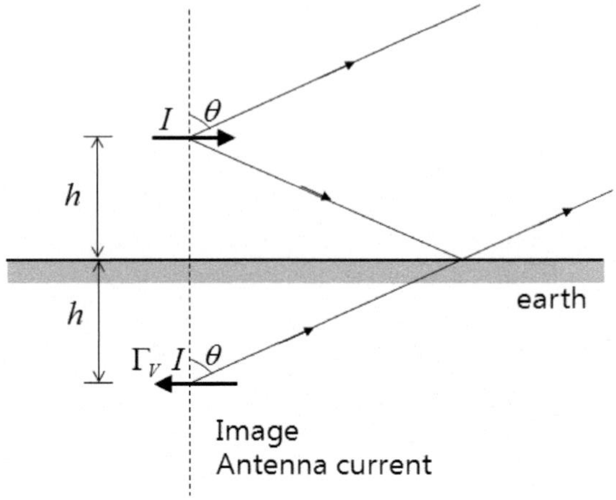

[그림 2-19] 불완전 접지면 위의 선형 수평 안테나 및 영상 안테나 전류

[그림 2-18]과 [그림 2-19]의 영상 전류에 표기되어 있는 Γ_V는 반사계수로서 크기는 1보다 작은 값을 갖고, 지표면 부근에 놓인 안테나의 전류의 방향, 지표면과의 높이 h, 지면의 유전율과 도전율 등에 따라 크기 및 위상 값이 다르게 표현된다.

원거리 장에서는 안테나에서 오는 직접 전자기파와 영상 안테나에서 오는 반사 전자기파의 합으로 원거리 전자기파를 구할 수 있다.

(2) 지표면 위의 수직 안테나 방사 패턴

지표면에 수직으로 놓여 있는 미소 다이폴 안테나(길이 0.01λ, 직경 3 mm)에 의해 원거리 영역에서 고도각(elevation angle) 방향의 방사패턴을 NEC-Win Pro로 시뮬레이션하여 [그림 2-20]에 나타내었다. 이 때 수직 미소 다이폴의 길이는 지표면에서부터 $\lambda/4$ 이며, 땅(earth)의 유전상수는 $\epsilon_r = 15$이고, 도전율은 $\sigma = 12\times10^{-3}\,S/m$으로 가정하였다. [그림 2-20]에서 지표면은 각도가 90^o로 표기되어 있는 방향이다.

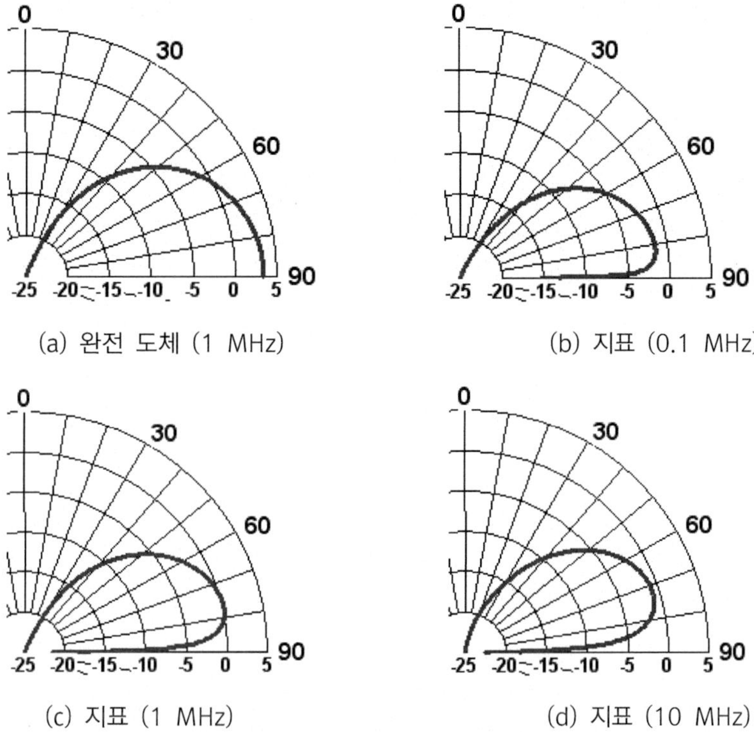

(a) 완전 도체 (1 MHz)　(b) 지표 (0.1 MHz)

(c) 지표 (1 MHz)　(d) 지표 (10 MHz)

[그림 2-20] 완전 접지면과 지표면에서의 수직 다이폴 안테나의 고도각 방사패턴

비교를 위해 완전 접지면을 갖는 모노폴의 방사 패턴도 함께 [그림 2-20]에 나타내었고, 100 kHz, 1 MHz, 10 MHz 의 3가지 주파수에서 조사하였다. 완전 접지면에서의 방사 패턴은 지표면을 따라 최대가 된다. 그러나 실제 지표면에서는 방사 최대점이 지표면 보다 위로 향하고 있고, 방사 효율도 떨어져 전력의 세기도 작다. 또한 방사 최대점의 각도도 주파수가 증가할수록 증가하는 것을 볼 수 있다. 즉, 수직 안테나에 대한 지표면 손실의 효과는 방사 패턴을 지표면 위쪽으로 향하게 한다.

(3) 접지 방식

지표면 손실을 줄이기 위해서는 좋은 접지면을 갖도록 해 주어야 한다. 좋은 접지면은 안테나 크기에 비해 매우 큰 금속판을 사용해 만들 수 있으나, 저주파에서는 크기가 매우 커져야 하므로 비실용적이다. 접지 저항을 줄여 안테나의 효율을 증가시키는 다양한 접지 방법에 대해 소개하면 다음과 같다[5].

- 접지판 매설(심굴 접지)

[그림 2-21] (a)와 같이 동판이나 동 봉을 지하에 묻고 이것을 접지 단으로 이용하는 방법이다. 접지 저항은 약 10 Ω 정도이며, 접지 저항을 1Ω 이하로 하기 위해서는 접지판을 수 개 ~ 수십 개를 매설해야 한다. 수분이 많고 대지의 도전율이 양호한 경우 및 소 전력의 송신 안테나용 접지방식으로 사용된다.

- 방사상 동선 매설(지선망 접지)

[그림 2-21] (b)와 같이 지하 0.2 ~ 0.5 m 의 깊이에 여러 개의 동선을 방사상으로 결합하여 매설하는 방식으로 안테나와 지표면 간에 정전용량을 발생시켜 접지 저항을 감소시키는 방식이다. 중파 방송용 안테나의 접지에 사용된다.

- 가상 접지 방식(counter poise)

[그림 2-21] (c)와 같이 지면에 요철이 심하거나 암석이 많은 경우 또는 수목이 가득한 경우에는 접지판이나 동선을 매설하는 것이 곤란하다. 이 때 지면 위에 방사상 동선이나 도체망을 얹어 놓고 이것을 접지판으로 사용하는 방식이다. 도체 망과 대지면 사이에 변위전류가 흐르게 하여 접지하는 용량성 접지방식으로 접지 성능이 좋지 못하므로 가설 면적을 크게 해야 효과를 얻을 수 있다.

- 다중 접지(multi-point grounding) 방식

[그림 2-21] (d)와 같이 여러 지점에 병렬로 접지하는 방식으로 각 접지 지점에는 같은 전류가 흐르도록 접지 코일을 잘 조절해야 한다.

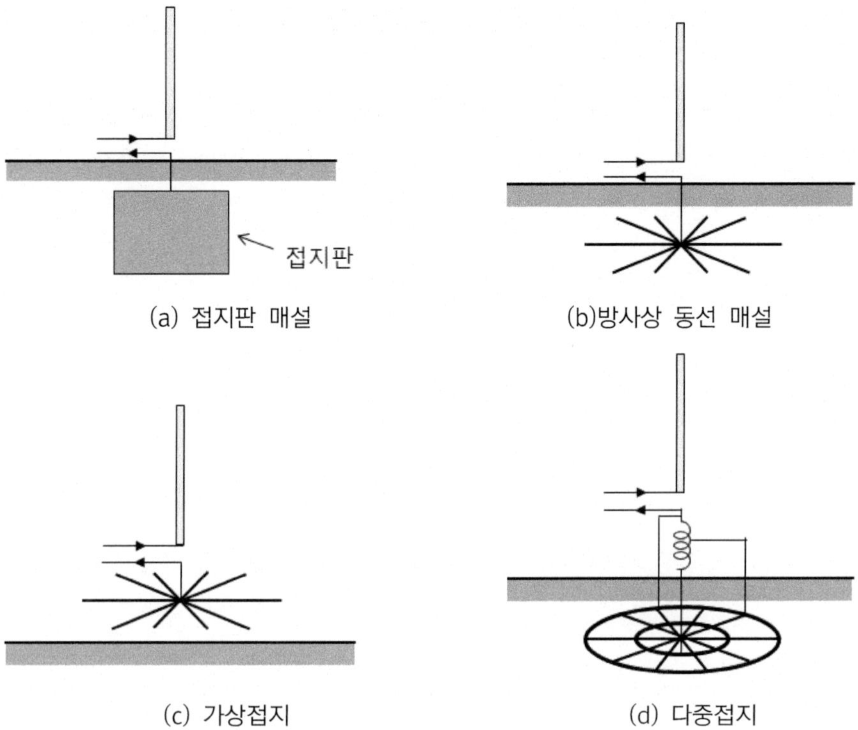

(a) 접지판 매설 (b)방사상 동선 매설

(c) 가상접지 (d) 다중접지

[그림 2-21] 여러 가지 접지방식

2.3 폴디드 다이폴 안테나 (Folded dipole antenna)

두 개 이상의 다이폴을 붙여서 만든 안테나를 폴디드 다이폴 안테나(folded dipole antenna)라 한다. 반파장 다이폴 두 개를 붙여 만든 폴디드 안테나가 가장 기본적인 폴디드 안테나로서, 매우 많이 사용되는 안테나 중에 하나이다. [그림 2-22]에 폴디드 안테나의 모양을 나타내었다. [그림 2-22]에서 간격 d는 $d \ll L$, $d \ll \lambda$ 이며, 급전점은 한 쪽 다이폴의 중앙에 위치한다.

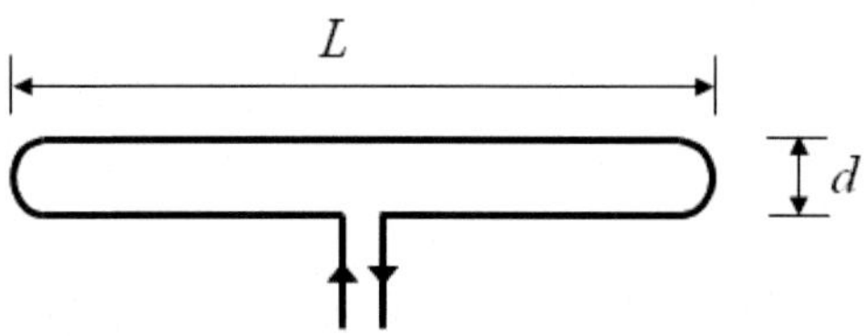

[그림 2-22] 폴디드 다이폴 안테나

폴디드 다이폴에는 [그림 2-23]과 같이 2가지 형태의 전류 흐름이 존재한다고 분석하고 있으며, 두 가지의 전류 모드는 전송선로 모드와 안테나 모드로 불린다.

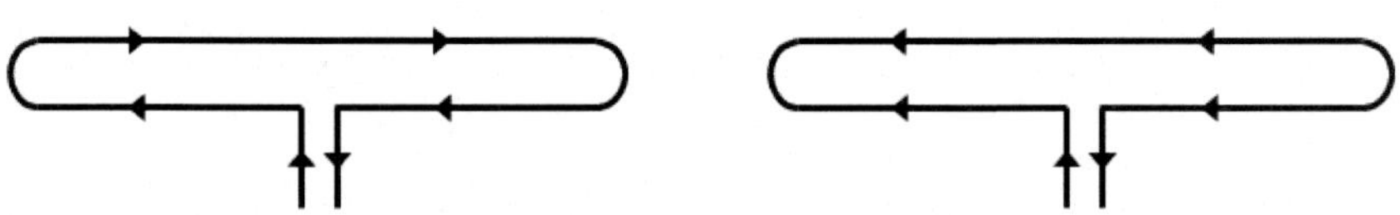

(a) 전송선로 모드 (b) 안테나 모드

[그림 2-23] 폴디드 다이폴 안테나에 흐르는 전류 모드

전송선로 모드는 급전점 위치에서 좌우를 바라 볼 때 각각을 두 도선으로 이루어진 전송선로로 가정하고, 두 전송선로가 급전 위치에서 각 단자가 연결되어 있고, 전송선로의 끝단이 단락이 되어 있는 것으로 가정하는 것이다. 이렇게 고려하여 전송선로에 흐르는 전류를 구하면 [그림 2-23] (a)와 같은 모양의 전류 흐름을 얻을 수 있다. 그러나 이것은 서로 나란히 놓여 있는 다이폴 위에 전류가 서로 반대 방향으로 흐름으로 인해 원거리에서 필드가 서로 상쇄 효

과가 생기므로 방사 전력이 미미하게 되어 안테나로서의 역할을 수행하지 못한다.

한편, 안테나 모드는 급전위치의 한쪽 단자에서 전류가 흘러 들어가고, 다른 쪽 단자로 흘러 나온다고 생각하면, [그림 2-23] (b) 와 같은 모양의 전류 방향이 만들어 질 수 있고, 이때는 서로 나란한 두 다이폴에 동일한 방향의 전류가 흘러 원거리 장에서 필드가 보강간섭을 일으켜 반파장 다이폴 하나가 있을 때 보다 더 큰 방사 전력이 발생하게 된다.

폴디드 다이폴 안테나가 안테나 모드로 동작할 때의 특성에 대해 좀 더 자세히 살펴보자. 폴디드 반파장 다이폴의 급전점 전류를 I_0라고 하면, 이 안테나는 [그림 2-24]와 같이 $2I_0$의 전류를 공급 받는 하나의 반파장 다이폴 안테나로 볼 수 있다.

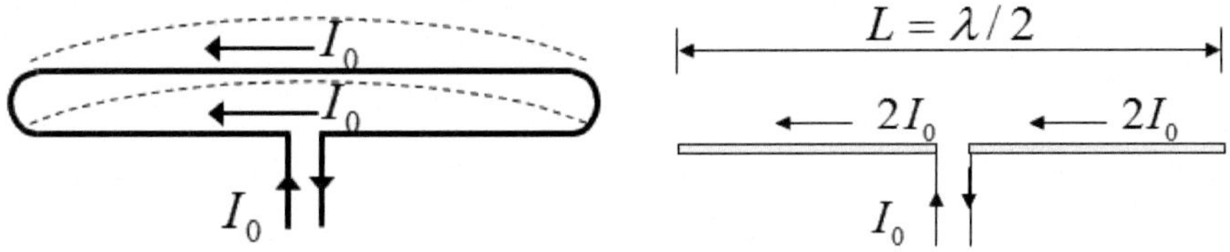

(a) 폴디드 반파장 다이폴 안테나 (b) 등가 반파장 다이폴 안테나

[그림 2-24] 폴디드 다이폴 안테나의 등가회로

따라서 폴디드 반파장 다이폴 안테나의 총 방사전력 P_f 는 반파장 다이폴 안테나의 총 방사전력 P_d 에 비해 식 (1.112)으로부터

$$P_f = \frac{1}{2} \times 73 \times (2 I_0)^2 = 4 P_d \tag{2.31}$$

이 되므로, 폴디드 반파장 다이폴 안테나의 방사 저항은

$$R_{f\_ant} = \frac{2 P_f}{I_0^2} = \frac{2(4 P_d)}{I_0^2} = 4\left(\frac{2 P_d}{I_0^2}\right) = 4 R_{d\_ant} \tag{2.32}$$

와 같이 계산이 된다. 여기서 R_{f_ant} 은 폴디드 반파장 다이폴 안테나의 방사 저항이며,

R_{d_ant} 은 반파장 다이폴 안테나의 방사 저항이다. 따라서 공진시 폴디드 반파장 다이폴 안테나의 방사 저항이 반파장 다이폴 안테나의 방사 저항보다 4배 큰 값을 갖게 되며,

$$R_{f\_ant} = 4\ R_{d\_ant} \simeq 4 \times 70 = 280\ \Omega \tag{2.33}$$

이 된다. 이 값은 일반적으로 많이 사용되는 300 Ω 평행 2선 전송선로의 특성 임피던스와 비슷한 값이 되므로 폴디드 반파장 다이폴 안테나를 평행 2선 전송선로로 급전하는 경우 임피던스 정합회로가 필요 없기 때문에 폴디드 반파장 다이폴 안테나를 많이 사용되고 있다.

동일한 굵기의 도선을 사용하여 만든 반파장 폴디드 다이폴의 경우 입력 임피던스가 약 300 Ω 으로 평행 2선 전송선로의 특성 임피던스와 매우 비슷하지만, 폴디드 다이폴의 나란한 두 도선의 반지름을 서로 달리하거나, 간격을 바꾸면 안테나의 입력 임피던스를 바꿀 수 있다. 또한 주파수가 어느 정도 변해도 입력 임피던스가 크게 변하지 않아 안테나의 대역폭도 일반적인 다이폴 안테나에 비해 넓은 대역폭을 갖는다[7]. 그리고 굵기가 같은 반파장 폴디드 안테나의 실효길이는 반파장 다이폴 안테나의 2배가 된다.

폴디드 안테나는 도선 2개를 사용하는 2선식 외에도 3선식 이상으로 폴디드 안테나를 만들 수 도 있으며, 3선식은 도선이 3개이므로 도선 전체에 흐르는 전류가 3 I_0가 되어 방사 전력 및 방사 저항이 다이폴 안테나에 비해 훨씬 더 커지게 된다.

폴디드 다이폴은 Fm 방송 주파수 대역의 수신용 안테나로 사용되는 것을 비롯하여 제조가 용이하며 구조적 견고성 및 임피던스 특성 때문에 일반적으로 많이 사용되는 안테나이다.

(예제 2-2) 폴디드 반파장 다이폴 안테나

300 Ω 평행 2선 전송선로를 사용하여 FM 방송 수신용 폴디드 반파장 다이폴 안테나를 만드는 방법에 대해 설명하시오.

(풀이)

아래에 소개하는 방법을 사용하여 FM 방송 수신용 폴디드 반파장 다이폴 안테나를 만들 수 도 있다.

- FM 방송 주파수 대역의 중심주파수의 반파장 정도 길이로 300 Ω 평행 2선 전송선로를 잘라낸다.

- 잘려진 전송선로의 양 끝단을 납땜으로 서로 연결한다.
- 하나로 된 평행 2선 전송선로 중 한 도선의 중심부를 잘라낸다.
- 잘라낸 선로를 수신기에 급전하는 평행 2선 전송선로에 연결하여 [그림 2-22] 모양과 같은 형태를 만든다.

이렇게 만든 폴디드 반파장 다이폴 안테나는 공진이 되는 주파수의 반 파장 보다 조금 짧은 길이에서 공진이 된다.

2.4 야기-우다 안테나 (Yagi-Uda antenna)

급전되는 반파장 다이폴 안테나 좌우에 반파장 다이폴 안테나와 평행하게 무 급전 직선형 도체가 놓여 있는 안테나를 야기-우다(Yagi-Uda antenna) 안테나 또는 야기 안테나라고 한다. 반파장 다이폴과 나란히 놓여 있는 무 급전 직선형 도체의 한 쪽은 급전 반파장 다이폴에서 방사된 전자기파를 반사시키는 기능을 갖는 반사기(reflector)로, 그 반대편 쪽은 전자기파를 도파시키는 기능을 갖는 도파기(director)로, 급전되는 반파장 다이폴은 여진기(driver) 또는 투사기 등으로 불린다. 야기 안테나의 기본적인 구성은 [그림 2-25]와 같이 3소자로 구성이 된다.

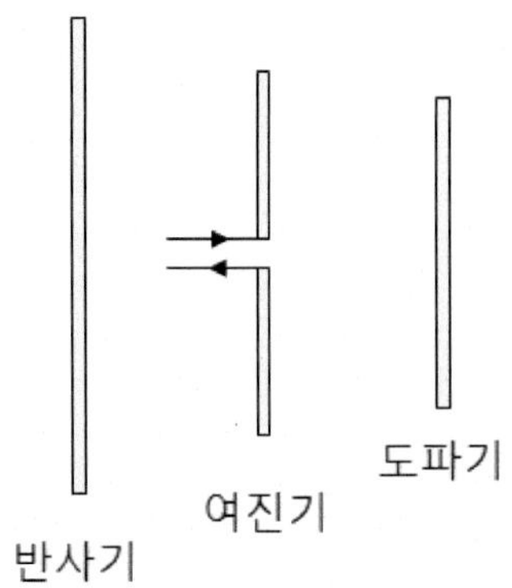

[그림 2-25] 3소자 야기 안테나

여진기에서 발생한 전자기파 중에서 반사기로 진행한 전자기파는 반사기에 유도 전류를 만들고, 이 유도 전류에서 여진기 방향으로 진행하는 전자기파가 여진기에서 발생하는 전자기파와 동위상이 되도록 반사기의 크기 및 여진기와의 간격을 설계한다. 또한 여진기에서 발생하여 도파기 방향으로 진행하는 파는 도파기에 유도 전류를 흐르게 하고 이 유도 전류에 의해 도파기에서 발생하는 전자기파가 여진기에서 도파기 방향으로 전파하는 파와 동위상이 되도록 도파기의 크기와 여진기와의 간격을 설계한다. 이렇게 설계를 하면 반사기에서 도파기 방향으로 진행하는 모든 전자기파는 동위상이 되어 서로 보강간섭이 생겨 큰 지향성을 갖게 된다. [그림 2-26]에 3 소자 야기 안테나의 방사 패턴을 나타내었다. [그림 2-26]의 3소자 야기 안테나에서 여진기의 길이는 $0.4781\,\lambda$, 반사기의 길이는 $0.49\,\lambda$, 도파기의 길이는 $0.45\,\lambda$이며, 각각은 $0.04\,\lambda$ 떨어져 있다. 도선의 반지름이 $0.001\,\lambda$ 일 때 NEC-Win pro 를 사용하여 시뮬레이션한 방사 패턴을 [그림 2-26]에 나타내었다.

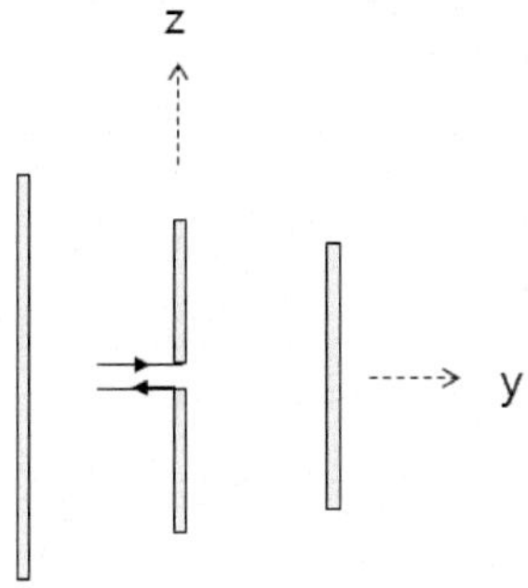

(a) 배열 모양

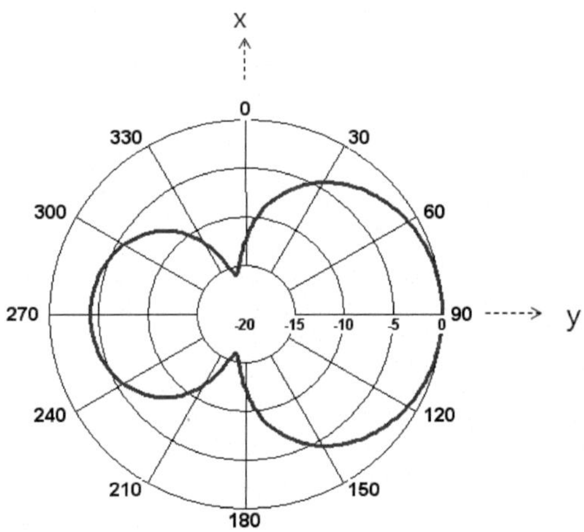

(b) H-면 방사 패턴

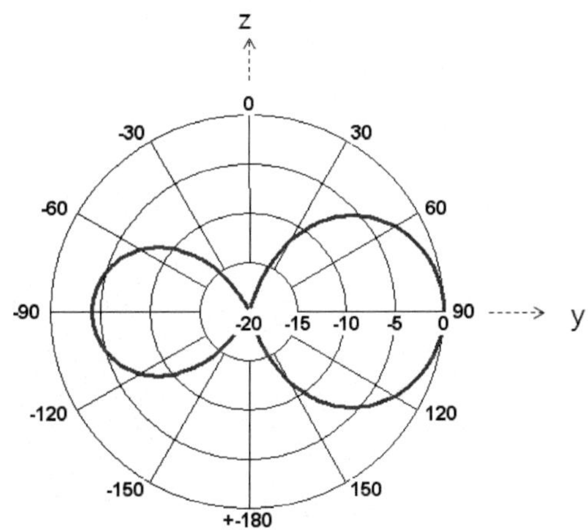

(c) E-면 방사 패턴

[그림 2-26] 3소자 야기 안테나의 방사 패턴

일반적으로 반사기는 여진기 보다 길이가 길며, 도파기는 여진기 보다 길이가 짧은데, 보통 공진 길이에서 10% ~ 20% 정도 짧다. 또한 반사기와 여진기 사이의 간격은 일반적으로 0.15λ ~ 0.25λ 정도이며, 여진기와 도파기 사이의 간격은 0.2λ ~ 0.35λ 정도일 때 최대 지향성을 얻는다.

만약 도파기를 여러 개 사용하면 더욱 더 큰 지향성을 갖는 야기 안테나를 설계할 수 있다. [그림 2-27]에 전형적인 야기 안테나에서 총 소자 수와 안테나 이득의 관계를 개략적으로 나타내었다. 이것은 하나의 여진기와 하나의 반사기가 존재하고 모든 소자의 간격이 0.15 λ 이며, 도체의 지름은 0.0025 λ 인 경우에 조사한 것이다[8]. 도파기 수가 3에서 4로 증가할 때는 이득이 약 1 dB 증가하지만, 9에서 10으로 증가할 때는 이득이 약 0.2 dB 밖에 증가하지 않는다. 따라서 도파기를 5~6개 정도까지 추가할 때는 이득이 상당히 증가하지만 그 이상 추가하면 이득이 크게 증가하지는 않는 것을 볼 수 있다.

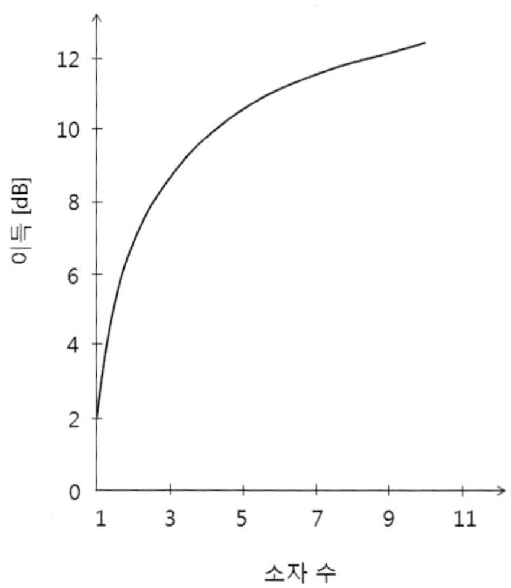

[그림 2-27] 전형적인 야기 안테나의 이득과 소자 수의 관계

또한 다수의 도파기 소자가 있는 야기 안테나에서 각 도파기에 흐르는 전류의 크기 변화를 살펴보자. 참고문헌 [9]에 의하면 27개의 소자로 구성된 잘 설계된 야기 안테나에서 도파기 전류들은 [그림 2-28]에서 제시된 것과 같은 분포를 갖는다고 한다. 반사기와 여진기 바로 옆 도파기의 전류를 제외한 나머지 도파기 전류의 크기는 [그림 2-28]에서 보듯이 거의 동일한 분포를 갖고 있다

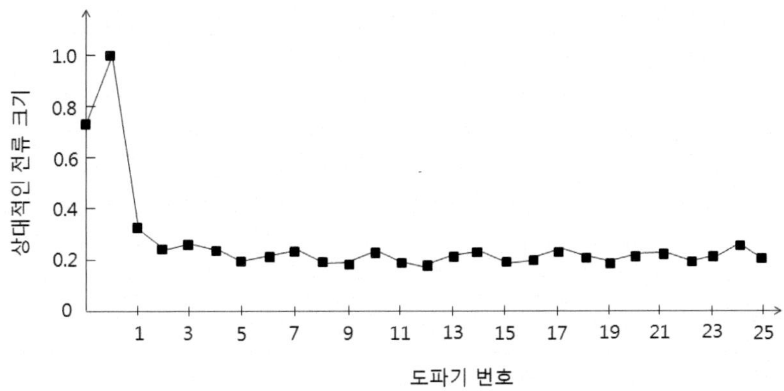

[그림 2-28] 27소자 야기 안테나의 각 소자별 전류의 상대적 크기

야기 안테나는 저 중량에 저가이면서 9~12 dB 정도의 높은 이득을 제공하기 때문에 HF~UHF 대역의 주파수 범위에서 아주 많이 사용된다. 특히 VHF 대 TV 수신용 안테나로 많이 사용된다. 상대적으로 수 % 정도의 좁은 대역폭을 갖는 단점이 있으나, 여진기로 반파장 다이폴 대신 반파장 폴디드 다이폴을 사용하게 되면 대역폭을 다소 개선시킬 수 있다[6].

2.5 코너 반사판 안테나 (Corner reflector antenna)

반파장 다이폴 안테나로부터 10 dB ~ 12 dB의 고이득을 얻을 수 있는 실용적인 방법 중 하나가 코너 반사판(corner reflector)을 이용하는 방법이다. [그림 2-29]에 코너 반사판 안테나의 모양을 나타내었다. [그림 2-29]와 같이 각이 져 있는(코너가 있는) 금속판을 반사판으로 사용하고, 반사판 앞에 안테나가 놓여 있는 구조이다. 코너 반사판 사이의 각도 α로 가장 일반적으로 많이 사용하는 것이 90^0이다.

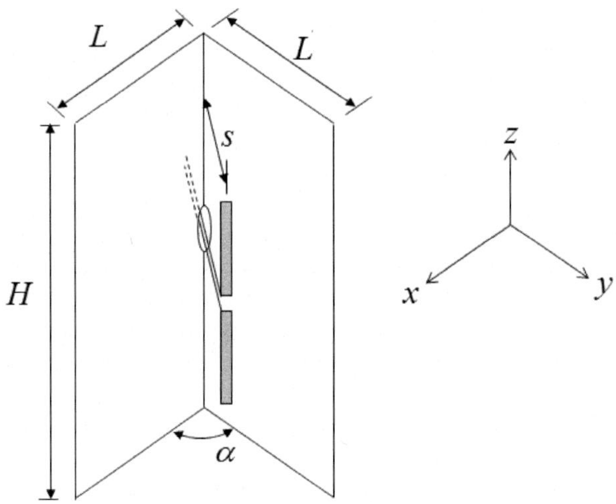

[그림 2-29] 코너 반사판 안테나

만약 코너 반사판 사이의 각도가 90^0이면, 영상 이론에 의해 영상 다이폴 3개가 생기며, 3개의 영상 다이폴을 포함한 총 4개의 다이폴 안테나에서 발생하는 전자계 필드가 생기게 된다. 코너 반사판 사이의 각 α에 따라 생기는 영상 다이폴의 수 N는

$$N = \frac{360^0}{\alpha} - 1 \tag{2.34}$$

로 된다.

NEC-Win Pro를 사용하여 반사판 각도가 90^0 인 코너 반사판 안테나에서 코너 반사판의 크기가 $L=1\lambda$, $H=0.8\lambda$이며, $s=0.5\lambda$ 일 때 반파장 다이폴 안테나의 E-면 및 H-면 방사 패턴을 시뮬레이션하여 [그림 2-30]에 나타내었다. [그림 2-30]에서 코너 반사판 안테나는 단일 방향 지향성을 가지는 것을 알 수 있고, 반전력빔폭은 약 30^0 정도가 되는 것을 볼 수 있다.

방사 패턴의 모양, 이득, 입력 임피던스는 모두 급전부와 코너의 간격 s의 값에 따라 달라지는데, 90^0 코너 반사판을 사용하는 경우 $0.25\lambda \le s \le 0.7\lambda$ 일 때 방사패턴에 부엽이 존재하지 않고, 안테나 이득은 대략 10dB 정도가 되는 것으로 보고되고 있다[10].

실제 제작 시에는 도체판의 크기가 유한하므로 주빔(main beam)의 특성이 나빠질 수 있다. 즉, 반사판의 크기는 영상법을 적용할 수 있을 정도로 충분히 커야 하는데, 주빔이 나빠지지 않는 최소 도체판의 크기는 $L=2s$ 이고, H는 다이폴 안테나 길이의 1.2 ~ 1.5 배 정도 되어야 한다. 무게 및 풍력을 감안하여 도체판을 망형으로 만드는 경우도 많이 사용되고 있다.

2개 이상을 동시에 사용하는 경우에도 반사판에 의해 분리되어 있기 때문에 코너 반사판끼리의 상호 결합이 적어 사용하기에 편리한 면이 있으며, 주로 100 ~ 1,000 MHz 대역의 고정 통신용으로 많이 사용되며, UHF 주파수에서 이득표준으로도 사용된다.

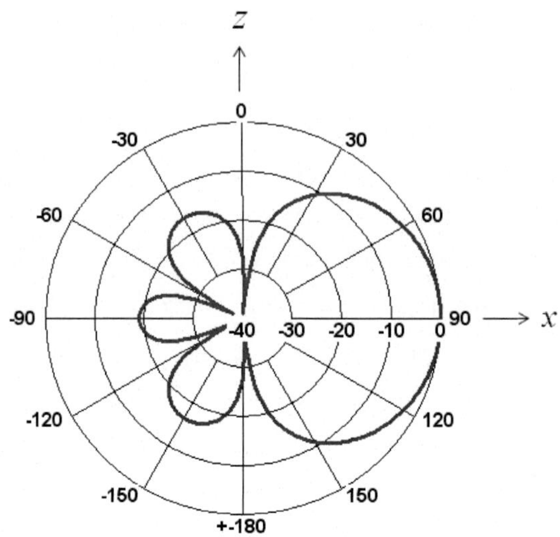

(a) E-면 방사패턴

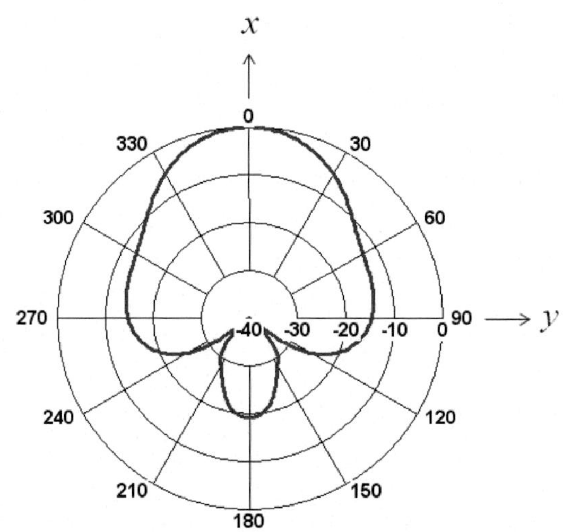

(b) H-면 방사패턴

[그림 2-30] 직각 코너 반사판 안테나의 방새패턴

2.6 루프 안테나 (Loop antenna)

루프 안테나(loop antenna)는 다이폴 안테나와 같이 가장 기본적인 모양의 안테나로서, 원형 혹은 직사각형 루프(loop)를 따라 선(wire)형 도선이 놓여 있는 모양이다. 본 절에서는 루프 안테나의 최대 크기가 파장의 1/10 보다 작은 소형 루프 안테나(small loop antenna)와 루프의 둘레의 길이가 파장 길이와 비슷하거나 그보다 큰 대형 루프 안테나(large loop antenna)의 특성에 대해 조사하고자 한다.

2.6.1 소형 원형 루프 안테나(small circular loop antenna)

소형 루프 안테나의 방사장(radiation field)은 루프의 형태와는 무관하고 단지 루프의 면적에만 관계하는 것으로 알려져 있다. [그림 2-31]과 같이 자유공간에 반경 a의 원형 루프(loop)가 xy평면에 놓여 있고, 일정 한 크기를 갖는 교류 전류 I_0가 흐르고 있다.

(1) 방사 패턴

원형 루프의 중심점에서 원거리에 있는 임의의 점 P에서 전계 $\overline{E}$는

$$\overline{E} \approx \frac{60\pi a \beta I_0 e^{-j\beta r}}{r} J_1(\beta a \sin\theta)\,\hat{\phi} \tag{2.35}$$

으로 표현된다[5]. 이 식의 유도과정은 생략한다. 여기서 $J_1(\beta a \sin\theta)$은 1차 제1종 베셀 함수(Bessel function)이다.

만약 $\beta a \ll 1$와 같이 원형 루프의 원주의 길이가 파장에 비해 충분히 작은 미소 루프 안테나(small loop antenna)의 경우

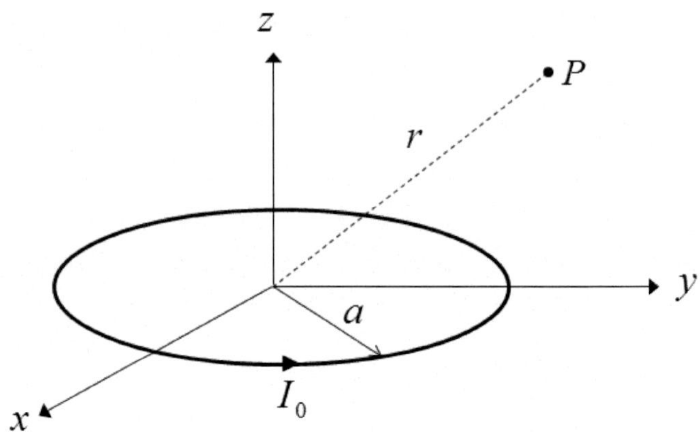

[그림 2-31] 루프 안테나

$$J_1(\beta a \sin\theta) \approx \frac{1}{2}\ \beta a \sin\theta \tag{2.36}$$

으로 근사 되므로, 식 (2.35)의 방사전계는

$$\overline{E} \approx \frac{30\,\beta^2\, S\, I_0\, e^{-j\beta r}}{r}\ \sin\theta\ \hat{\phi} \tag{2.37}$$

이 된다. 여기서 $S = \pi a^2$ 으로 루프의 면적을 의미한다.
한편 방사 자계는 다음과 같이 구할 수 있다.

$$\overline{H} = \frac{1}{\eta}\,\hat{r} \times \overline{E} \approx \frac{\beta^2 S\, I_0\ e^{-j\beta r}}{4\pi r}\ \sin\theta\ \hat{\theta} \tag{2.38}$$

식 (2.37)과 식 (2.5)로부터 xy평면에서 수평으로 놓여 있는 소형 루프 안테나와 z방향으로 놓여 있는 소형 다이폴 안테나는 모두 수평면(xy평면)에서 균일한 방사 특성을 갖고, 수직면에서는 $\sin\theta$ 의 함수로 변하는 것을 알 수 있다. 또한 전계 벡터의 방향은 다이폴 안테나는 E_θ인데 반해 루프 안테나는 E_ϕ로 되는 것에 주목하기 바란다. 즉, 소형 루프 안테나와 이상적인 다이폴은 서로 쌍대적(duality) 관계가 있다. [표 2-2]에 길이 $L\,(L \ll \lambda)$의 소형 다이폴과 소형 원형 루프 안테나의 원거리 영역에서의 전계와 자계를 정리하여 나타내었다. 소형 다이폴의 전계와 자계 수식은 식 (1.71)과 식 (1.72)를 정리하여 나타낸 것이며, 소형 루프의 전계와 자계 수식은 식 (2.37)과 식 (2.38)을 정리하여 나타낸 것이다.

[표 2-2] 소형 다이폴과 소형 루프의 원거리 필드

Field	소형 다이폴	소형 루프
전계	$E_\theta = \dfrac{j60\pi I_0 \sin\theta}{r} \dfrac{L}{\lambda} e^{-j\beta r}$	$E_\phi = \dfrac{120\pi^2 I_0 \sin\theta}{r} \dfrac{S}{\lambda^2} e^{-j\beta r}$
자계	$H_\phi = \dfrac{j I_0 \sin\theta}{2r} \dfrac{L}{\lambda} e^{-j\beta r}$	$H_\theta = \dfrac{\pi I_0 \sin\theta}{r} \dfrac{S}{\lambda^2} e^{-j\beta r}$

(2) 입력 임피던스

소형 원형 루프 안테나의 방사저항과 입력 임피던스의 리액턴스 성분을 구해보자. 식 (2.37)과 식 (2.38)을 이용하여 소형 루프 안테나의 방사 전력을 계산하면, 다음과 같다.

$$P = \iint \frac{1}{2} \overline{E} \times \overline{H}^* \cdot d\overline{s} \qquad (2.39)$$

$$= 10\ I_0^{\,2}\ (\beta^2\, S\,)^2$$

따라서 방사저항은

$$R_{ant} = \frac{2P}{I_0^{\,2}} \approx 31{,}200\left(\frac{S}{\lambda^2}\right)^2 \quad [\Omega] \qquad (2.40)$$

이다. 식 (2.40)으로 표현된 저항 값은 루프의 원주의 길이가 $\lambda/3$ 일 때 약 2% 정도의 오차가 생기는 것으로 보고되고 있다[2]. 그러나 식 (2.40)의 저항 값은 직경이 0.1λ 길이의 소형 원형 루프에서 계산해보면 대략 2.5 Ω 정도의 작은 값을 가진다. 따라서 방사저항을 크게 하기 위해 다중 권선을 사용하거나 페라이트 코어를 루프에 삽입하는 방법을 사용하고 있다. 권선수가 N일 경우 방사 저항은

$$R_{ant} \approx 31,200\left(\frac{NS}{\lambda^2}\right)^2 \quad [\Omega] \tag{2.41}$$

으로 N^2의 비율로 증가한다. 또한 페라이트 코어에 N번 감은 코일의 방사저항은

$$R_{ant} \approx 31,200\left(\frac{N\mu_{eff}\,S}{\lambda^2}\right)^2 \quad [\Omega] \tag{2.42}$$

으로 역시 유효 상대투자율 μ_{eff}의 제곱에 비례한다. 선형 페라이트 코어에 도선을 여러 번 감아 만든 루프 막대형 안테나(loop-stick antenna)는 AM 방송 수신용과 같이 주로 저주파 수신 안테나로 이용되고 있다.

한편 소형 루프 안테나의 입력 임피던스 중에서 리액턴스 성분을 구해보자. 코일 도선의 반지름이 r_0, 원형 루프의 반지름이 a이고, $r_0 \ll a$인 경우 소형 루프 안테나의 리액턴스는 유도성이 되며, 인덕턴스는 다음과 같다[11].

$$L = \mu a\left[\ln\left(\frac{8a}{r_0}\right) - 1.75\right] \tag{2.43}$$

소형 다이폴의 리액턴스 성분이 용량성인 것에 반해 소형 루프 안테나의 리액턴스는 유도성의 값을 갖는 것에 주목할 필요가 있다.

(3) 지향성

식 (2.37)로부터 미소 루프 안테나의 지향성은

$$D(\theta) = \sin\theta \tag{2.44}$$

로 표현되며, [그림 2-32]에 미소 루프 안테나의 방사패턴을 나타내었다. 원형 루프의 원주의 길이가 0.06λ 정도로 매우 작은 경우에 대해 NEC-Win Pro 를 사용하여 시뮬레이션한 H 면 방사패턴이다.

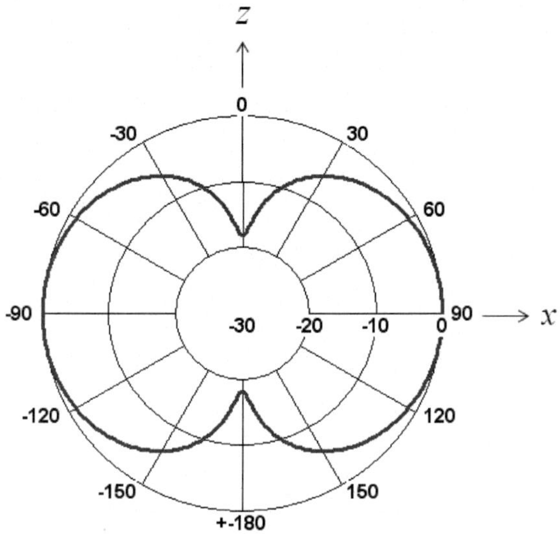

[그림 2-32] 미소 원형 루프 안테나의 H면 방사 패턴

방사패턴이 8자형 패턴으로 이것은 미소 다이폴의 방사패턴과 같은 모양이다. 단지 전계 벡터의 방향이 다이폴 안테나는 $\hat{\theta}$인데 반해, 루프 안테나는 $\hat{\phi}$로 서로 수직한 방향을 갖는다는 점이 다를 뿐이다.

또한 방사패턴을 살펴보면 미소 루프 안테나를 사용하여 전자기파를 수신할 때, 전자기파가 루프 면과 평행하게 입사하는 경우 전자기파 수신 감도가 가장 좋고, 루프 면과 수직으로 입사하는 경우 수신 감도가 가장 낮은 것을 알 수 있다. 루프 안테나의 이러한 특성을 이용하여 방향 탐지기에 응용하고 있다.

(4) 루프 안테나의 실효고 및 실효 면적

루프 안테나의 실효고를 계산하기 위해 먼저 루프 안테나에 유기되는 수신 개방전압(open circuit voltage)을 구해보자. 계산의 편의를 위해 직사각형 모양의 루프 안테나를 고려하자. 세로가 a, 가로가 b인 사각형 루프 안테나 및 루프 안테나의 세로축과 평행한 전계를 가지면서 루프 안테나로 입사하는 전자파에 대해 [그림 2-33]에 나타내었다.

입사하는 평면파 전계를 다음과 같이 가정한다.

$$\overline{E} = E_0\, e^{-j\beta x}\, \hat{y} \tag{2.45}$$

전계가 $\hat{y}$방향이므로 직사각형 루프에서 $\hat{y}$방향의 루프에만 전압이 유기가 된다. 이것은 전압과 전계의 관계식 (2.46)으로부터 알 수 있다.

$$V = -\int \overline{E} \cdot d\bar{l} \tag{2.46}$$

식 (2.46)에 근거하여 루프 안테나의 세로 변에 유기되는 전압을 구해보자. [그림 2-33] (b)와 같이 변 1,2에 유기되는 전압을 V_1, 변 3, 4에 유기되는 전압을 V_2 라고 하면

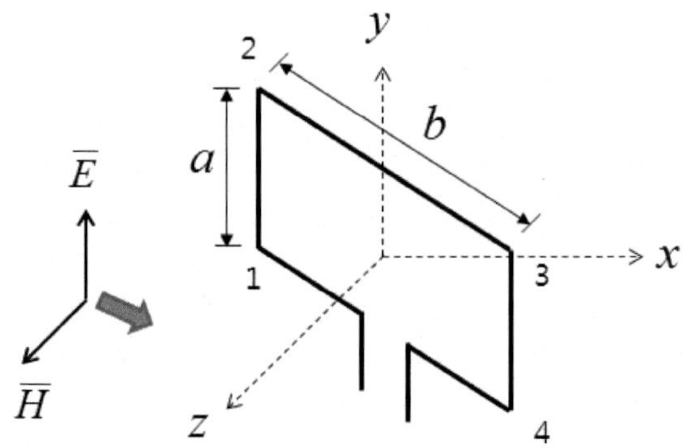

(a) 3차원 모양

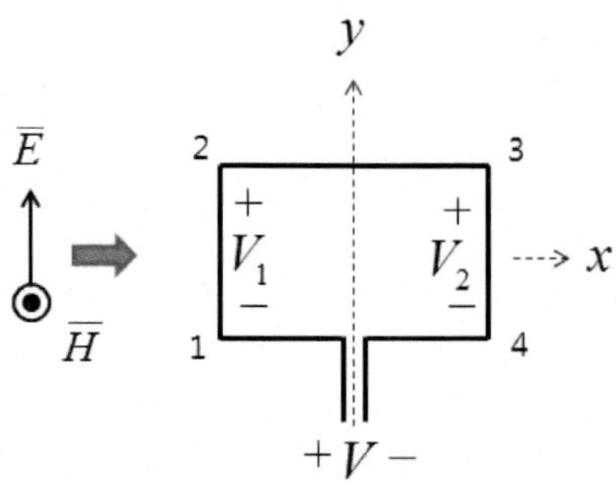

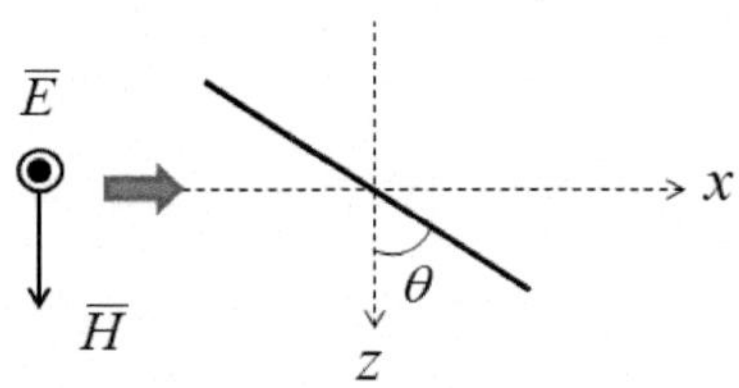

(b) 측면에서 본 모양 (c) 위에서 본 모양

[그림 2-33] 직사각형 루프 안테나 및 입사 전자파

$$V_1 = a \times \left[E_0 \; e^{-j\beta\left(-\frac{b}{2}\sin\theta\right)} \right] \tag{2.47}$$

$$V_2 = a \times \left[E_0 \; e^{-j\beta\left(\frac{b}{2}\sin\theta\right)} \right] \tag{2.48}$$

이다. 따라서 직사각형 루프의 입력 단자에 유기되는 수신 개방전압 V는

$$\begin{aligned} V &= V_2 - V_1 \quad (2.49) \\ &= E_0 \, a \left[e^{-j\beta\left(\frac{b}{2}\sin\theta\right)} - e^{j\beta\left(-\frac{b}{2}\sin\theta\right)} \right] \\ &= -j2E_0 \, a \sin\left(\beta \frac{b}{2}\sin\theta\right) \end{aligned}$$

으로 된다. 참고로 식 (2.49)는 직사각형 루프뿐아니라 모든 형태의 루프 안테나에 대해서도 성립한다. 만약 루프의 턴수가 N이면 식 (2.49)는

$$V = -j2NE_0 \, a\sin\left(\beta \frac{b}{2}\sin\theta\right) \tag{2.50}$$

으로 턴수 N에 비례하게 된다. 식 (2.50)에서 루프 안테나의 입력 단자에 유기되는 수신 개방전압이 $\sin\theta$의 함수로 변하는 것을 볼 수 있는데, 이것은 루프 안테나의 원 거리영역에서의 전자계 표현식 (2.37), (2.38)과 지향성 식 (2.44) 및 방사패턴 [그림 2-32]에서도 모두 $\sin\theta$ 의 함수로 변하는 것과 같은 맥락을 취하고 있다.

루프의 크기가 파장에 비해 매우 작은 미소 루프 안테나의 경우 $a, b \ll \lambda$ 이므로 수신 개방전압 V는 다음과 같이 근사 된다.

$$V \approx -j\frac{2\pi}{\lambda} NE_0 \, ab \sin\theta \tag{2.51}$$

수신 전압의 크기만을 고려할 때, 수신 상태가 가장 좋은 방향으로 안테나를 놓았을 때의 미소 루프 안테나의 수신 개방전압 $V = V_{\max}$은 다음과 같이 표현할 수 있다.

$$V_{\max} = E_0\, h_e \tag{2.52}$$

여기서 h_e는 미소 루프 안테나의 실효고(effective height)이다. 그러므로 미소 루프 안테나의 실효고 h_e는 식 (2.52)로 부터

$$h_e = \frac{V_{\max}}{E_0} = \frac{2\pi N A}{\lambda} \tag{2.53}$$

이 됨을 알 수 있다. 여기서 $A = ab$로 루프의 면적을 나타낸다. 식 (2.53)에서 실효고는 루프 안테나의 턴 수, 루프의 면적에 비례하고 파장에 반비례하는 것을 볼 수 있다.

루프의 실효고를 이용하면, 미소 루프 안테나로부터 전계 강도를 측정할 수 있다. 측정 방법은 먼저 전계 강도를 측정하고자 하는 위치에 루프 안테나를 놓고, 그 위치에서 수신되는 최대 전압 $V_{\max}$을 측정한다. 다음에 식 (2.53)의 실효고 h_e을 계산한다. 이것을 이용하여 전계 강도 E_0을 다음과 같이 구한다.

$$E_0 = \frac{V_{\max}}{h_e} \tag{2.54}$$

이 방법은 단파 이하의 주파수에서 전계 강도를 측정할 때 사용되고 있다.

미소 루프 안테나의 지향성이 미소 다이폴의 지향성과 동일하므로 미소 루프 안테나의 실효 면적(effective aperture or effective area)도 미소 다이폴의 실효 면적과 같으며, 다음과 같이 주어진다.

$$A_r = \frac{3\lambda^2}{8\pi} \approx 0.119\lambda^2 \tag{2.55}$$

(예제 2-3) 원형 루프 안테나의 실효고

권선 수 $N = 1$, 직경 $1\,m$ 인 원형 루프 안테나가 있다. $2\,MHz$에서 실효고를 구하시오.

(풀이)

식 (2.53)에 의해 실효고는 다음과 같다.

$$h_e = \frac{V_{\max}}{E_0} = \frac{2\pi NA}{\lambda} = \frac{2\pi \times 1 \times \pi \times (1/2)^2}{150} \approx 0.033\,[m]$$

(예제 2-4) 원형 루프 안테나에 유기되는 전압

직경이 $60\,cm$이고 권선 수 $N = 10$인 루프 안테나에 주파수 $600\,KHz$ 신호가 루프 안테나 평면과 60° 방향으로 입사하고 있다. 루프 안테나에 입사되는 전계 강도가 $3\,[m\,V/m]$이라고 할 때 루프 안테나에 유기되는 전압을 구하시오.

(풀이)

루프 안테나의 실효고는 식 (2.53)에 의해

$$h_e = \frac{V_{\max}}{E_0} = \frac{2\pi NA}{\lambda} = \frac{2\pi \times 10 \times \pi \times (0.3)^2}{500} \approx 0.355\,[m]$$

이다. 따라서 유기되는 전압은 다음과 같다.

$$V = E_o\,h_e\,\cos 60^o = 3 \times 10^{-3} \times 0.355 \times 0.5 \approx 0.532 \times 10^{-3}\,[V]$$

2.6.2 대형 루프 안테나(large loop antenna)

파장에 비해 둘레 길이가 아주 작은 소형 루프 안테나(small loop antenna)의 경우 루프를 따라 분포하는 전류의 크기 및 위상이 일정한 것을 가정할 수 있다. 따라서 소형 루프 안테나의 방사장은 루프면 방향으로는 최대가 되고, 루프에 수직인 축을 따라 영점이 나타나는 모양이 되고, 안테나의 특성이 루프의 모양 보다는 루프의 면적에 영향을 받게 된다.

만약 루프 둘레 길이가 파장 길이와 비슷하거나 그보다 큰 대형 루프 안테나(large loop

antenna)의 경우는 루프 위의 전류 크기와 위상이 위치에 따라 달라지고, 루프의 크기 변화에 따라 성능도 달라진다.

(1) 대형 루프 안테나의 방사패턴

정사각형 루프의 둘레 길이가 한 파장인 정사각형 루프 안테나를 [그림 2-34]에 나타내었다. x축과 평행한 변 중앙에 급전을 하는 경우, 루프 안테나에 흐르는 전류의 분포를 [그림 2-34]에 같이 나타내었다.

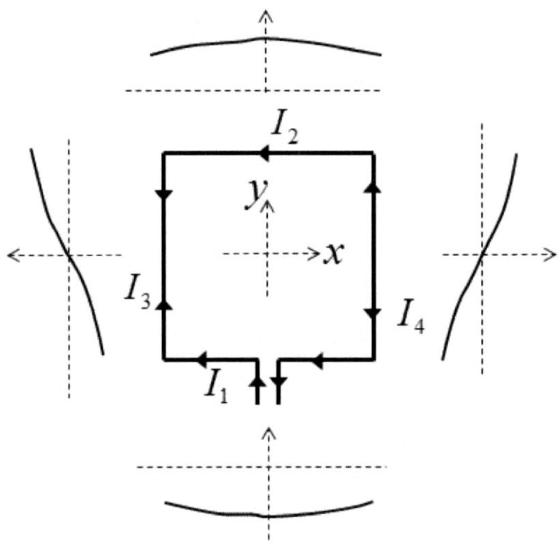

[그림 2-34] 정사각형 루프 안테나 및 전류 흐름

정사각형 루프의 둘레 길이가 한 파장이므로 한 변은 $\lambda/4$파장이 되며, 전류의 분포는 [그림 2-34]와 같이 루프를 따라 연속이고, 정현파 전류가 흐르므로 다음과 같이 표현할 수 있다.

$$I_1 = I_2 = -\hat{x}\, I_0 \cos(\beta x'), \qquad |x'| \le \frac{\lambda}{8} \tag{2.56}$$

$$I_4 = -I_3 = \hat{y}\, I_0 \sin(\beta y'), \qquad |y'| \le \frac{\lambda}{8} \tag{2.57}$$

이 식으로부터 벡터 전위를 구하여, 원거리 전계를 구할 수 있다. 루프가 놓여있는 면인 xy

평면에서 전계를 구해보면

$$E_\phi = \frac{jI_0\eta e^{-j\beta r}}{\sqrt{2}\,\pi r}\frac{\pi}{4}\left\{\frac{\sin[(\pi/4)\cos\phi]}{(\pi/4)\cos\phi}\left[\sin\phi\cos\left(\frac{\pi}{4}\sin\phi\right)-\sin\left(\frac{\pi}{4}\sin\phi\right)\right]\right.$$
$$\left.+\frac{\cos[(\pi/4)\sin\phi]}{(\pi/4)\sin\phi}\left[\cos\phi\sin\left(\frac{\pi}{4}\cos\phi\right)-\cos\left(\frac{\pi}{4}\cos\phi\right)\right]\right\} \tag{2.58}$$

이 된다[12]. 한편 xz 평면에서는 전계가 다음과 같이 표현된다.

$$E_\theta = \frac{jI_0\eta e^{-j\beta r}}{\sqrt{2}\,\pi r}\frac{\sin\theta\sin[(\pi/4)\sin\theta]-\cos[(\pi/4)\sin\theta]}{\cos\theta} \tag{2.59}$$

또한 yz 평면에서는 전계가 다음과 같이 표현된다.

$$E_\phi = -\frac{jI_0\eta e^{-j\beta r}}{\sqrt{2}\,\pi r}\cos\left(\frac{\pi}{4}\sin\theta\right) \tag{2.60}$$

식 (2.58)~(2.60)으로 표현된 원거리 영역에서의 전계로부터 방사패턴을 구할 수 있다. [그림 2-35]에 식 (2.58)~(2.60)의 전계 패턴의 모양을 개략적으로 알아보기 위해 총 길이가 1 m 인 도선으로 구성된 정사각형 루프 안테나를 300 MHz에서 방사패턴을 NEC-Win Pro 로 시뮬레이션하여 나타내었다.

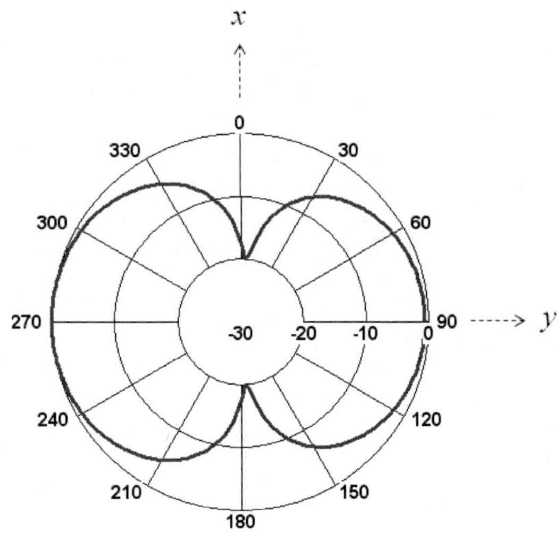

(a) xy 평면

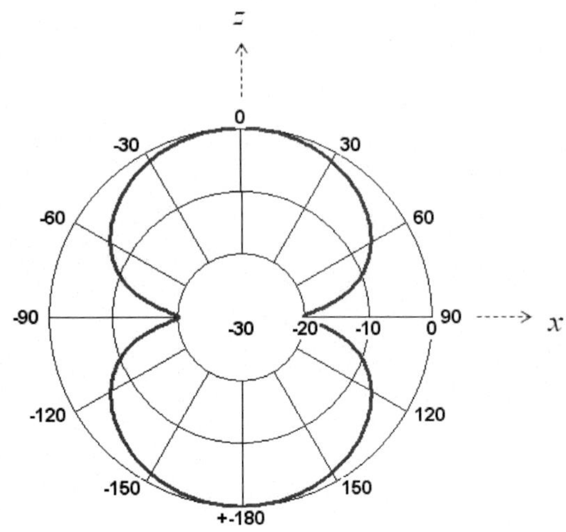

(b) xz 평면

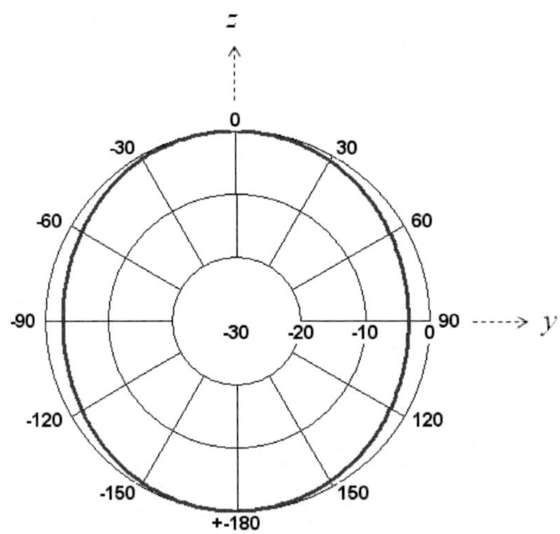

(c) yz 평면

[그림 2-35] 한 파장 정사각형 루프 안테나의 방사 패턴

[그림 2-35]의 방사패턴을 정리하여 보면 다음과 같다.

- 루프 평면에 수직인 z축을 따라 최대 방사가 일어난다.
- 최대 방사 방향에서 전계의 방향은 급전점을 포함하는 변에 평행한 편파가 된다.
- 루프 평면에서는 급전점을 포함하는 변에 평행한 방향(x축)으로 영점이 있고, 급전점을 포함하는 변에 직교하는 방향(y축) 으로 방사가 일어난다.

위의 특징을 살펴보면, 루프 평면에서 최대 방사가 나타나고, 평면에 수직한 축 상에서는 영점(null point)이 나타나는 소형 루프 안테나의 경우와 다른 결과이다.

(2) 루프 안테나의 이득 및 입력 임피던스

한 파장 정사각형 루프 안테나의 이득은 약 3.19 dB 이며, 이것은 한 파장 직도선형 다이폴 안테나의 이득 3.82 dB 보다 작은 특징을 갖고 있다.

루프 안테나의 입력 임피던스 특성을 조사하기 위해, 도선 반지름이 1 mm 이며, 루프의 총 길이가 1,000 mm 인 정사각형 루프 안테나의 입력 임피던스를 NEC-Win Pro 시뮬레이션을 통해 주파수에 따른 특성을 조사하여 [그림 2-36]에 나타내었다.

[그림 2-36]를 보면 한 파장 길이의 주파수에서는 입력 저항(input resistance)이 약 100 Ω 정도 되는 것을 볼 수 있고, 입력 리액턴스(input reactance)는 영(zero)은 아니며, 상대적으로 작은 값을 갖는 것을 볼 수 있다. 또한 공진이 일어나는 주파수는 루프 안테나의 길이가 대략 1.09λ 정도 되는 주파수에서 발생하는 것을 볼 수 있다.

또한 낮은 주파수에서는 입력 저항이 거의 영이며, 입력 리액턴스는 양(positive)의 값을 갖는 것을 볼 수 있다. 이것은 루프 안테나는 매우 낮은 주파수에서, 즉 안테나 길이가 파장에 비해 매우 작을 때, 유도성(inductive) 임피던스를 갖는다는 것을 의미한다. 이것은 선형 다이폴 안테나가 전기적으로 매우 소형일 때 용량성(capacitive) 임피던스를 갖는 것과 대응되는 차이점이다.

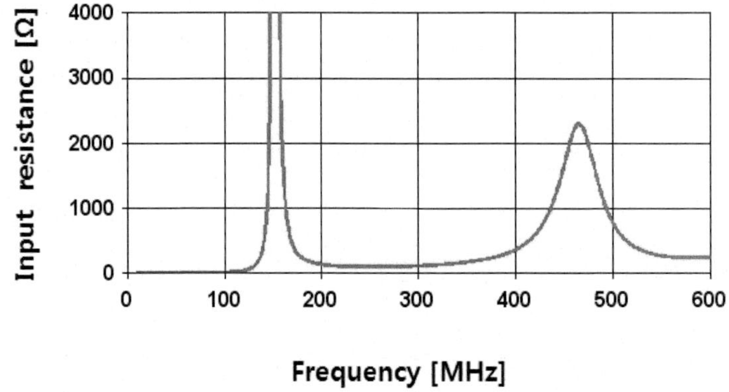

(a) 입력 저항

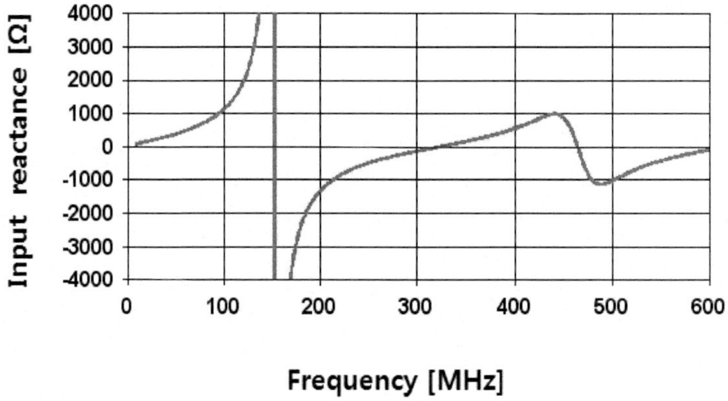

(b) 입력 리액턴스

[그림 2-36] 한 파장 정사각형 루프 안테나의 입력 임피던스

임의의 반경 a를 갖는 원형 루프의 방사 저항은 식 (2.35)로부터 유도할 수 있으며, 원주의 길이가 5λ 이상일 때

$$R_{ant} \approx 3,720\,\frac{a}{\lambda} \tag{2.61}$$

으로 구해진다[2]. 따라서 식 (2.61)에 의해 루프의 원주가 5λ 되는 안테나의 방사저항은 약

3000 Ω 이 된다. [표 2-3]에 균일 전류를 갖는 원형 루프 안테나의 원거리장, 방사저항, 지향성에 대해 정리하여 나타내었다.

[표 2-3] 균일 전류를 갖는 원형 루프 안테나

항목	소형 루프 (원주의 길이 $< \lambda/3$) (원 면적 $< \lambda^2/100$)	대형 루프 (원주의 길이 $> 5\lambda$)
원거리 전계 E_ϕ	$\dfrac{120\pi^2 I_0 \sin\theta}{r} \dfrac{S}{\lambda^2} e^{-j\beta r}$	$\dfrac{60\pi I_0 a\beta J_1(a\beta\sin\theta)}{r} e^{-j\beta r}$
원거리 자계 H_θ	$\dfrac{\pi I_0 \sin\theta}{r} \dfrac{S}{\lambda^2} e^{-j\beta r}$	$\dfrac{I_0 a\beta J_1(a\beta\sin\theta)}{2r} e^{-j\beta r}$
방사 저항 $[\Omega]$	$31,200\left(\dfrac{S}{\lambda^2}\right)^2$	$3,720\dfrac{a}{\lambda}$
지향성	$\dfrac{3}{2}$	$4.25\dfrac{a}{\lambda}$

2.7 턴스타일 안테나 (Turnstile antenna)

[그림 2-37]에 턴스타일(turnstile) 안테나를 나타내었다. 두 개의 반파장 다이폴 A , B 가 서로 직각으로 교차하면서, 지표면과 수평으로 놓여 있고, 각 다이폴에 급전되는 신호의 위상이 서로 90^0 차이가 나도록 급전한다.

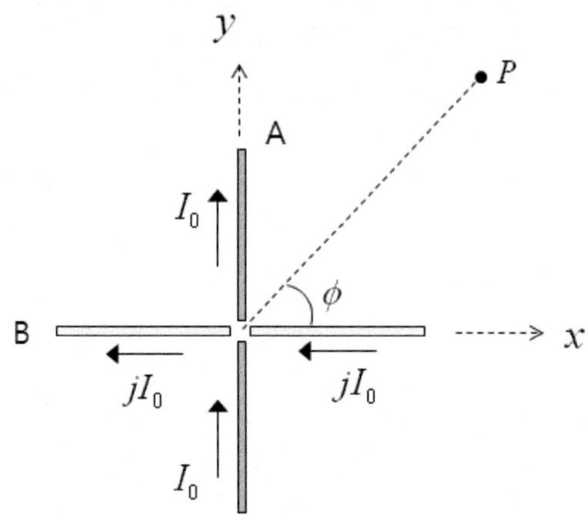

(a) 개념도

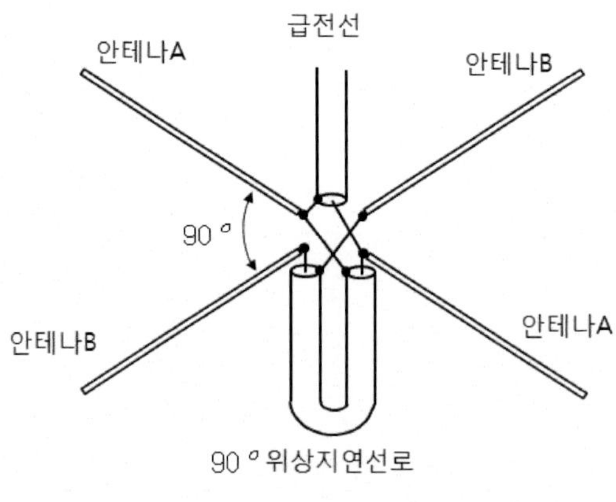

(b) 구현 예

[그림 2-37] 턴스타일 안테나

턴스타일 안테나가 놓여 있는 수평면 방향에서의 지향성을 조사하기 위해 다이폴 A 와 다이폴 B로부터 발생하는 방사 전계를 구하자. 식 (2.5)를 이용하여 xy평면 상에 안테나로부터 원거리 영역에 놓여 있는 점 P에서의 전계를 구해보면 다음과 같다.

$$E_\phi = E_A + E_B \tag{2.62}$$

$$= \frac{j\omega\mu}{4\pi r}\frac{2I_0}{\beta}e^{-j\beta r}\left\{j\frac{\cos\left[\frac{\pi}{2}\cos(90^0-\phi)\right]}{\sin(90^0-\phi)} + \frac{\cos\left(\frac{\pi}{2}\cos\phi\right)}{\sin\phi}\right\}$$

식 (2.62)로부터 지향성 계수를 구해보면

$$|D(\phi)| = \left\{\left[\frac{\cos\left[\frac{\pi}{2}\cos(90^0-\phi)\right]}{\sin(90^0-\phi)}\right]^2 + \left[\frac{\cos\left(\frac{\pi}{2}\cos\phi\right)}{\sin\phi}\right]^2\right\}^{1/2} \tag{2.63}$$

이 된다. 식 (2.63)의 지향성의 개략적인 모양을 조사하기 위해 NEC-Win Pro 를 사용한 시뮬레이션 방사 패턴을 [그림 2-38]에 나타내었다.

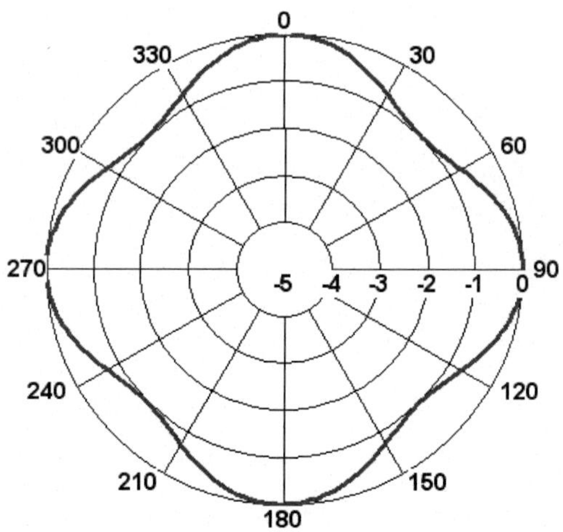

[그림 2-38] 턴스타일 안테나의 수평면 방사패턴

수평면 상에서 거의 전방향성 특성을 나타내며, 단지, $\phi = 45^0$ 방향에서 약 1 dB 정도의 방사전력의 감소가 있는 것을 볼 수 있다.

턴스타일 안테나는 일반적으로 수직 방향으로의 지향성을 증가시키기 위해 수직 기둥에 [그림 2-39]와 같이 $\lambda/2$ 간격으로 턴스타일 안테나를 수직으로 배열한다. [그림 2-39]와 같이 4개의 턴스타일 안테나를 배열한 것을 4-bay 턴스타일 안테나라고 부른다.

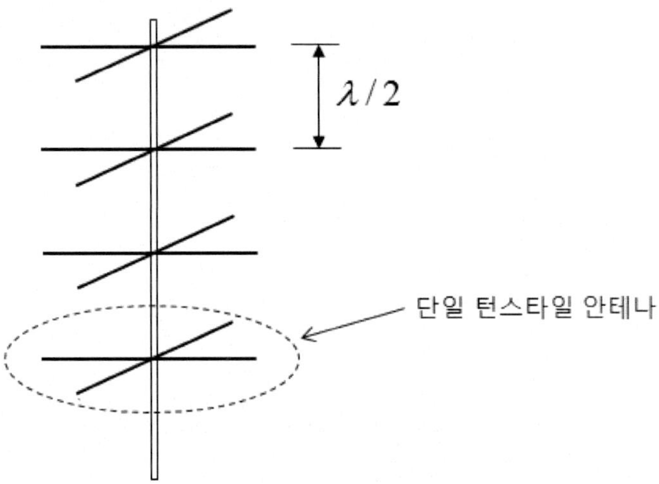

[그림 2-39] 수직 축 상에 배열된 턴스타일 안테나

한편 비교적 광대역 특성을 얻기 위해 서로 길이가 다른 턴스타일 안테나를 수직 방향으로 몇 개 적층(stack) 구조로 조합한 안테나를 수퍼 턴스타일 안테나(super turnstile antenna) 또는 박쥐 날개 안테나(batwing antenna)라고 한다. [그림 2-40]에 수퍼 턴스타일 안테나 중 한쪽 방향의 안테나 모양을 나타내었다. [그림 2-40] 모양의 박쥐 날개 모양의 안테나가 서로 수직하게 배열된 구조가 수퍼 턴스타일 안테나이다.

[그림 2-40] 안테나는 비교적 넓은 주파수 대역에 걸쳐 입력 저항은 약 72 Ω 이고, 매우 낮은 리액턴스 값을 가지며, VSWR이 1.1:1 이하에서 퍼센트 대역폭이 약 35% 이다. 또한 방사패턴은 [그림 2-38]과 같이 전방향성(omnidirectional) 패턴을 갖는다[13]. 이와 같이 수퍼 턴스타일 안테나는 주파수 특성이 비교적 광대역이며, 수직면 상에서 이득이 높아서 50 MHz 정도의 낮은 주파수 대역 TV 방송용으로 많이 사용된다.

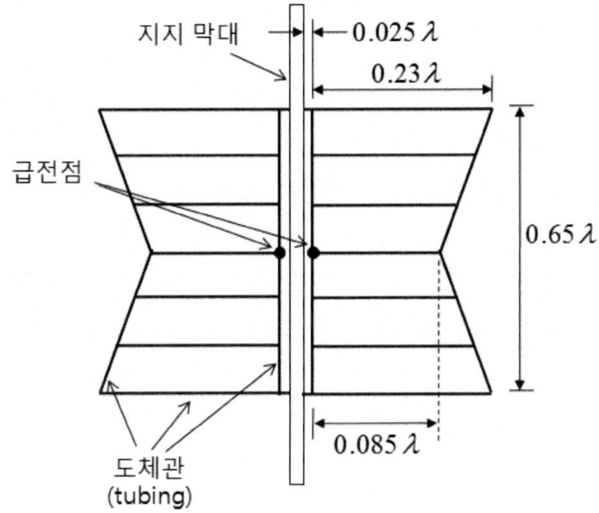

[그림 2-40] 수퍼 턴스타일 안테나의 한 쪽 방향 안테나 모양

2.8 마이크로스트립 패치 안테나 (Microstrip patch antenna)

가장 일반적인 형태의 마이크로스트립 패치 안테나(microstrip patch antenna)의 모양을 [그림 2-41]에 나타내었다. 접지면 위에 유전체 기판이 놓이고, 그 위에 방사체 역할을 하는 사각형의 금속 패치가 놓인다. 사각형 패치에 마이크로스트립 전송선로가 연결되어 사각형 패치 안테나에 급전을 하는 모양이 [그림 2-41]이다. 패치의 모양은 사각형 외에도 원형, 삼각형, 마름모형 등 여러 가지 모양이 가능하다.

안테나의 제작은 인쇄회로 제작기법을 사용하여 만들기 때문에 인쇄형 안테나(printed antenna)로 불린다. 부피가 작고, 유연하며, 대량 생산이 가능하여 많은 분야에서 사용되고 있다.

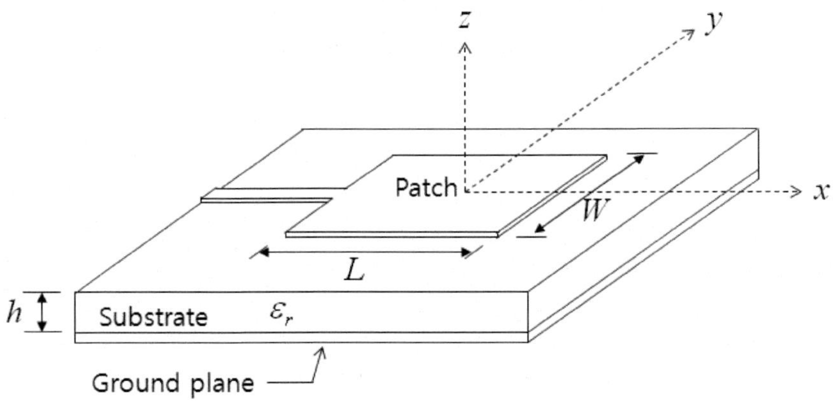

[그림 2-41] 사각형 마이크로스트립 패치 안테나

(1) 패치 안테나의 공진주파수

[그림 2-41]에서 사각형 패치의 길이 L은 안테나의 공진 주파수에 영향을 주며, 대략 사각형 패치의 길이 L과 공진 주파수 f_r과의 관계는

$$f_r = \frac{c}{2\sqrt{\epsilon_{eff}}\,(L + 2\triangle L)} \tag{2.64}$$

이며, 여기서

$$\triangle L = \frac{h}{2\pi}\frac{\left(\frac{W}{h}+0.366\right)}{\left(\frac{W}{h}+0.556\right)}\left(0.28+\frac{\epsilon_r+1}{\epsilon_r}\left(0.274+\ln\left(\frac{W}{h}+2.518\right)\right)\right) \qquad (2.65)$$

$$\epsilon_{eff} = \frac{\epsilon_r+1}{2}+\frac{\epsilon_r-1}{2}\left(1+10\frac{h}{W}\right)^{-1/2} \qquad (2.66)$$

이고, c는 광속도, ϵ_r은 유전체 기판의 상대 유전상수, ϵ_{eff} 는 유효 유전 상수, W는 사각형 패치의 폭, h는 유전체 기판의 두께이다.

패치 안테나의 특성을 해석하는 방법에는 여러 가지가 있다. 그 중에서 비교적 이해가 쉬운 전송선로 방법을 사용하여 안테나의 특성을 해석해보자. 전송선로 방법에서는 사각형의 패치를 안테나가 아닌 임피던스가 매우 작은(스트립의 선폭이 매우 큰) 마이크로스트립 전송선로로 간주한다. 즉, 급전 마이크로스트립 전송선로와 폭이 다른(임피던스가 다른) 전송선로가 연결되어 있고, 그 끝단이 개방되어 있는 것으로 생각한다. 개방된 끝단에서 전자기장은 대부분 반사가 되어 급전 선로로 되돌아가는데, 급전점이 연결되어 있는 전송선로 위치에서도 두 선로의 임피던스 차이가 커 대부분의 전자기장이 반사된다. 따라서 사각형 패치는 양 끝단이 개방된 전송선로와 같은 전자기적 특성을 갖게 된다.

전송선로의 양 끝단의 개방(open) 지점에서 전압은 최대가 되고 전류는 최소가 된다. 따라서 이러한 물리적 현상을 만족시키기 위해서는 패치 양 끝단에서 전계가 최대가 되며, 패치의 길이는 반파장의 정수배가 되어야 한다. 만약 패치의 길이가 반파장이라면, 패치 아래의 유전체 층에 형성되는 전계 필드는 [그림 2-42]와 같은 모양이 될 것이다.

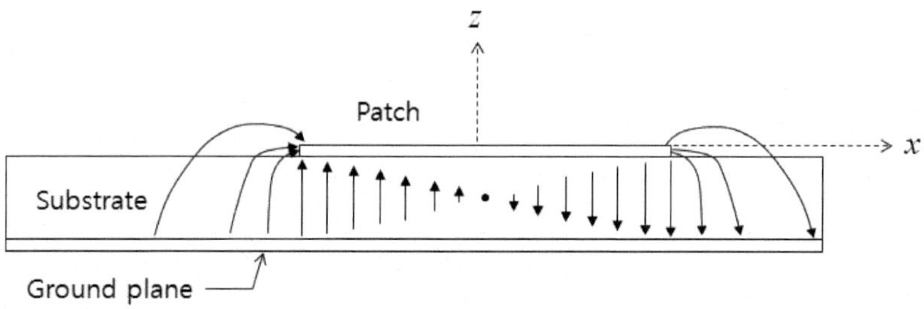

[그림 2-42] 사각형 마이크로스트립 패치 안테나에 형성되는 전계 필드 모양

[그림 2-42]의 전계 필드 모양에서 패치의 양쪽 끝단의 전계에 대해 주목하여 살펴보면, 전

계 필드가 패치면 아래 뿐 아니라 바깥으로도 누설이 되고 있는 것을 볼 수 있다. 이렇게 전자기 필드의 누설에 의해 전자기파의 방사가 발생하게 되어 PCB 기판상에 사각형 패치 모양의 평면도체가 안테나로 동작하게 되는 것이다.

누설 전자기파가 없는 이상적인 패치 안테나를 고려하는 경우 [그림 2-42]의 누설 전자기파에 의한 영향은 등가적으로 패치의 길이가 길어진 것과 같은 효과를 나타낸다. 따라서 등가적으로 늘어나는 패치의 길이를 $2\triangle L$라 하면, 여기서 $\triangle L$은 식 (2.65)와 같이 표현된다. 따라서 사각형 패치 안테나의 공진주파수가 패치 안테나 길이 L이 아니라 $(L+2\triangle L)$에 의해 결정되는 것을 식 (2.64)를 통해 알 수 있다.

일반적으로 패치 안테나의 주파수 대역폭은 대략 1~2% 정도로 매우 협대역 특성을 나타낸다.

(2) 패치 안테나의 방사패턴

패치 안테나의 방사는 패치면 끝단에서 누설되는 전자기파에 의해 생긴다. 따라서 방사 패턴을 조사하기 위해서는 누설 전자기파에 주목할 필요가 있다. [그림 2-42]의 누설 전자기파 성분 중에서 원거리장에 영향을 미치는 벡터 성분의 방향을 조사하면 [그림 2-43]과 같이 x 방향의 누설전계만이 가능하다는 것을 알 수 있을 것이다. 따라서 사각형 패치 안테나의 원거리 영역에서의 전자계는 [그림 2-43]과 같이 사각형 패치의 양 끝단에 슬롯이 있고, 슬롯에 일정한 크기의 전계 필드가 존재하여 이것을 통해 전자기파가 방사되는 것으로 근사적으로 해석할 수 있다. 이때 슬롯의 폭은 유전체 기판의 두께 h와 같으며, 슬롯의 길이는 사각형 패치의 폭 W와 같다.

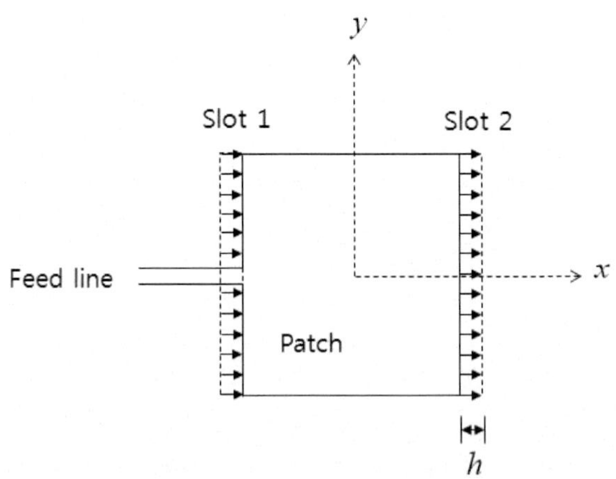

[그림 2-43] 사각형 패치 안테나의 방사를 설명하기 위한 등가 슬롯 모양

두께 1.6 mm 인 FR4 기판상에서 $L = 30mm$, $W = 20mm$인 사각형 패치 안테나의 E면(xz 평면) 및 H면(yz 평면) 방사 패턴을 Designer 시뮬레이션을 이용하여 계산한 결과를 [그림 2-44]에 나타내었다.

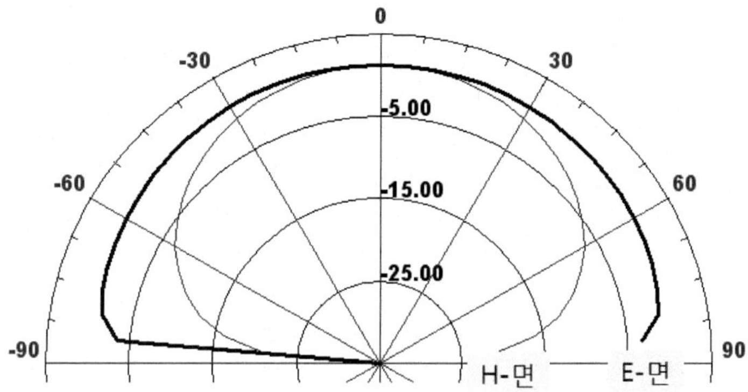

[그림 2-44] 사각형 마이크로스트립 패치 안테나의 방사 패턴

[그림 2-44]에서 패치 안테나는 패치 면에 수직한 방향으로 방사가 생기는 브로드사이드 안테나라는 것을 알 수 있다.

(3) 패치 안테나의 급전 방법

마이크로스트립 패치 안테나를 급전하는 방법에는 다양한 방법이 있으며, [그림 2-45]에 급전 방법 중 일부를 개략적으로 나타내었다.

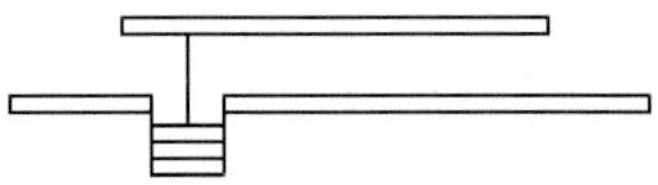

(a) 프루브 급전

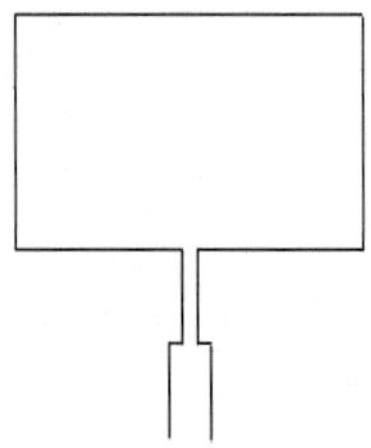

(b) $\lambda/4$변환기 이용한 마이크로스트립 선로 급전

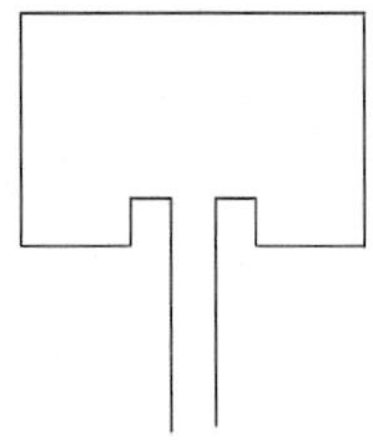

(c) 삽입형 마이크로 스트립 선로 급전

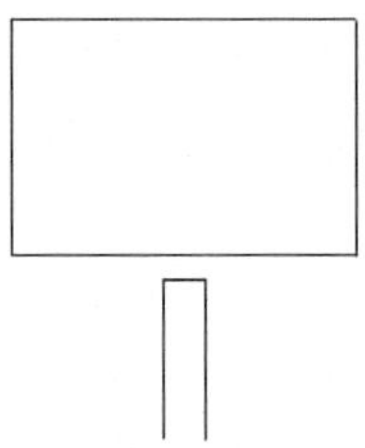

(d) 가장자리 결합 급전

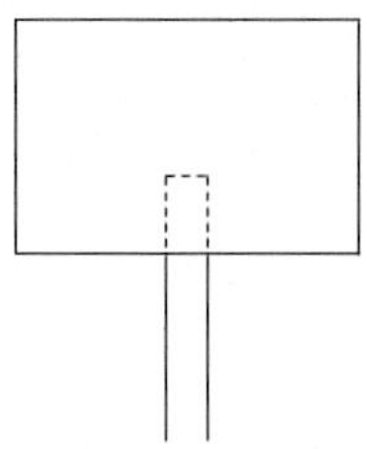

(e) 이중층 결합 급전

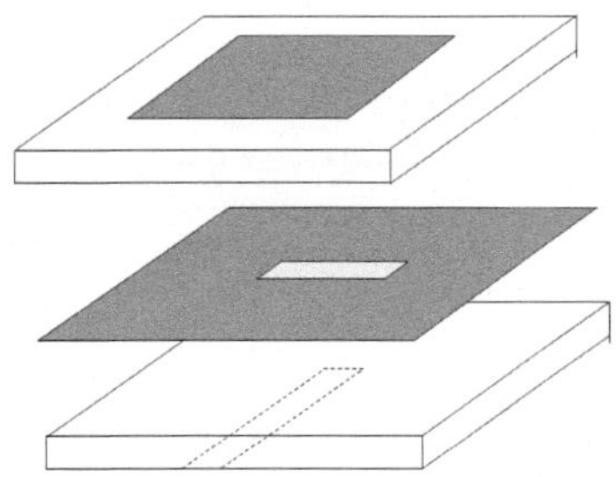

(f) 개구결합 급전

[그림 2-45] 사각형 마이크로스트립 패치 안테나의 급전 방법

[그림 2-45] (a)는 동축 전송선로로 패치 안테나를 급전하는 경우이며, 급전점 위치에 따라 입력 임피던스가 달라지므로 이 특성을 이용하여 임피던스 정합 위치에 동축선로의 내심을 연결한다. [그림 2-45] (b)는 임피던스 정합을 위해 $\lambda/4$ 길이의 임피던스 변환기를 사용하는 방법이다. 안테나가 공진이 되면 안테나의 임피던스는 저항 성분만을 갖기 때문에 이 값을 $\lambda/4$ 임피던스 변환기를 통해 임피던스 정합을 하는 급전 방법이다. [그림 2-45] (c)는 (a)번과 같이

임피던스 정합 위치까지 마이크로스트립 급전 선로를 가져간 모양이다. [그림 2-45] (d)는 급전선로를 패치에 직접 연결하지 않고 패치의 가장자리 근처에서 전자기 결합을 이용하여 패치 안테나를 급전하는 방법이다. 패치와 급전선로와의 간격에 따라 임피던스가 변하게 된다. [그림 2-45] (e)도 (d)와 같이 전자기 결합을 이용하여 패치 안테나를 급전하는 방법인데, 급전선이 유전체 층을 사이에 두고 패치 면과 반대편에 있는 경우이다. [그림 2-45] (f)는 개구결합 방법으로 패치면과 급전선로는 접지면에 의해 분리가 되어 있고, 접지면에 있는 슬롯을 통해 급전선로의 신호가 패치 안테나로 상호결합이 되는 구조이다. 이렇게 함으로써 패치 안테나 면에서는 급전 선로가 보이지 않기 때문에 급전선로에 의한 방사패턴의 영향이 최소화 되는 장점이 있다.

2.9 슬롯 안테나 (Slot antenna)

도체 표면의 일부를 잘라낼 때, 잘려진 부분을 슬롯(slot)이라 부르며, 이러한 슬롯을 통해 전자기파를 방사하는 안테나를 슬롯 안테나(slot antenna)라고 한다. 일반적으로 300 MHz ~ 24 GHz 사이의 주파수에서 사용되고 있으며, 선형 편파로서, 전방향성(omnidirectional) 방사 패턴 특성을 가지고 있다. 직사각형 모양의 슬롯 안테나를 [그림 2-46]에 나타내었다.

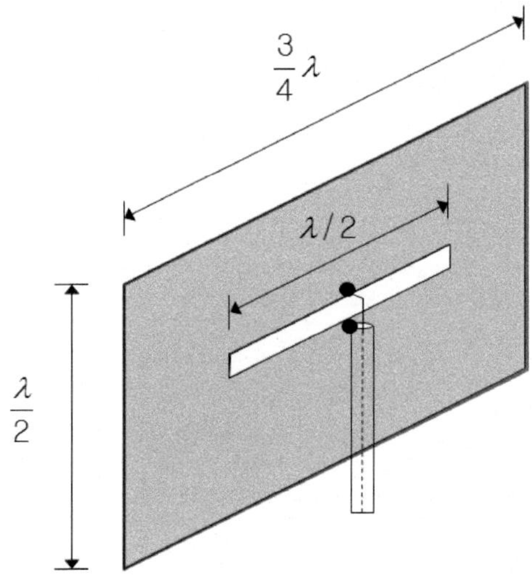

[그림 2-46] 직사각형 슬롯 안테나

슬롯 안테나의 특성을 조사하기에 앞서 Babinet 원리에 대해 설명하고자 한다. 이 원리에 의하면, 다이폴 안테나(슬롯 안테나와 상보(complementary) 관계가 있는 안테나)와 슬롯 안테나 사이의 방사 전자계 및 임피던스의 관계를 알 수 있다. 두 안테나가 상보(complementary) 관계가 있다는 것은 안테나를 구성하는 도체와 유전체(공기)가 두 안테나 간에 서로 뒤바뀌어 있는 안테나를 말한다. [그림 2-46]에 슬롯 안테나와 상보(complementary) 관계가 있는 다이폴 안테나를 나타내었다.

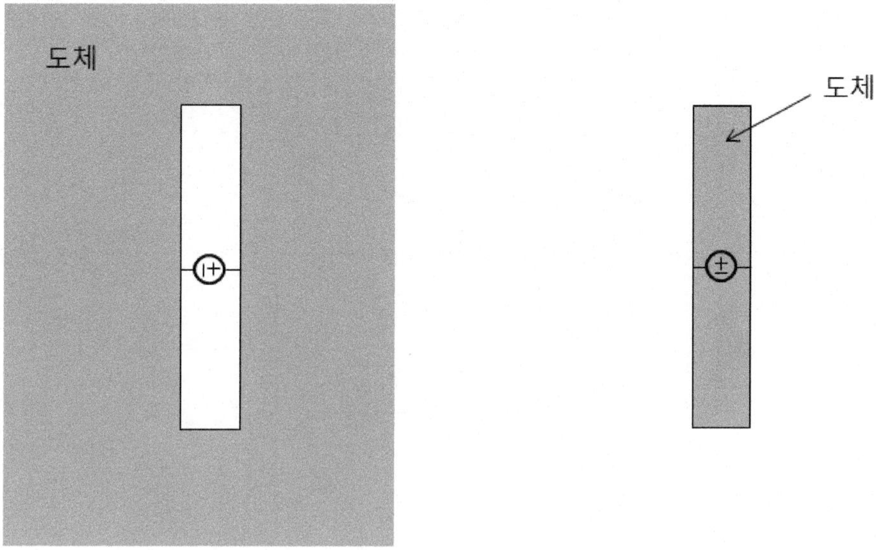

(a) 슬롯 안테나 (b) 다이폴 안테나

[그림 2-47] 직사각형 슬롯 안테나 및 다이폴 안테나

슬롯 안테나의 경우 급전 전압이 슬롯의 중심부의 단락 지점 양단에 [그림 2-47]과 같이 인가된다. 인가전압에 의해 슬롯에 전계가 분포하게 되고, 전류는 슬롯 주변을 따라 흐르게 된다. 이것에 의해 전자계 방사가 발생하게 된다. 상보(complementary) 관계가 있는 다이폴 안테나에서 인가전압은 다이폴의 중앙에 인가되며, 인가전압의 방향은 슬롯과 달리 [그림 2-47]과 같은 극성 모양으로 전압이 인가된다. 슬롯 안테나의 임피던스를 Z_S, 다이폴 안테나의 임피던스를 Z_C 라 하면, Babinet 원리에 의해

$$Z_S Z_C = \frac{\eta^2}{4} \tag{2.65}$$

이다[14]. 여기서 η는 자유공간의 고유 임피던스(intrinsic impedance)이다.

(1) 마이크로스트립 슬롯 안테나

슬롯 안테나의 급전은 [그림 2-46]과 같이 동축선로를 이용하여 하는 방법 외에도 [그림 2-48]과 같이 유전체 기판에 슬롯을 만들고 마이크로스트립 선로를 이용하여 급전하는 방법도 있다. 이러한 구조로 급전되는 슬롯 안테나를 마이크로스트립 슬롯 안테나(microstrip slot antenna)라고 한다.

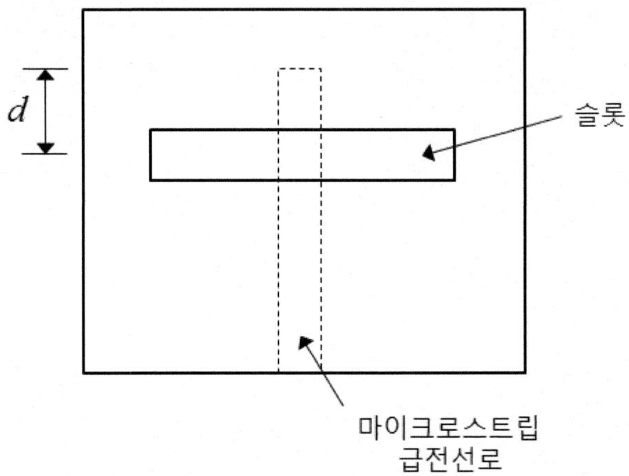

(a) 위에서 본 모습

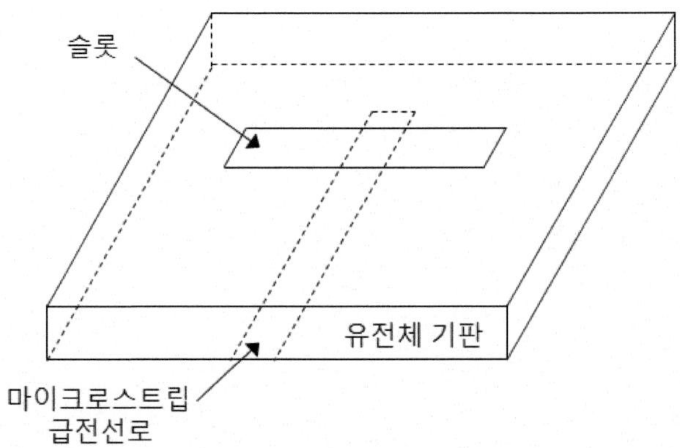

(b) 3차원 모양

[그림 2-48] 마이크로스트립 슬롯 안테나 모양

이것은 [그림 2-48]과 같이 마이크로스트립 선로의 접지면에 직사각형 슬롯이 있는 구조로서, 마이크로스트립 선로가 슬롯의 급전 선로로 작용하는 구조이다. 마이크로스트립 슬롯 안테나의 임피던스 정합은 [그림 2-48] (a)에 제시되어 있는 파라미터 d, 즉, 슬롯을 지나 종단이 개방된 마이크로스트립 선로의 길이를 적절히 조절하여 구현한다.

(2) 도파관 슬롯 안테나

직사각형 도파관의 벽에 슬롯을 만들어 도파관을 지나가는 전자계 필드가 슬롯을 통해 도파관 밖으로 누설되도록 한 안테나를 도파관 슬롯 안테나(waveguide slot antenna)라고 한다. 직사각형 도파관 벽에 만들 수 있는 슬롯의 일부 모양을 [그림 2-49]에 나타내었다. 직사각형 도파관 내에 흐르는 기본 모드 전자계는 TE_{10} 모드이므로, [그림 2-50]에 제시된 TE_{10} 모드의 전자계 분포와 도파관 벽에 흐르는 전류의 모양을 생각하면 [그림 2-49]의 여러 종류의 슬롯이 전자계 필드에 미치는 영향을 알 수 있다. 먼저 [그림 2-49]의 (b) 와 (e)는 도파관 관벽에 흐르는 전류와 평행하게 슬롯이 놓여 있기 때문에 슬롯에 전계가 발생하기 않는다. 그 외의 슬롯은 모두 슬롯에 전계가 발생하여 방사가 일어난다. 특히 [그림 2-49]의 (f)와 같이 슬롯이 비스듬하게 놓여 있는 경우 슬롯으로부터 방사되는 파는 경사 방향으로 편파가 되며, 방사의 강도는 슬롯의 수직 방향으로부터의 경사 각도를 조절하여 제어할 수 있다. 수직 방향으로 슬롯이 될 때 전자파의 방사는 약해지게 된다. [그림 2-49]의 (c)는 도파관의 넓은 면 위에 슬롯이 중앙선에서 편차를 갖고 놓여 있다. 슬롯의 방사 정도는 중앙선으로부터의 편차에 따라 달라진다. 또한 [그림 2-49]의 (d)와 같이 공간적으로 서로 직교하도록 슬롯이 놓여 있는 경우 원편파를 발생하며, 중앙선을 중심으로 좌, 우 위치한 방향에 따라 편파의 방향이 달라진다.

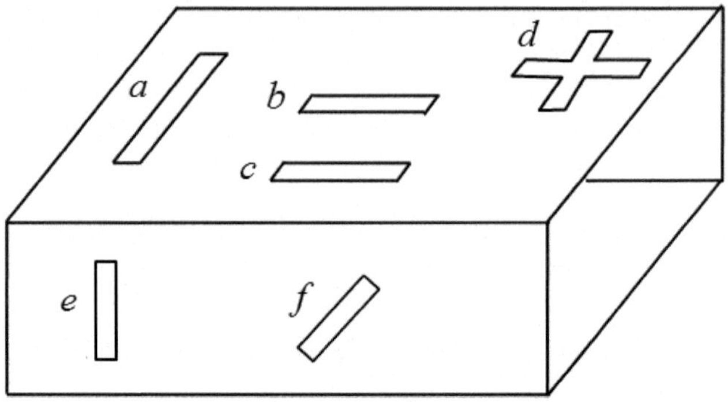

[그림 2-49] 직사각형 도파관에 구현된 여러 가지 종류의 슬롯 모양

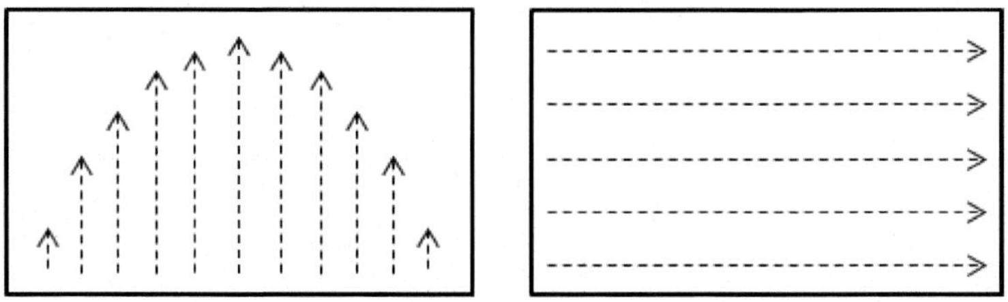

(a) 전계 (b) 자계

[그림 2-50] TE_{10} 모드 전송시 직사각형 도파관 단면에서의 필드 모양

2.A 요약

2.1 다이폴 안테나(dipole antenna)

- 중앙에서 급전되는 두 개의 도체 막대(pole)로 이루어진 안테나로서, 선형 안테나의 기본적인 구조이며, 공진형 안테나(resonance antenna)에 해당함.
- 반파장 다이폴 안테나는 전방향성 방사패턴을 가지며, 안테나 이득은 $2.15dBi$, 입력 임피던스는 $73+j42.5\,\Omega$, 반전력빔폭은 78°, 실효길이는 λ/π, 실효면적은 $0.13\lambda^2$ 임.

2.2 접지 안테나

- $\lambda/4$ 모노폴 안테나는 반파장 다이폴에 비해 입력 임피던스는 절반이고 지향성은 2배가 됨.
- 모노폴 안테나의 끝 부분을 역 L형, T형, 우산형 등으로 변형하여 실효길이를 크게할 수 있음.
- 실제 지표면을 접지면으로 하는 모노폴 안테나의 경우 방사 최대점이 지표면 보다 위로 향하고 있고, 방사 효율도 떨어져 전력의 세기도 작아짐. 또한 방사 최대점의 각도도 주파수가 증가할수록 증가함.
- 지표면 손실을 줄이기 위한 다양한 접지 방식이 존재함.

2.3 폴디드 다이폴 안테나(folded dipole antenna)

- 두 개 이상의 다이폴을 붙여서 만든 안테나를 폴디드 다이폴 안테나라 함.
- 공진시 반파장 폴디드 다이폴 안테나의 방사 저항이 반파장 다이폴 안테나의 방사 저항보다 4배 큰 값을 가짐.
- 폴디드 안테나에 흐르는 전류는 전송선로 모드와 안테나 모드로 분류할 수 있음.

2.4 야기 우다 안테나(Yagi-Uda antenna)

- 야기 우다 안테나는 급전되는 반파장 다이폴 안테나 좌우에 반파장 다이폴 안테나와 평행하게 무 급전 직선형 도체인 반사기와 도파기가 놓여 있음.
- 반사기에서 도파기 방향으로 진행하는 모든 전자기파는 동위상이 되어 서로 보강간섭이 생겨 큰 지향성을 갖게 됨.

2.5 코너 반사판 안테나(corner reflector antenna)

- 코너 반사판 안테나는 각이 져 있는(코너가 있는) 금속판을 반사판으로 사용하고, 반사판 앞에 안테나가 놓여 있는 구조임.
- 코너 각으로 90^o가 많이 사용되며, 영상법을 적용하여 안테나 특성을 해석함.

2.6 루프 안테나(loop antenna)

- 루프 안테나의 최대 크기가 파장의 1/10 보다 작으면, 소형 루프 안테나(small loop antenna)라 함.
- 소형 루프 안테나는 소형 다이폴 안테나와 쌍대적(duality) 관계가 있음.
- 소형 다이폴의 리액턴스 성분이 용량성인 것에 반해 소형 루프 안테나의 리액턴스는 유도성임.
- 루프의 실효고를 이용하여 미소 루프 안테나로 부터 전계 강도를 측정할 수 있고, 다이폴 안테나와 같이 사용하여 방향 탐지를 할 수 있음.

2.7 턴스타일 안테나(turnstile antenna)

- 턴스타일 안테나는 두 개의 반파장 다이폴이 서로 직각으로 교차하면서, 지표면과 수평으로 놓여 있고, 각 다이폴에 급전되는 신호의 위상이 서로 90^0차이가 남.
- 수평면 상에서 방사패턴이 거의 무지향성 특성을 나타냄.

- 서로 길이가 다른 턴스타일 안테나를 수직 방향으로 적층(stack) 구조로 조합한 안테나를 수퍼 턴스타일 안테나(super turnstile antenna) 또는 박쥐 날개 안테나(batwing antenna)라고 함.

2.8 마이크로스트립 패치 안테나(microstrip patch antenna)

- 접지면 위에 유전체 기판이 놓이고, 그 위에 방사체 역할을 하는 금속 패치가 놓임.
- 마이크로스트립 패치 안테나는 인쇄회로 제작기법을 사용하여 만들기 때문에 인쇄형 안테나(printed antenna)로 불림.

2.9 슬롯 안테나(slot antenna)

- 도체 표면의 일부를 잘라낼 때, 잘려진 부분을 슬롯이라 부르며, 이러한 슬롯을 통해 전자기파를 방사하는 안테나를 슬롯 안테나라고 함.
- 슬롯 안테나의 입력 임피던스와 상보(complementary) 관계가 있는 다이폴 안테나의 입력 임피던스의 곱은 Babinet 원리에 의해 $\eta^2/4$로 일정한 값을 가짐.(여기서 η는 자유공간의 고유 임피던스(intrinsic impedance)임.)
- 마이크로스트립 슬롯 안테나, 도파관 슬롯 안테나 등이 있음.

2.B 연습문제

2.1 $\lambda/4$ 길이의 접지 안테나의 방사 저항이 이론적으로 $\lambda/2$ 길이의 다이폴 안테나의 방사 저항의 절반이 되는 것을 설명하시오.

2.2 [그림 2-17]의 역 L형 안테나에서 수직 도선의 길이를 l_1, 수평 도선의 길이를 l_2라고 할 때 실효길이를 구하시오.

2.3 반파장 폴디드 안테나의 구조와 전기적 특성을 설명하시오.

2.4 반파장 폴디드 다이폴 안테나의 실효길이를 구하시오.

2.5 야기 안테나의 원리를 설명하시오.

2.6 권선 수 $N = 3$, 직경 $0.5m$ 인 원형 루프 안테나가 있다. $100MHz$에서 실효고를 구하시오.

2.7 면적이 $0.1\,m^2$인 루프 안테나에서 권선 수가 $N = 50$회 일 때, $500\,kHz$에서 실효고를 구하시오.

2.8 루프 안테나와 다이폴 안테나를 사용하여 전파의 방향 탐지가 가능하도록 구성하고 원리를 설명하시오.

2.9 주파수 $1MHz$에서 반지름이 0.001λ 인 구리 도선을 사용하여 소형 원형 루프 안테나를 만들었다. 소형 원형 루프 안테나의 반지름이 $0.1\lambda/\pi$ 일 때 방사효율을 구하시오.

2.C 상용 안테나 제품 소개

(1) 다이폴 안테나

- 제품 A

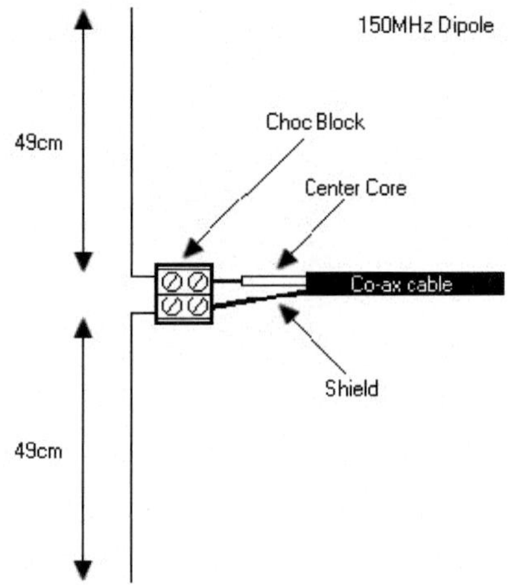

- 제품 B

Tuned Dipole Antenna (65 MHz ~ 180 MHz)
(for site attenuation measurement)

(2) 접지 안테나

- 제품 A

Frequency	VHF 174~230 MHz / UHF 470~862 MHz
Input Impedance	75 Ω
Gain	3 dBi
VSWR	〈2
Beam width	H: 360° , V : 68°
Maximun input power	50 Watts
Polarization	Vertical

- 제품 B

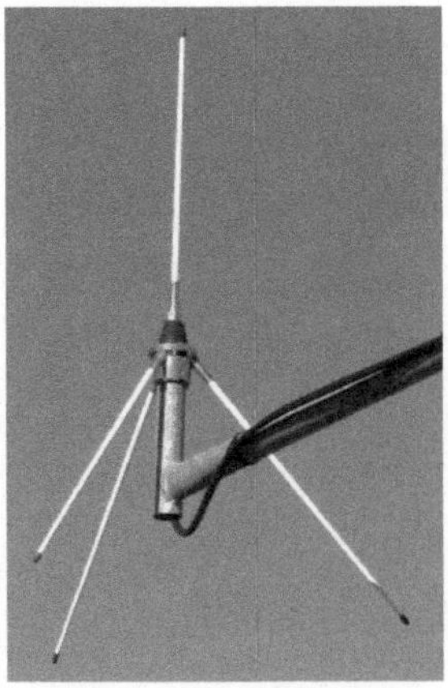

VHF ground plane antenna.
(* 아래 방향으로 놓여 있는 3개의 도선이 접지면을 형성함.)

(3) 폴디드 안테나

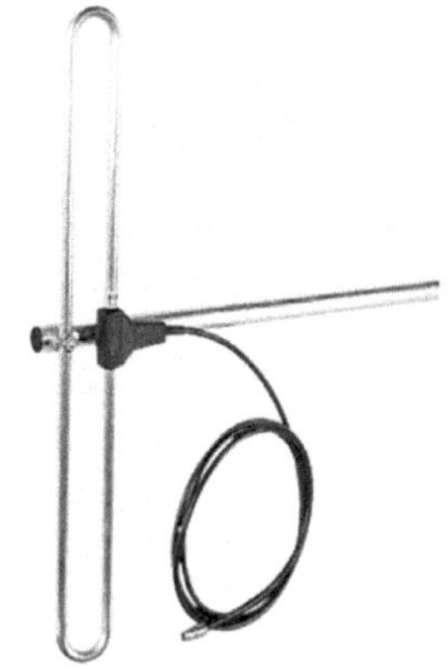

Frequency	68 ~ 700 MHz
Input Impedance	50 Ω
Bandwidth	±10% of centre frequency
VSWR	〈1.5 : 1
Front to back ratio	4 dB
Maximun input power	150 Watts
Polarization	Vertical
Forward Gain	2 dBd
3 dB Beamwidth	E-Plane : 85%
	H-Plane : 200%
Standard connection	3 m length of RG 213 c/w 'N' type socket
Elements	VHF : 19.0 mm dia.×1.6 mm wall aluminium alloy grade 6063T6
	UHF : 12.7 mm dia.×1.6 mm wall aluminium alloy grade 6063T6
Support boom	31. 7mm dia.×2.6 mm wall aluminium alloy grade 6082T6
Fasteners	Stainless steel grade A2-70
Insulator	Epoxy resin encapsulant
Typical weight	VHF : 2.8 kg, UHF : 1.9 kg
Typical length	VHF : 1.33 m, UHF : 1 m

(4) 야기 우다 안테나

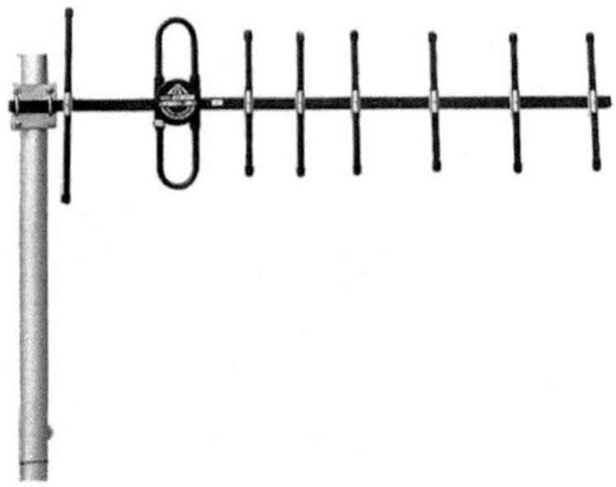

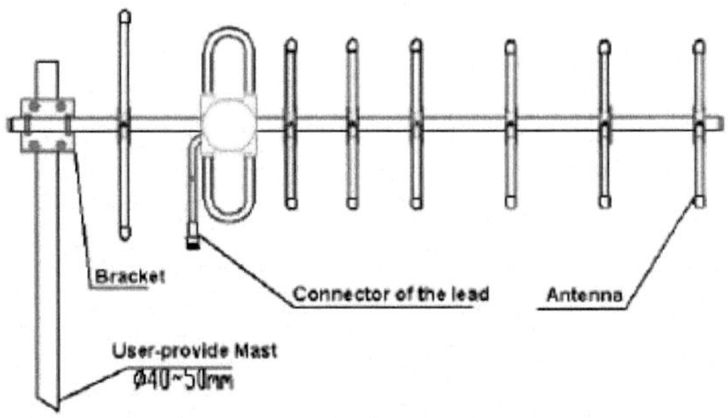

Frequency Range	300 ~ 390 MHz
Bandwidth	16 MHz
Gain	11.2 dBi
Horizontal Beamwidth	44°
Vertical Beamwidth	40°
Front to Back Ratio	≥16 dB
VSWR	≤1.5
Impedance	50 Ω
Polarization Type	Vertical or Horizontal
Maximun Power	100 W
Connector Type	N Female or customized
Length	1.5 m (may vary a little with freq.)
Weight	1 Kg (may vary a little with freq.)
Mast Diameter	ϕ40 ~ ϕ50 mm

(5) 코너 반사판 안테나

- 제품 A

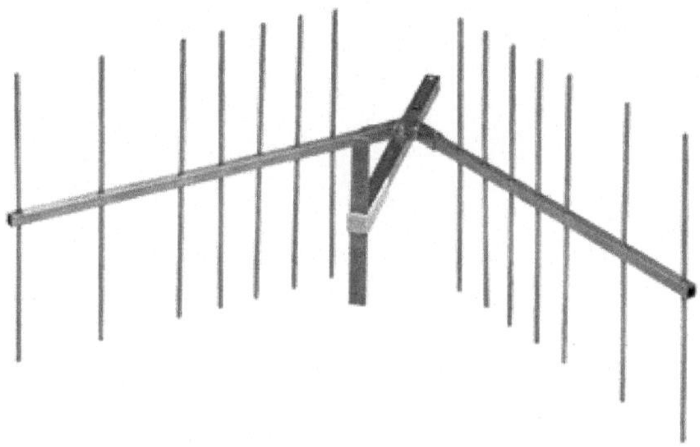

Frequency Range	380 ~ 530 MHz
Gain	9 dBi
VSWR	〈 1.5 : 1
Impedance	50 Ω
Connector	N type
Power	150 W
Dimensions	1140 × 750 × 500 mm
Weight	5 kg

- 제품 B

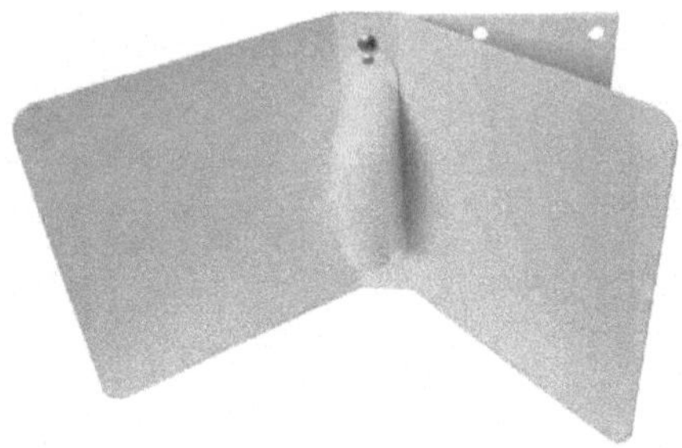

Frequency Range	2300 ~ 2600 MHz
Gain	12 dBi
VSWR	2:1 max over band
Impedance	50 Ω nominal
Operating Temp.	-40° to $+85^oC$
Material	Powder-coated aluminum
	ASA plastic radome
Aperture	178 mm × 266 mm
Panel Size	178 mm × 178 mm
Weight	1 kg
Beamwidth	50° El, 36° Az
Maximum Power	100 Watts
Front to Back Ratio	22 dB or better
Connector	N Jack(Female), attached at rear of antenna

(6) 턴스타일 안테나

- 제품 A

- 제품 B

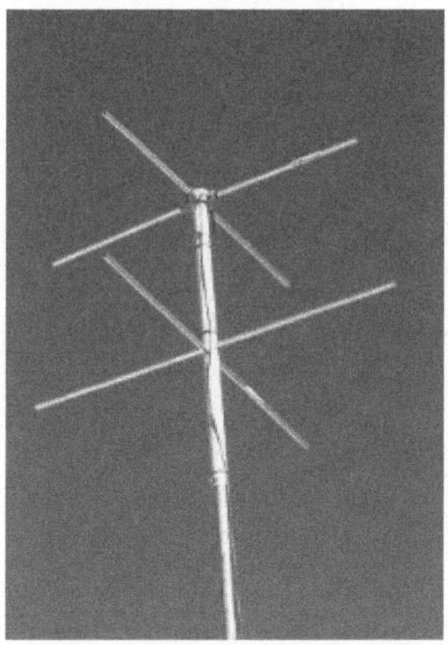

(Frequency : 136 ~ 137 MHz, for LEO weather satellite reception)

(7) 루프 안테나

(emission and immunity test 용)

Frequency Range	10 kHz ~ 30 MHz
Connector	BNC (f)
Maximum Input Power	20 W
Pattern Type	omnidirectional
Polarization	Linear
Height	59.8 cm
Length	3.8 cm
Weight	1.6 kg
Width	12.7 cm

(8) 패치 안테나

- 제품 A

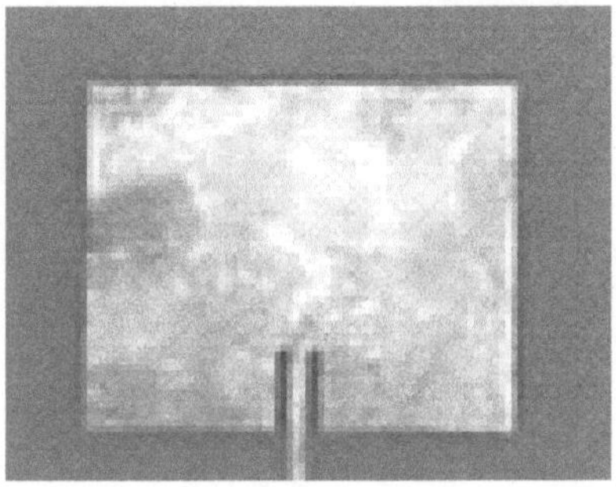

Inset rectangular microstrip patch antenna

- 제품 B

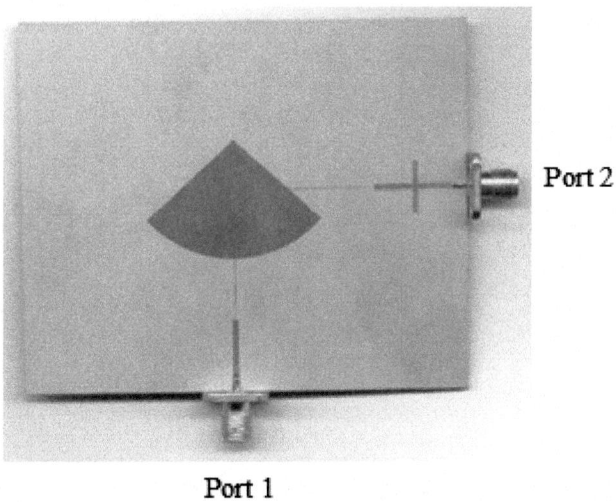

Dual-Frequency circular sector microstrip antenna
(Frequency : 1.87 GHz and 2.45 GHz)

- 제품 C

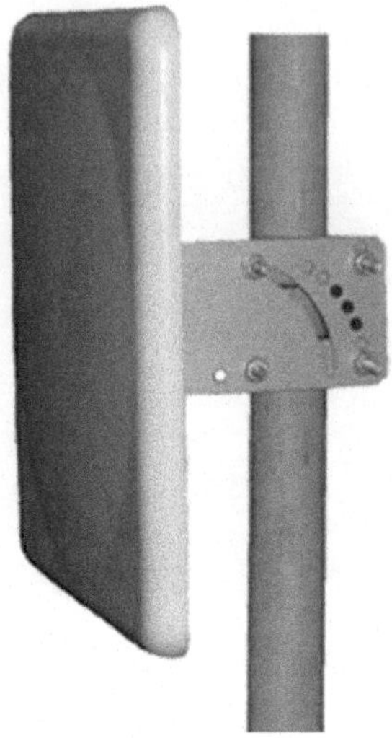

Frequency Range	3300 ~ 3800 MHz
Bandwidth	500 MHz
Gain	18 dBi
Horizontal Beamwidth	17°
Vertical Beamwidth	17°
F/B	≥25 dB
VSWR	〈1.5
Nominal Impedance	50 Ω
Polarization	Horizontal or Vertical
Max Power	100 W
Connector	N Female
Dimension	260×260×45 mm
Weight	1.4 kg

(9) 슬롯 안테나

- 제품 A

CPW 급전 광대역 슬롯 안테나

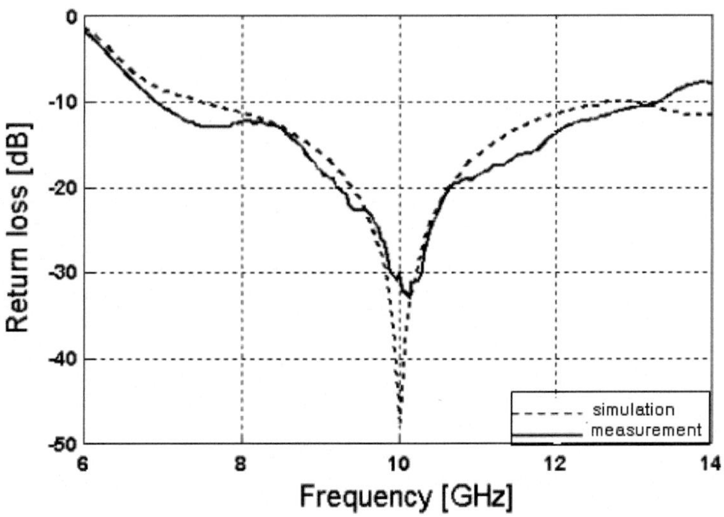

반사손실 특성

- 제품 B

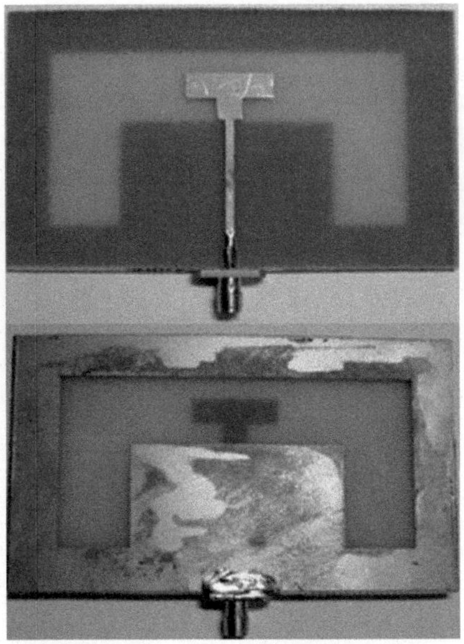

900MHz 대역 슬롯 안테나 모양

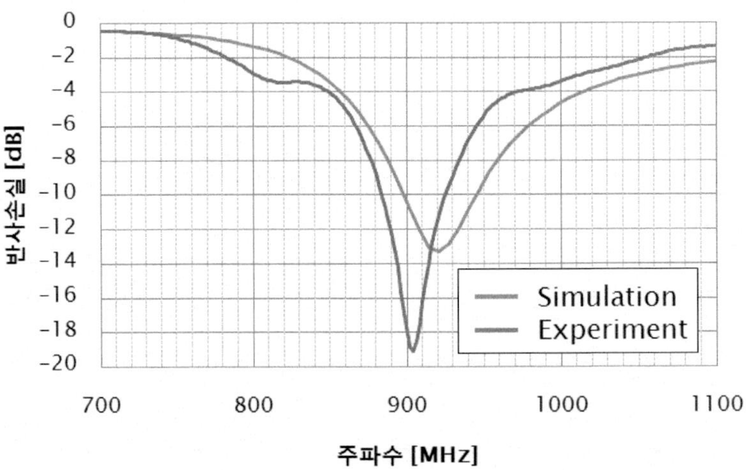

반사손실 특성

Chapter 3

광대역 안테나

3.1 진행파 안테나 (Traveling wave antenna)

[그림 3.1]과 같이 도선에 진행파 전류가 흐르고 있을 때, 도선으로부터 전자기파 방사가 생기게 되며, 이러한 안테나를 진행파 안테나(traveling wave antenna)라고 한다. 도선에 진행파 전류가 흐르게 하기 위해 도선의 끝단에 임피던스 정합이 된 부하가 연결된다. 임피던스 정합된 부하는 도선과 지표면으로 구성된 전송선로의 특성 임피던스로부터 구할 수 있다.

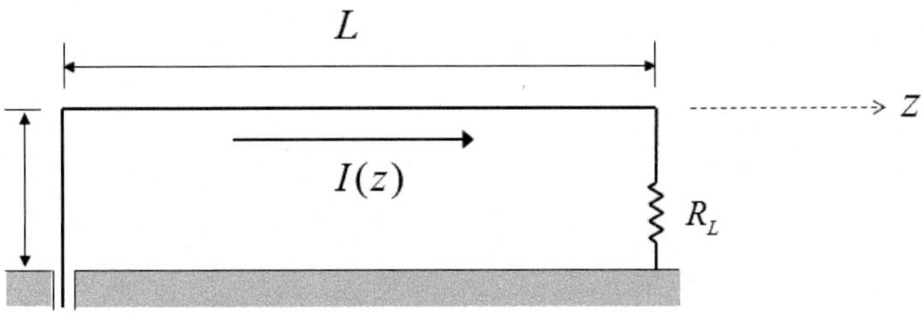

[그림 3-1] 진행파 안테나

길이 L의 도선 상에 흐르는 진행파 전류를

$$I(z) = I_0\, e^{-j\beta z} \tag{3.1}$$

라고 가정하자. [그림 3-2]와 같이 $z = z'$점에 있는 미소 전류 막대 dz'에 흐르는 전류에 의해 점 $P(r, \theta, \phi)$에서의 전계 dE_θ 을 구하면 다음과 같다[5].

$$dE_\theta = j\frac{60\pi I_0\, e^{-j\beta z}}{\lambda r'}\, e^{-j\beta r'}\, \sin\theta\, dz' \tag{3.2}$$

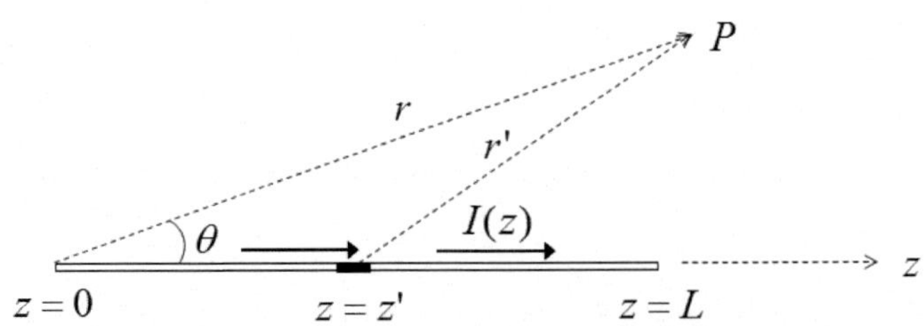

[그림 3-2] 진행파 안테나의 원거리장 필드 계산

점 P가 충분히 멀리 떨어져 있다고 가정하여 식 (3.2)에서 위상 항의 r'값은 $r' \approx r - z'\cos\theta$ 으로 근사하고, 크기 항의 r'값은 $r' \approx r$ 으로 근사하면,

$$dE_\theta = j\frac{60\pi I_0 e^{-j\beta z}}{\lambda r} e^{-j\beta(r - z'\cos\theta)} \sin\theta \, dz' \tag{3.3}$$

이다. 따라서 총 방사 전계는

$$\begin{aligned} E_\theta &= \int_0^L dE_\theta \\ &= j\frac{120\pi I_0 \sin\theta \; e^{-j\beta r}}{\lambda r \beta (1-\cos\theta)} e^{-j\beta L(1-\cos\theta)/2} \sin\left[\frac{\beta L(1-\cos\theta)}{2}\right] \end{aligned} \tag{3.4}$$

이 되며, 지향성 계수를 구하면

$$|D(\theta)| = \left| \frac{\sin\theta \sin\left[\frac{\beta L(1-\cos\theta)}{2}\right]}{1-\cos\theta} \right| \tag{3.5}$$

이 된다. [그림 3-3]에는 길이가 6λ인 진행파 안테나의 방사패턴을 식 (3.4)를 이용하여 구한 결과를 나타내었다.

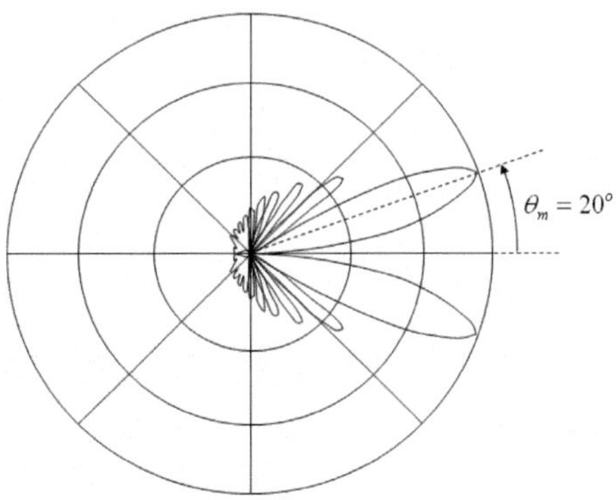

[그림 3-3] 길이 6λ인 진행파 안테나의 방사패턴

[그림 3-3]에서 안테나의 도선 방향과 주 방사 빔(주엽)이 이루는 각도 θ_m을 최대 방사 방향 편각(tilt angle)이라고 한다. 방사패턴은 안테나 도선 방향을 중심축으로 하는 원추형 모양의 형상을 갖고 있다. 안테나 길이에 따라 최대 방사 방향 편각 θ_m이 변하게 된다. [그림 3-4]에 안테나 길이에 따른 θ_m의 변화를 나타내었다[6]. [그림 3-4]에서 진행파 안테나의 길이가 길어질수록 최대 방사 방향 편각 θ_m의 값이 작아지는 것을 볼 수 있다.

전송선로에서 진행파 신호의 임피던스는 전송선의 특성 임피던스와 같은 값을 가지며, 무손실 선로의 경우 특성 임피던스는 실수 값을 갖기 때문에, 진행파 안테나의 입력 임피던스도 실수 값을 갖는다. 이것은 진행파 안테나는 [그림 3-1]과 같이 지표면과 평행한 도선으로 되어 있으므로, 진행파 안테나는 전송선로로 등가화 할 수 있기 때문이다. 전송선로에 진행파만 존재하기 위해서는 [그림 3-1]의 종단 저항 R_L이 선로의 특성 임피던스와 같아야 한다. 그러므로 진행파 안테나는 특정 주파수에 공진이 되는 형태의 안테나가 아니며, 넓은 주파수 대역에 걸쳐 일정한 임피던스를 갖는 광대역 안테나의 특성을 가지게 된다. 일반적으로 진행파 안테나의 길이는 수 파장 정도이며, 방사저항은 대략 200 ~ 300 Ω 사이가 된다.

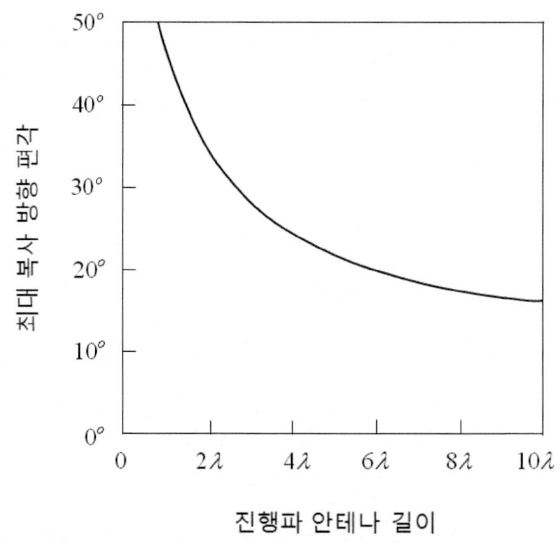

[그림 3-4] 안테나 길이에 따른 최대 방사 방향 편각

3.2 롬빅 안테나 (Rhombic antenna)

진행파형 안테나 4개가 연결되어 마름모꼴 형태를 이루며, 마름모 면이 지표면과 수평으로 되어 있는 안테나를 롬빅(rhombic) 안테나라고 한다. 안테나의 모양 및 방사패턴 모양을 [그림 3-5]에 나타내었다.

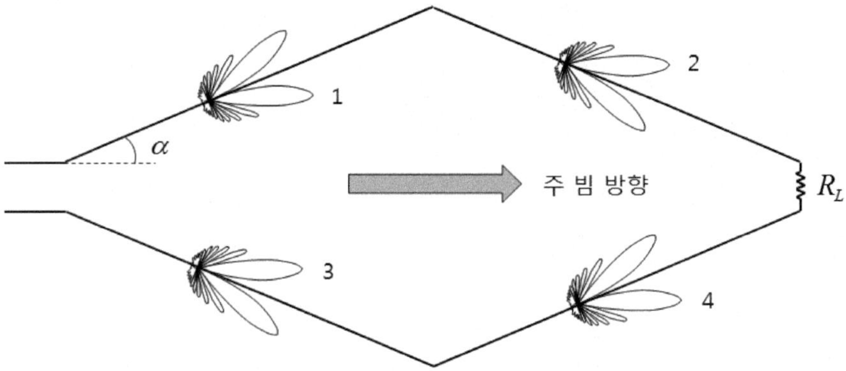

[그림 3-5] 롬빅 안테나

[그림 3-5]의 롬빅 안테나에서 종단의 저항은 선로의 특성 임피던스와 같도록 하여 진행파형 전류가 흐를 수 있도록 한다. 롬빅 안테나에서 안테나의 길이와 마름모 모양의 사각형 내부의 각도 α를 적절히 조정하여 4개의 진행파형 안테나의 최대 방사 방향 편각이 같은 방향으로 합쳐질 수 있도록 한다. 즉, [그림 3-5]에서 빔 1 ~ 빔 4가 모두 주 빔 방향으로 방사 빔을 갖도록 각도 α를 적절히 조정하면 주 빔 방향으로 강한 방사가 생기게 된다.

이러한 롬빅 안테나는 높은 지향성을 가지며, 10~15 dBi 정도의 이득을 갖고, 단파 국제 통신에 널리 사용되고 있다. 입력 임피던스가 넓은 주파수 범위에 걸쳐 거의 일정하므로 임피던스 정합이 용이하며, 광대역 특성을 갖는다. 단점으로는 설치 시 넓은 공간이 필요하다.

3.3 슬리브 안테나 (Sleeve antenna)

다이폴 안테나의 경우 대역폭이 옥타브(octave) 대역폭보다는 작다. 그러나 슬리브(sleeve)를 다이폴이나 모노폴에 추가하면 한 옥타브 이상으로 대역폭을 증가시킬 수 있다. 이 절에서는 도체 슬리브를 결합한 슬리브 안테나에 대해 살펴본다.

[그림 3-6]에 동축 전송선로로 급전되는 슬리브 모노폴 안테나의 모양을 나타내었다. 일반적인 모노폴 안테나와 다른 점은 급전 선로인 동축 선로의 외부 도체가 접지면 위로 일정 길이 올라와 있는 모양이다. 이것을 슬리브(sleeve)라 부르며, 슬리브 끝단에 안테나의 급전점이 위치하게 되어, 이 위치에서의 전류 및 전압에 의해 안테나의 입력 임피던스가 결정된다. 또한 슬리브 내부 및 외부에서의 전류의 흐름은 [그림 3-6]에 제시된 것과 같이 흐르므로, 슬리브의 내부는 급전 동축 전송선로의 외부 도체로 동작하지만, 슬리브의 외부는 방사소자로 동작하게 된다.

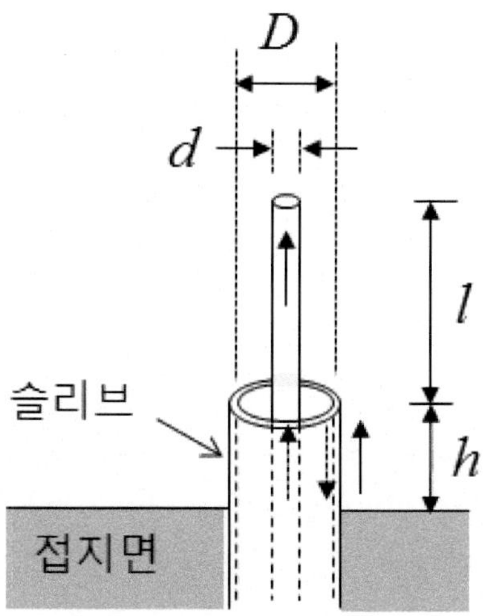

[그림 3-6] 슬리브 모노폴 안테나

실제로 슬리브의 길이 h은 대개 모노폴 높이의 약 1/3 ~ 1/2 정도 되는데, 이 위치에서 모노폴의 길이($l+h$)가 $\lambda/4$ 및 $\lambda/2$ 길이가 되는 주파수로 안테나를 여기 했을 때, 모노폴 슬리브의 전류 크기를 조사해 보면, [그림 3-7]과 같다.

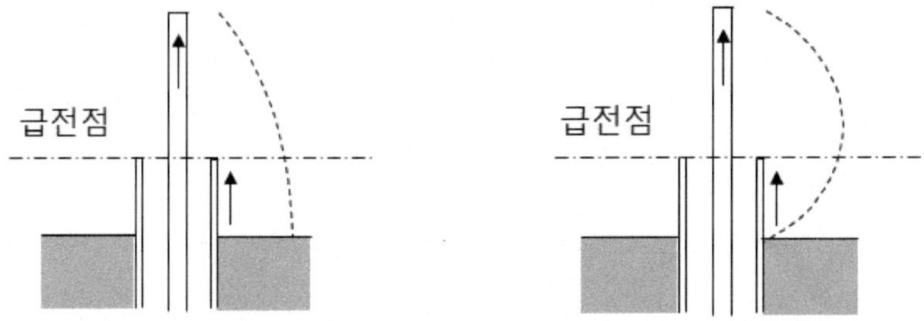

(a) 모노폴 길이가 $\lambda/4$ 되는 주파수로 여기

(b) 모노폴 길이가 $\lambda/2$ 되는 주파수로 여기

[그림 3-7] 슬리브 모노폴 안테나의 전류분포

동축선로 내부 도체와 슬리브 외부 도체에 흐르는 전류의 크기를 [그림 3-7]에 점선으로 나타내었다. 슬리브 안테나의 입력 임피던스는 슬리브 끝단 위치(급전점)에서의 전압과 전류의 값으로 결정이 된다. [그림 3-7] (a), (b)에서 급전점에서의 전류 값이 유사한 것을 볼 수 있다. 즉, 슬리브 모노폴 안테나 길이($l+h$)가 $\lambda/4$ ~ $\lambda/2$ 정도의 범위에서 변해도 전류의 변화가 작은 것을 알 수 있고, 따라서 입력 임피던스 값이 최소 한 옥타브(octave) 이상 매우 유사한 값을 갖는다는 것을 알 수 있다. 실험적으로 조사한 슬리브 모노폴 안테나의 최적 방사패턴 설계 규격을 [표 3-1]에 제시하였다[15]

[표 3-1] 슬리브 모노폴 안테나의 최적 방사패턴 설계 규격

항목	내용
대역폭	4 : 1
$l+h$	대역의 가장 낮은 주파수에서 $\lambda/4$
h/l	2.25
D/d	3.0
VSWR	8:1 이하

3.4 헬리컬 안테나 (Helical antenna)

모노폴 안테나에서 직선 도선을 나선 형태로 감아서 만든 안테나를 헬리컬(helical) 안테나라 한다. [그림 3-8]에 헬리컬 안테나의 모양 및 헬리컬의 한 개의 권선을 펼친 모양을 나타내었다.

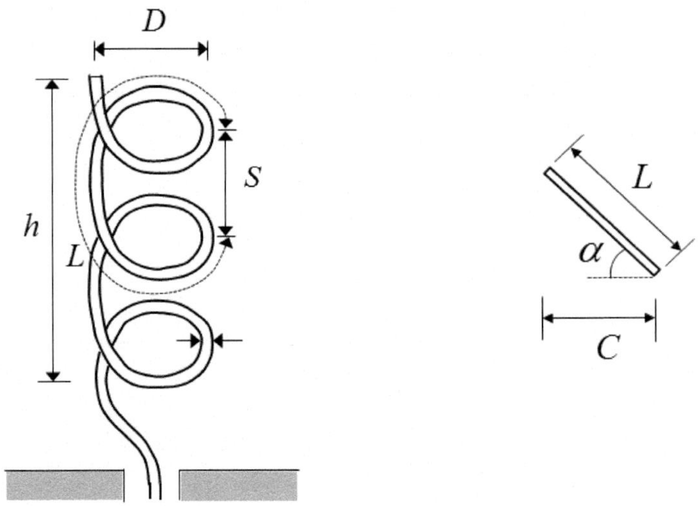

(a) 헬리컬 안테나 (b) 헬리컬 한 개의 권선을 펼친 모양

[그림 3-8] 헬리컬 안테나 구조

[그림 3-8]에 표시된 기호에 대한 설명은 [표 3-2]에 정리하여 나타내었다. $S=0\,(\alpha=0^o)$이면 헬리컬 안테나는 루프 안테나 모양이 되며, $D=0\,(\alpha=90^o)$이면 헬리컬 안테나는 선형 모노폴 안테나 모양이 된다.

헬리컬 안테나는 안테나의 크기에 따라 정상모드(normal mode, 수직 모드라고도 함)와 축 모드(axial mode)의 두 가지 모드 중 하나로 동작한다.

[표 3-2] 헬리컬 안테나 구조의 파라미터들

항목	내용
D	나선의 지름
C	나선의 원주의 길이 (πD)
α	피치각
S	권선 간격, 피치 ($C\tan\alpha$)
L	한 권선의 길이 ($\sqrt{C^2+S^2}$)
N	권선 수
d	도선의 지름
h	축의 길이, 높이 (NS)

3.4.1 정상 모드 (normal mode) 헬리컬 안테나

정상모드 헬리컬 안테나는 나선의 지름 D가 파장에 비해 매우 작은 경우이다. 즉, $D \ll \lambda$인 경우로서 대체적으로 한 권선의 길이 역시 파장에 비해 매우 작다. 이런 경우에는 헬리컬 안테나의 방사 필드는 헬리컬 축의 법선 방향으로 최대 방사가 일어나며, 안테나의 편파는 대체적으로 선형 편파가 된다. 또한 안테나의 크기가 파장에 비해 매우 작은 소형 안테나이므로 안테나의 효율 역시 매우 낮다. [그림 3-9]에 정상모드 헬리컬 안테나의 개략적인 모양과 방사 패턴을 나타내었다. [그림 3-9]는 $D=40\,mm$, $S=5\,mm$, $N=10$, $d=2\,mm$ 이며, 접지면의 크기는 $60\times 60\,mm^2$ 일 때 $f=300\,MHz$ 주파수에서 NEC-Win Pro를 사용하여 시뮬레이션한 방사 패턴이다. [그림 3-9]의 방사패턴에서도 알 수 있듯이 다이폴 안테나와 유사한 방사패턴을 갖는 것을 알 수 있다.

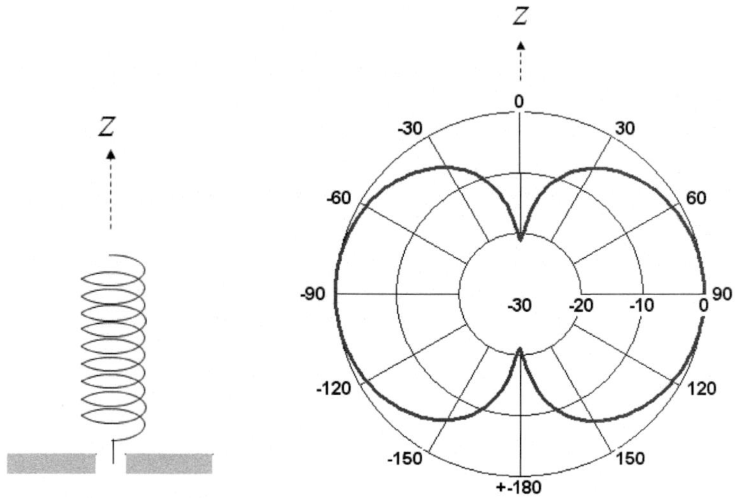

(a) 정상모드 헬리컬 안테나 기하구조 (b) 방사 패턴

[그림 3-9] 정상모드 헬리컬 안테나와 방사패턴

특히 헬리컬 도선의 총 길이가 파장의 1/4 정도되는 헬리컬 안테나가 휴대용 개인 소형 송수신기에 많이 사용되고 있으며, 이것은 마치 모노폴 안테나와 유사한 동작을 한다.

이렇게 전체 길이가 파장에 비해 매우 작은 경우도 있지만, 헬리컬 원주의 길이가 2λ 또는 3λ이고, 피치가 대략 $\lambda/2$ 정도 되는 경우에도 반파장과 같은 지향성을 갖는 정상모드 헬리컬 안테나를 구현할 수 있다. [그림 3-10]에 사이드화이어 헬리컬 안테나의 모양을 제시하였다. 이것은 금속 도체의 가운데를 중심으로 상하 서로 역방향으로 도선을 5~6회 정도 감은 모양이다. 안테나에 흐르는 전류는 진행파 전류로서 급전점을 중심으로 양쪽 대칭점에서 발생하는 전류의 수직방향 성분은 상쇄되고, 수평 성분만 남게된다. 따라서 이 안테나는 수평 편파용 안테나이며, 수직 방향으로 수평 성분의 전류가 배열되어 있는 형태가 되어 수직면 지향성이 매우 좁고 예리하며, 수평면으로는 무지향성의 패턴을 갖는 것을 알 수 있다. 이것은 FM 방송이나 UHF TV 방송 송신용으로 사용되고 있다.

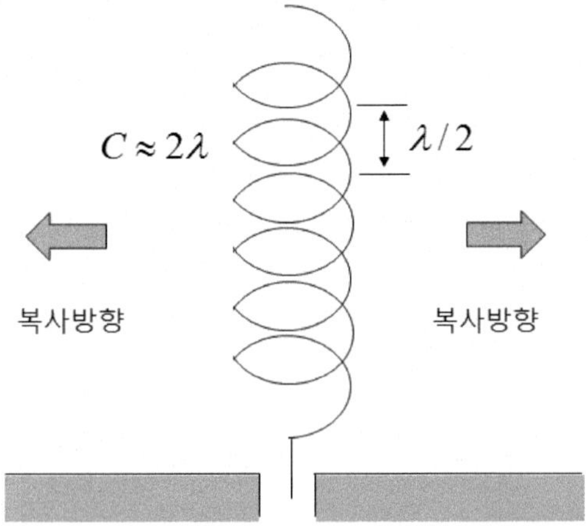

[그림 3-10] 사이드화이어 헬리컬 안테나

3.4.2 축모드 (axial mode) 헬리컬 안테나

축모드 헬리컬 안테나는 나선의 원주의 길이 C가 한 파장 정도일 때 발생한다. 즉,

$$\frac{3}{4}\lambda \leq C \leq \frac{4}{3}\lambda \tag{3.6}$$

일 때 축모드가 발생한다. 이 때 방사는 축 방향으로 일어나며, 축 방향 근처에서 원형 편파에 가깝다. 원형 편파의 회전 방향은 권선이 감긴 방향과 동일하다. 나선의 권선 수가 증가할수록 이득이 증가하여 주 빔의 폭이 좁아진다. 권선 수가 2~3 일 때 축모드 헬리컬 안테나의 대역폭은 대략

$$\frac{f_U}{f_L} = 1.78 \tag{3.7}$$

으로 주어진다[6]. 여기서 f_U는 동작주파수 대역의 최대 주파수이며, f_L은 최소 주파수이다.

축모드 헬리컬 안테나의 동작을 간단히 설명하면, 원주가 한 파장에 가깝기 때문에 한 권선의 대칭되는 점에서 전류는 180o 위상차를 보이게 되고, 이것은 반 바퀴 회전에 의해 전류의

방향이 반전되는 것을 막아주므로, 대칭점에서 일어나는 방사는 거의 동위상이 된다. 또한 권선 수 만큼 이러한 한 파장 루프 안테나가 축 방향으로 배열되어 있는 구조로서 원거리 장에서 축 방향으로 방사가 강화되면서 축 방향으로 주 빔이 나타나는 안테나가 된다. [그림 3-11]에 축모드 헬리컬 안테나의 모양 및 방사패턴을 나타내었다. [그림 3-11]은 $C \approx 1000\,mm$, $N = 3$, $S = 230\,mm$, $d = 2\,mm$ 인 경우에 대해 NEC-Win Pro를 사용하여 시뮬레이션한 방사패턴이다. 주 빔이 축 방향인 z축 방향으로 형성되는 것을 볼 수 있다.

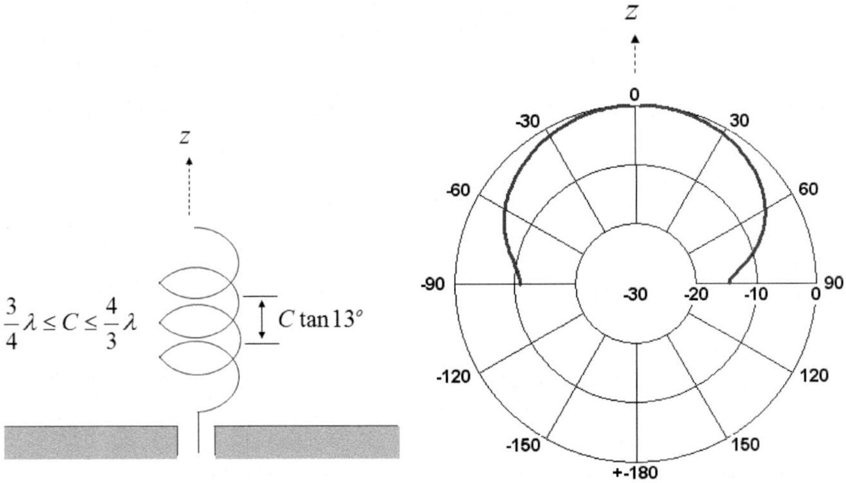

(a) 축모드 헬리컬 안테나 기하구조 (b) 방사 패턴

[그림 3-11] 축모드 헬리컬 안테나와 방사패턴

이러한 축모드 헬리컬 안테나는 약 15 dB 정도의 이득과 원형편파가 요구될 때 많이 사용된다. 축모드 헬리컬 안테나의 전기적인 성능은 헬리컬 구조의 기하학적 파라미터 값에 따라 영향을 받는다. 참고문헌[16]에 축모드 헬리컬 안테나 설계에 매우 유용하게 사용할 수 있는 데이터를 제시하고 있는데, 이것을 소개하면 다음과 같다.

- 헬리컬 안테나의 기하학적 구조
  - 원주의 길이 : $\frac{3}{4} \le \frac{C}{\lambda} \le \frac{4}{3}$
  - 피치각 : $12^o < \alpha < 15^o$
  - 권선 수 : $N > 3$

- 축모드 헬리컬 안테나의 특성

  - 반전력 빔폭 : $$HPBW = \frac{65^o}{\frac{C}{\lambda}\sqrt{N\frac{S}{\lambda}}} \quad (3.8)$$

  - 안테나 이득 : $$G = 6.2\left(\frac{C}{\lambda}\right)^2 N\frac{S}{\lambda} \quad (3.9)$$

  - 편파 축비 : $$|AR| = \frac{2N+1}{2N} \quad (3.10)$$

  - 입력 저항 : $$R_{ant} = 140\frac{C}{\lambda}\ [\Omega] \quad (3.11)$$

안테나의 이득을 살펴보면 권선 수 N의 증가에 선형적으로 이득이 증가하며, 주파수에 대해서는 f^3에 비례하는 것을 볼 수 있다. 편파 축비 또한 권선수가 증가하면 좋아지는 것을 볼 수 있고, 편파의 방향성은 나선의 감는 방향에 의해 결정된다. 안테나의 입력 임피던스는 적절히 설계된 헬리컬 안테나의 경우 거의 진행파의 동작을 하기 때문에 실수 값을 갖게 된다. 그러나 급전 방법에 따라 임피던스의 값이 변하므로 단지 근사값으로 참고하기 바란다.

만약 헬리컬 안테나가 순수한 진행파만이 존재하면, 접지면의 영향은 무시할 수 있으나, 헬리컬 안테나 종단에서 반사파가 존재하면 접지면의 기하학적 구조가 중요해진다. 헬리컬 안테나에서 접지면의 지름의 크기가 대략 $3\lambda/4$ 이상 되어야 안테나의 특성에 미치는 영향을 최소화 할 수 있는 것으로 보고되고 있다. 나선 도체의 지름 d는 통상 $0.005\,\lambda \sim 0.05\,\lambda$사이로 견고하고 자체 지지 가능한 구조로 선택된다.

3.5 쌍원추 안테나 (Biconical antenna)

다이폴 안테나에서 도체 막대를 원추형 구조로 하면 대역폭이 증가한다. [그림 3-12]에 쌍원추 안테나(biconical antenna)의 모양을 나타내었다. 다이폴 안테나의 두 도체 막대가 각각 원뿔 모양의 도체로 대치되고, 급전점에서 유한한 간격을 두고 원뿔의 꼭지점이 급전 선로에 연결되어 있다.

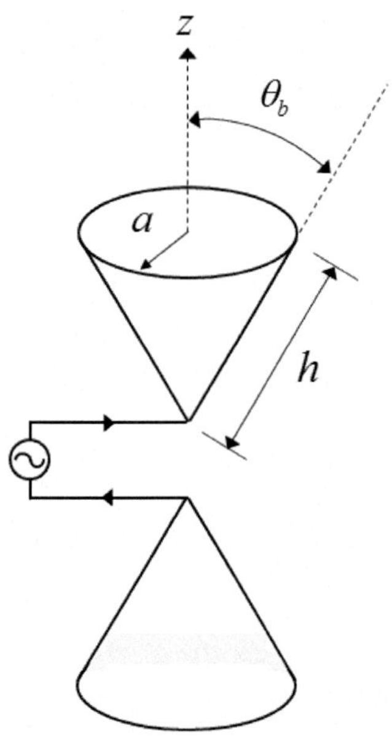

[그림 3-12] 쌍원추 안테나 구조

만약 원뿔 모양의 원추의 길이가 무한하면 전송선로와 같이 특성을 해석할 수 있다. [그림 3-13]에 무한 길이의 쌍원추 안테나의 모양을 나타내었다. 원뿔 모양의 원추를 따라 진행하는 전류에 의해 [그림 3-13]과 같이 회전하는 자계 H_ϕ가 발생하며, 두 원뿔 원추에 인가된 전압에 의해 θ방향의 전계 E_θ 발생한다. 즉, 전계와 자계는 서로 직각이며, 포인팅 벡터를 계산해 보면 전계 및 자계가 r방향으로 전파해나가는 것을 알 수 있다.

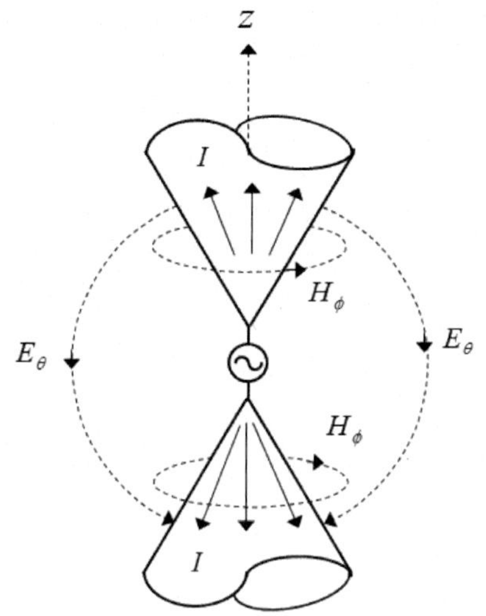

[그림 3-13] 무한 길이의 쌍원추 안테나 구조

따라서 무한 길이의 쌍원추는 두 도체 사이에 전계 및 자계가 $E_\theta = \eta H_\phi$의 성질을 만족하며, TEM 모드가 되어 마치 전송선로처럼 볼 수 있다. 이러한 원추형 구조의 전송선로의 특성 임피던스는

$$Z_0 = 120 \ln\left(\cot \frac{\theta_b}{2}\right) \ [\Omega] \tag{3.12}$$

으로 주어지므로[12], 무한 길이의 쌍원추 안테나의 입력 임피던스 Z_{ant}도 특성 임피던스와 같은 값을 갖는다. 즉, $Z_{ant} = Z_0$으로 안테나의 입력 임피던스가 순수한 실수 값만을 갖게 된다. 이것은 원추의 길이가 무한하므로 진행파만 존재하기 때문이다. 식 (3.12)에서 $\theta_b = 1^o$이면 $Z_{ant} = 568\ [\Omega]$이며, $\theta_b = 50^o$이면 $Z_{ant} = 91\ [\Omega]$이다.

그러나 [그림 3-12]에서 보듯이 실제로는 원뿔 모양의 원추의 길이가 유한하기 때문에 원뿔의 종단에서 생기는 반사파에 의해 정재파가 생기게 되고 이것으로 인해 안테나의 입력 임피던스에 리액턴스 성분이 생기게 된다. [그림 3-12]에서 θ_b를 증가시키면 더 넓은 대역폭에서 입력 임피던스의 리액턴스를 최소로 유지하면서 입력 임피던스의 실수 값의 변화도 덜 민감하게 된다.

이것을 조사하기 위해 NEC-Win Pro 프로그램을 사용하여 [그림 3-14]와 같은 원뿔형 모노폴 구조에 대해 시뮬레이션 하였다. 원뿔형 모노폴 안테나는 쌍원추 안테나에서 한 쪽 원뿔을 전방향으로 펼쳐서 완전 접지 평면 형태로 둔 구조이다. 이렇게 하면 쌍원추 안테나보다 임피던스가 절반이 된다. 이것은 다이폴과 모노폴의 입력 임피던스 비교에서도 나타내는 사실이다.

[그림 3-15]에 $L = 250mm,\ \theta_b \approx 5^o$ 인 원뿔형 모노폴 안테나의 입력 임피던스 변화를 시뮬레이션하여 나타내었다. $L = 250\ mm$ 는 $f = 300\ MHz$ 주파수에서 $\lambda/4$ 가 되는 길이이다.

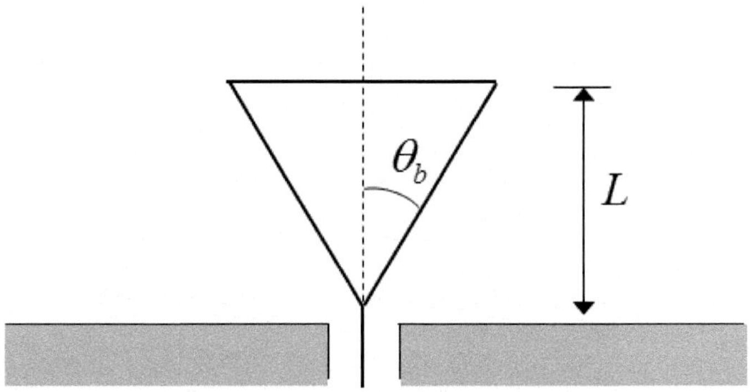

[그림 3-14] 원뿔형 모노폴의 구조

[그림 3-16]에는 $L = 250\ mm,\ \theta_b \approx 10^o$ 인 원뿔형 모노폴 안테나의 입력 임피던스 변화를 시뮬레이션하여 나타내었다. [그림 3-15]와 [그림 3-16]을 비교해보면 θ_b 의 값이 증가할수록 주파수 변화에 따른 임피던스 변화가 적다는 것을 알 수 있다.

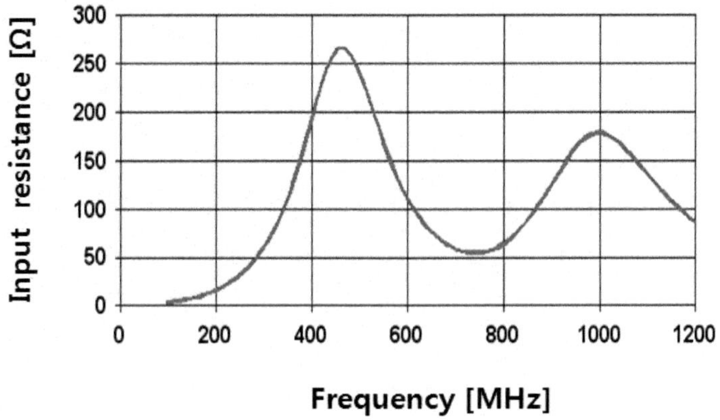

(a) 입력 저항

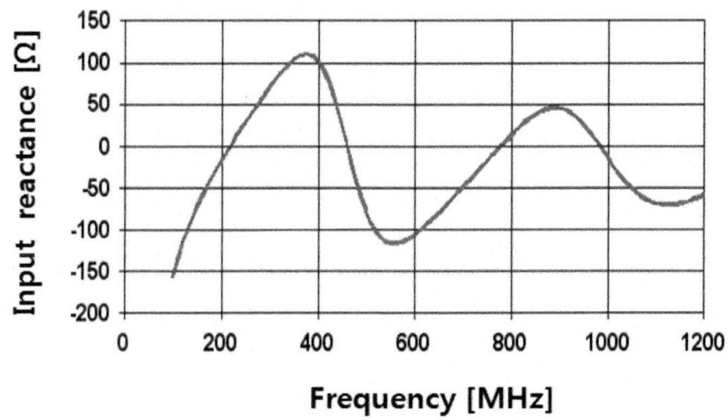

(b) 입력 리액턴스

[그림 3-15] 원뿔형 모노폴의 측정한 입력 임피던스 $(L = 250\,mm, \theta_b \approx 5^o)$

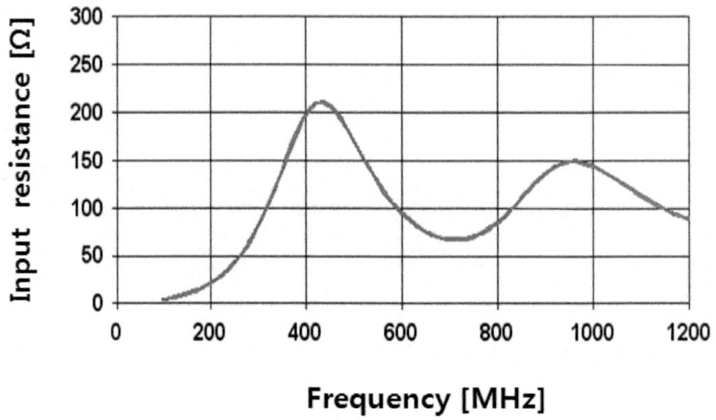

(a) 입력 저항

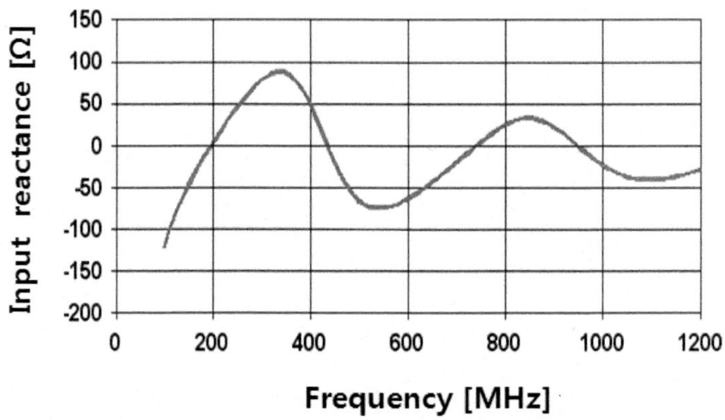

(b) 입력 리액턴스

[그림 3-16] 원뿔형 모노폴의 측정한 입력 임피던스 $(L = 250\ mm, \theta_b \approx 10^o)$

3.6 디스콘 안테나 (Discon antenna)

유한 쌍원추 안테나에서 한 원뿔이 디스크(disk) 모양의 접지면으로 대치된 안테나를 디스크콘(disk-cone) 또는 디스콘(discon) 안테나라 한다. 안테나의 모양을 [그림 3-17]에 나타내었다. 동축 전송선로의 외부도체가 원뿔에 연결되고, 내부도체는 디스크 접지면에 연결이 된다.

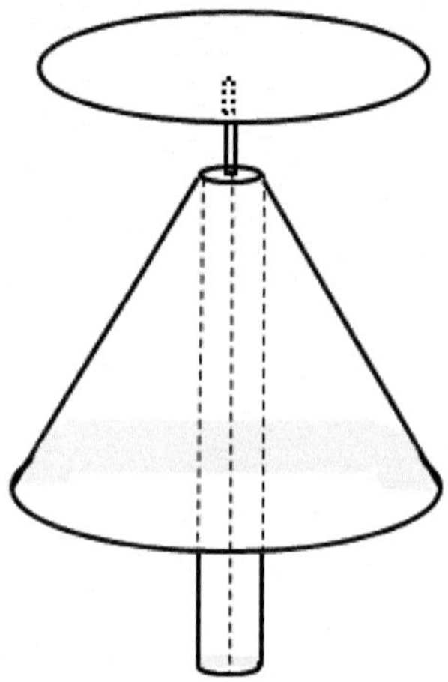

[그림 3-17] 디스콘 안테나

이것은 수직 다이폴과 같이 수직 편파를 갖고 있으며, 수평면으로는 무지향성 패턴을 나타낸다. 또한 디스콘 안테나는 수 옥타브 대역의 넓은 주파수 범위에서 임피던스 특성 변화가 적어 광대역 특성을 갖는다[17]. 따라서 방송용으로 많이 사용되고 있다.

디스콘 안테나의 설계 파라미터를 [그림 3-18]에 나타내었다. 안테나의 중심주파수에서 디스콘 안테나의 전형적인 크기는 다음과 같다[18].

$$H = 0.7\lambda, \quad B = 0.6\lambda, \quad D = 0.4\lambda, \quad \theta_d = 25^o, \quad \delta \ll D$$

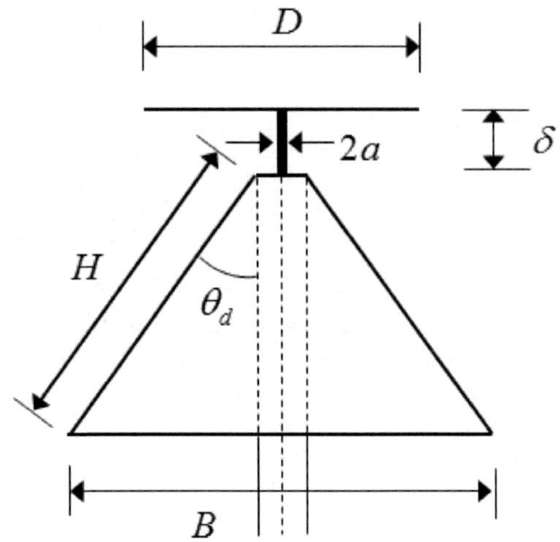

[그림 3-18] 디스콘 안테나 설계 파라미터

[그림 3-19]에 전형적인 크기의 디스콘 NEC-Win Pro 시뮬레이션 모델을 나타내었다. NEC-Win Pro는 도체 면을 도선(wire)로 근사하여 안테나의 특성을 조사하는 프로그램이다. 중심주파수가 $1\,GHz$ 일 때 $H=0.71\lambda=213\,mm$, $B=0.64\lambda=193\,mm$, $\theta_d \approx 25^o$인 경우에 대해 NEC-Win Pro 시뮬레이션을 통해 조사한 E-면 방사 패턴을 [그림 3-20]에 나타내었다.

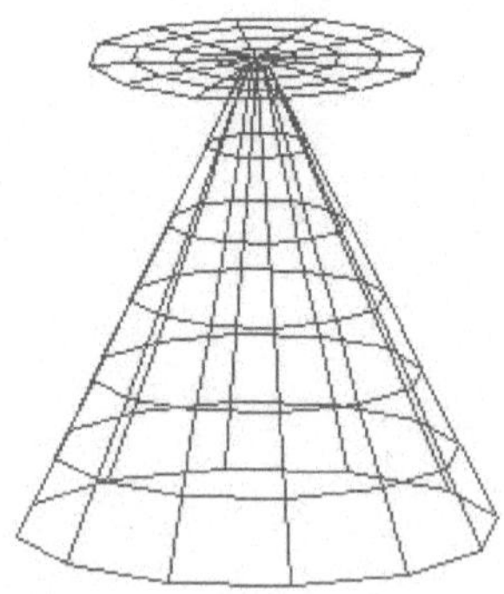

[그림 3-19] 디스콘 안테나의 NEC-Win Pro 시뮬레이션 모델

2:1 대역폭에 걸쳐 방사패턴을 조사한 것으로 저주파수에서는 구조가 파장에 비해 작으므로 소형 다이폴과 비슷한 방사패턴을 나타내고 있으나, 주파수가 증가함에 따라 접지면의 전기적인 크기가 커져서, 수직 방향의 방사 패턴이 아래쪽으로 기울어져 마치 우산 모양으로 형성이 된다. 주파수가 더욱 더 증가하면 안테나의 동작은 무한 구조의 안테나와 비슷한 특성을 갖는다.

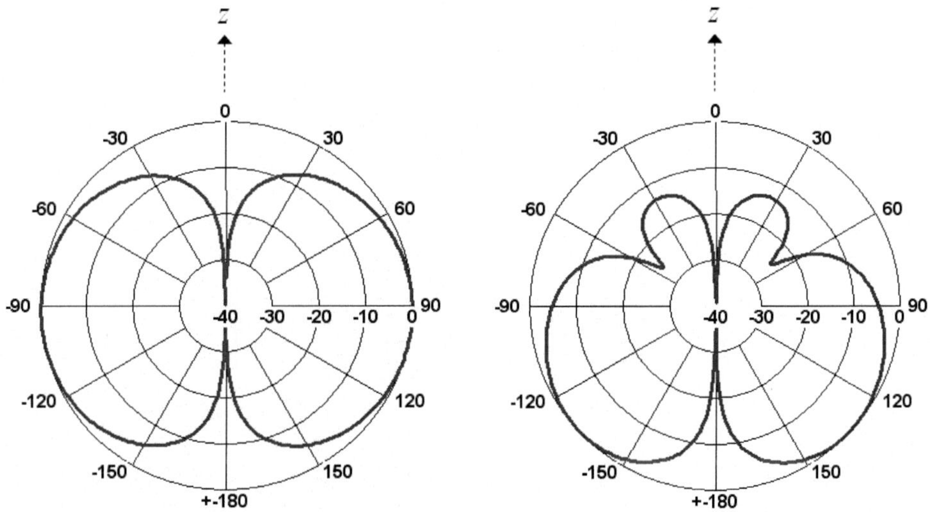

(a) 500 MHz (b) 1000 MHz

[그림 3-20] 디스콘 안테나의 E-면 방사패턴

3.7 주파수 독립 안테나 (Frequency independent antenna)

약 10:1 혹은 그 이상의 대역폭을 갖는 안테나를 주파수 독립 안테나(frequency-independent antenna)라고 한다. 이런 정도의 대역폭을 갖는 안테나는 안테나의 모양이 길이 보다는 각에 대한 의존도가 높은 형상을 취한다.

또한 자기 상보(self-complementary) 구조를 갖는 안테나도 주파수 독립 안테나의 특성을 갖는다. 어떤 안테나의 상보 안테나란 안테나가 놓인 평면상에서 금속 도체가 있는 부분과 공기(air)가 있는 부분이 서로 뒤바뀐 안테나를 말한다. [그림 3-21]에 평판형 다이폴와 그것의 상보 안테나인 슬롯 안테나를 나타내었다.

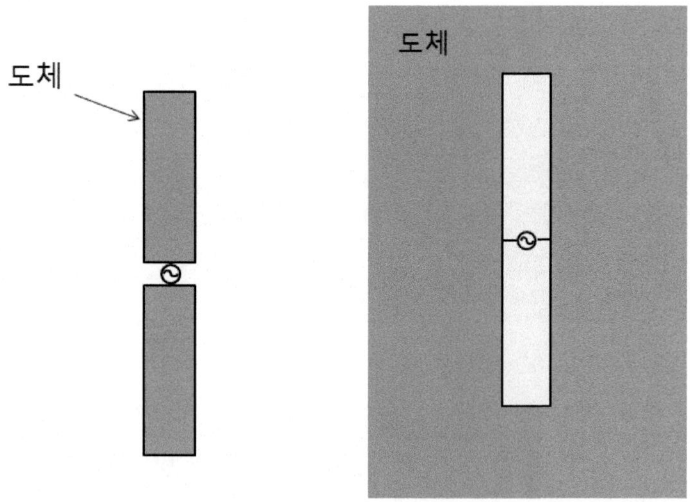

(a) 평판 다이폴 안테나 (b) 평판 다이폴 안테나의 상보 안테나

[그림 3-21] 평판 다이폴 안테나와 상보 안테나

바비넷(Babinet) 원리에 의하면[19] 서로 상보 관계가 있는 두 안테나의 입력 임피던스의 곱은 일정하면서,

$$Z_{ant} \times Z_{ant\_comple} = \frac{\eta^2}{4} \quad (3.13)$$

의 값을 갖게 된다. 여기서 Z_{ant} 와 Z_{ant_comple} 는 서로 상보 관계가 있는 두 안테나의 입력 임피던스이다. 만약 어떤 안테나가 그의 상보 안테나와 모양이 일치한다면 자기 상보 구조(self-complementary)를 갖는 안테나라고 한다. 즉, 자기 상보 구조는 회전 또는 전이(轉移)통해 자신의 상보에 정확히 겹치게 할 수 있다. 이 때 임피던스 값은

$$Z_{ant} = Z_{ant\_comple} = \frac{\eta}{2} = 188.5\,[\Omega] \tag{3.14}$$

이 된다[19]. 자기 상보 구조를 갖는 안테나는 주파수 독립 안테나로 동작하게 된다.

한편 다이폴 안테나에서 도선의 굵기가 굵을수록 주파수에 따른 임피던스 변화가 작아져서 광대역이 되는 현상을 볼 수 있었다. 이와 같이 일반적으로 안테나를 만드는 금속의 두께가 두꺼워질수록 대역폭이 넓어지는 특성이 있다.

그리고 주파수 독립 안테나의 또 다른 두드러진 특징은 자기 비례 축소(self-scaling) 동작이 있다는 것이다. 주파수 독립 안테나의 대부분의 방사는 동작영역이라고 하는 부분에서 발생하는데, 동작영역은 휘어진 구조의 안테나에서 원주가 한파장 되는 부분이거나 직도선이나 가장자리에서 반파장 길이 성분을 갖는 안테나 부분을 말한다. 동작영역을 넘어서는 영역에서는 전류가 작아진다. 따라서 안테나는 무한대로 확장된 안테나와 동일한 효과를 나타내게 된다. 물론 동작영역의 물리적인 위치는 주파수에 따라 안테나를 따라 이동한다. 즉, 주파수가 낮아지면 동작영역은 중심에서 먼 위치로 이동하지만 안테나의 전기적인 성능은 변하지 않고 그대로이므로 자기 비례 축소가 발생하고, 주파수 독립 성능을 가지게 된다.

이상과 같이 주파수 독립 안테나는 여러 가지 특징을 갖고 있다. 정리하면, 길이보다 각을 강조하는 구조, 자기 상보적 구조, 두꺼운 금속을 사용, 자기 비례 축소 동작의 특징을 보여주고 있다. 이러한 특징을 갖는 주파수 독립 안테나의 예를 다음 절에서 살펴보고자 한다.

(예제 3-1) 상보 구조 안테나

매우 가느다란 도선으로 만들어진 반파장 다이폴의 입력 임피던스는 $73+j42.5\,[\Omega]$ 이다. 반파장 다이폴과 상보 관계가 있는 반파장 슬롯 안테나의 입력 임피던스를 구하시오.

(풀이)

식 (3.13)에 의해 반파장 슬롯 임피던스 Z_s 는 다음과 같다.

$$Z_s = \frac{\eta^2}{4Z_d} = \frac{(120\pi)^2}{4(73+j42.5)} = 363 - j211\,[\Omega]$$

(예제 3-2) 상보 구조 안테나

선형 다이폴 안테나에서 도선의 직경 D와 길이 L의 비가 $L/D = 100$인 다이폴 안테나가 길이 $L = 0.475\lambda$에서 공진이 되고, 이 때 안테나의 입력 임피던스가 $Z = 65\,\Omega$ 이 되었다. 이 안테나와 상보 관계에 있는 평판형 슬롯 안테나의 길이 L, 폭 W, 입력 임피던스 Z_s 을 구하시오.

(풀이)

식 (3.13)에 의해 상보 관계에 있는 슬롯 안테나의 입력 임피던스는

$$Z_s = \frac{\eta^2}{4Z_d} = \frac{(120\pi)^2}{4\times 67} = 530 + j0\,[\Omega]$$

이 되며, 상보 관계에 있는 슬롯의 길이는 다이폴의 길이 $L = 0.475\lambda$ 과 같다. 그리고 평판 스트립의 폭은 원통형 도선의 직경의 2배와 등가이므로, 이것을 사용하면, 상보 관계에 있는 슬롯 안테나의 폭 W은 다이폴 도선의 직경 D의 2배가 되어, 다음과 같이 된다.

$$W = 2D = \frac{2L}{100} = \frac{2\times 0.475\lambda}{100} \approx 0.01\lambda$$

3.7.1 등각 나선형 안테나(equiangular spiral antenna)

등각 나선형 곡선의 일반식은

$$r = r_0 \, e^{a\phi} \tag{3.15}$$

으로 표현되며, 그림으로 표시하면 [그림 3-22]과 같다.

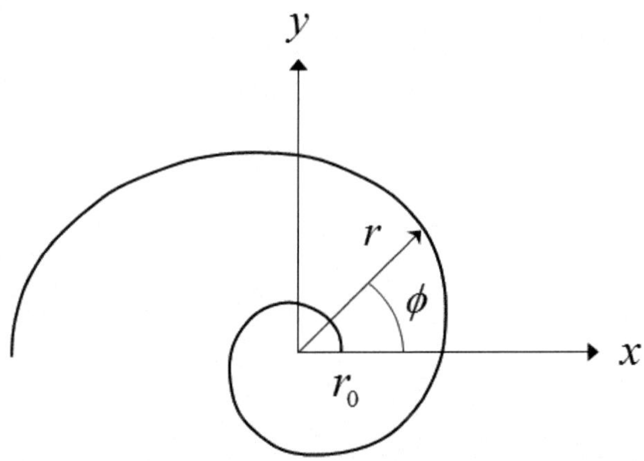

[그림 3-22] 등각 나선형 곡선의 일반적인 모양

여기서 r_0는 $\phi = 0$일 때의 반지름이고, a는 나선형의 확장 비율을 조절하는 상수이다. [그림 3-22]의 등각 나선형 곡선을 이용하여 [그림 3-23]와 같은 평면 등각 나선형 안테나(planar equiangular spiral antenna)를 만들 수 있다. [그림 3-23]의 평면 등각 나선형 안테나는 두 개의 나선형 평판 도체로 구성이 되어 있는데, 나선형 도체의 중심 부분에서 급전이 되고 있으며, 두 개의 나선형 도체 중 한 쪽 도체의 외형의 궤적은 등각 나선형 곡선 $r_1 = r_0 \, e^{a\phi}$과 $r_2 = r_0 \, e^{a(\phi - \delta)}$으로부터 구해진다. 나머지 하나의 도체는 앞서 구한 나선형 도체를 급전점을 중심으로 180o 회전하여 구할 수 있다.

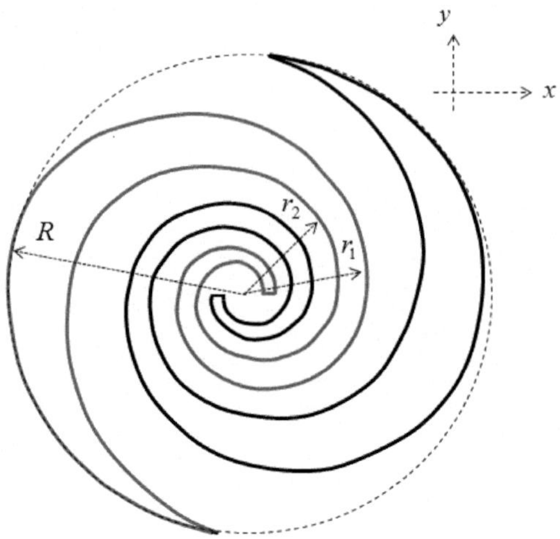

[그림 3-23] 평면 등각 나선형 안테나

[그림 3-23]은 자기 상보 구조를 갖는 안테나로서 주파수 독립 안테나가 된다. 동작주파수 대역의 위 쪽 주파수 f_U 는 급전 구조에 의해 결정되고, 아래 쪽 주파수 f_L 은 안테나 전체의 반지름 R에 의해 결정된다. 대략 최소 반지름 r_0는 f_U 주파수에서 약 1/4 파장 정도 되고, 반지름 R은 f_L 주파수에서 1/4 파장이 된다[14]. 전형적인 평면 등각 나선형 안테나의 경우 나선형 회전의 수가 3/2 회전이 일반적이며, 이런 경우 약 8:1 정도의 대역폭을 갖지만 설계를 달리하면 40:1의 극히 넓은 대역폭도 얻을 수 있다.

평면 등각 나선형 안테나의 방사 패턴은 안테나가 놓인 평면에 대해 양 쪽으로 방사 필드가 존재하게 된다. 반전력 빔폭은 대략 90o 이며, 방사의 편파는 원형 편파로서, 원형 편파의 회전 방향은 나선형 도체의 감긴 방향과 동일하다. [그림 3-23]의 경우 $+z$축 방향은 오른손 방향으로 회전하는 원형 편파(RHCP), $-z$축 방향은 왼손 방향으로 회전하는 원형 편파(LHCP)가 발생한다.

3.7.2 아르키메데스 나선형 (Archimedean spiral) 안테나

[그림 3-24]에 아르키메데스 나선형(Archimedean sprial) 안테나의 모양을 나타내었다. 이것도 나선형 안테나의 한 일종으로서 아르키메데스 나선형 안테나는 등각 나선형 안테나와 달리 나선형 궤적이 각도에 대해 지수형 함수가 아닌 각도에 비례하는 함수형태로서, 역시 주파수

독립 안테나의 일종이다.

방사는 동작영역에서 발생하며, 동작영역은 주로 평판 나선형 안테나의 최외각의 원주의 길이가 약 한 파장 길이에서 발생한다. 그리고 편파는 평면 등각 나선형 안테나와 동일하게 원형 편파이며, 회전 방향도 나선형 도체의 회전 방향과 동일하게 나타난다. 따라서 [그림 3-24] 안테나의 경우 $+z$축 방향의 경우 왼손 원형 편파(LHCP)이고, $-z$축 방향에서는 오른손 원형 편파(RHCP)가 된다.

좀더 구체적으로 아르키메데스 나선형 안테나의 동작 원리를 알아보자. [그림 3-24]에서 나선형 도체의 중심 부분에서 급전이 되고 있으며, 외부 원주의 길이는 한 파장 정도가 된다. 급전점은 나선형 원의 중심점으로 A_1과 B_1에 180^o의 위상차를 갖도록 급전한다. 이것은 [그림 3-24]와 같이 서로 반대방향으로 흐르는 전류를 만들게 된다. A_1에서 A_2까지의 나선 도체의 길이와 B_1에서 B_2까지의 나선 도체의 길이가 동일하므로 A_2와 B_2 위치에서 전류의 위상은 동일하며, [그림 3-24]와 같은 전류 방향이 유지된다. 또한 [그림 3-24]와 같이 B_2와 B_3까지의 나선의 길이가 반파장이 된다면 B_3지점에서의 전류의 방향을 B_2 지점에서의 전류의 방향의 반대로 [그림 3-24]와 같이 될 것이다. A_2와 A_3 위치에서도 동일하게 적용될 수 있고 전류의 방향은 [그림 3-24]와 같이 나타난다. 즉 A_2, A_3, B_2, B_3 지점에서 모두 전류의 방향은 $-\hat{x}$ 축 방향이다.

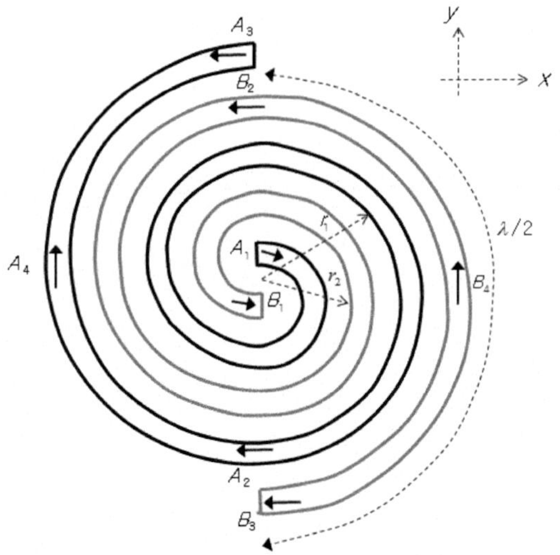

[그림 3-24] 아르키메데스 나선형 안테나

한편 A_4와 B_4지점에서의 전류의 위상은 각각 A_3와 B_3지점에서의 전류의 위상보다 90^o앞서 있으므로, 전류의 방향은 [그림 3-24]에 나타내었듯이 모두 $\hat{y}$축 방향이다. 따라서 $-\hat{x}$축 방향과 $\hat{y}$축 방향의 전류가 흐르고 전류의 크기는 거의 같으며, 전류의 위상차가 90^o가 생기므로 원형 편파가 발생하는 조건을 만족한다.

전형적인 아르키메데스 안테나의 경우 대역폭이 10:1 정도이며, 반전력 빔폭은 75o 정도이고, 안테나 이득은 약 5 dB 정도가 된다.

3.8 대수 주기 안테나 (Log periodic antenna)

대수 주기 안테나(log-periodic antenna)는 임피던스와 방사 특성 등이 주파수의 대수(log)에서 주기적으로 반복되는 특성을 갖는 안테나를 말한다. 대수 주기 안테나로는 대수 주기 톱니형 평면 안테나(log-periodic toothed planar antenna), 대수 주기 톱니형 쐐기 안테나(log-periodic toothed wedge antenna), 대수 주기 톱니형 사다리꼴 안테나(log-periodic toothed trapezoid antenna), 대수 주기 톱니형 사다리꼴 쐐기형 안테나(log-periodic toothed trapezoid wedge antenna), 대수 주기 사다리꼴 도선 안테나(log-periodic trapezoid wire antenna), 대수 주기 사다리꼴 쐐기 도선 안테나(log-periodic trapezoid wedge wire antenna), 대수 주기 지그재그 도선 안테나(log-periodic zig-zag wire antenna) 등이 있고, 마지막으로 대수 주기 다이폴 배열(log-periodic dipole array: LPDA)이 있다. 언급된 대수 주기 안테나의 특성에 대한 이론적 해석 방법이 유사하므로 본 절에서는 대수 주기 다이폴 배열(LPDA)에 대해서만 살펴보고자 한다.

[그림 3-25]에 LPDA의 개략적인 모양을 나타내었다. 길이가 다른 다이폴이 여러 개 나란히 배열되어 있고, 각 다이폴들을 급전하는 급전 선로가 인접한 다이폴에서 서로 교차하고 있다.

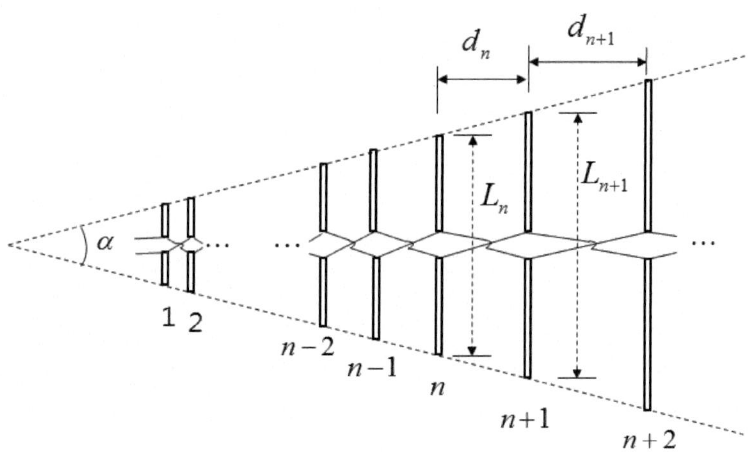

[그림 3-25] 대수 주기 다이폴 배열의 모양

[그림 3-25]에서

$$\frac{L_{n+1}}{L_n} = \frac{d_{n+1}}{d_n} = \tau \tag{3.16}$$

의 관계가 유지된다. 여기서 τ는 확장계수(scale constant), α는 꼭지점 각(apex angle)이라 한다.

만약 주파수 f_1이 여기된 경우 이 주파수에서 [그림 3-25]의 대수 주기 다이폴 배열 안테나의 크기를 전기적인 길이로 나타내면 [그림 3-26] (a)와 같다.

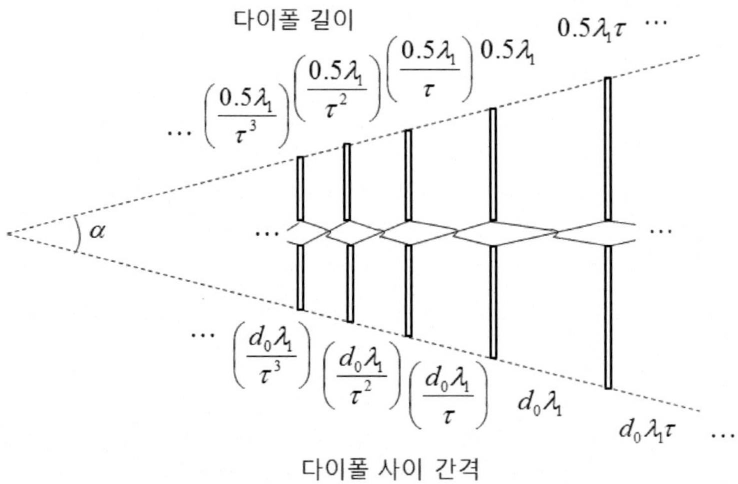

(a) $f_1 = \frac{v}{\lambda_1}$

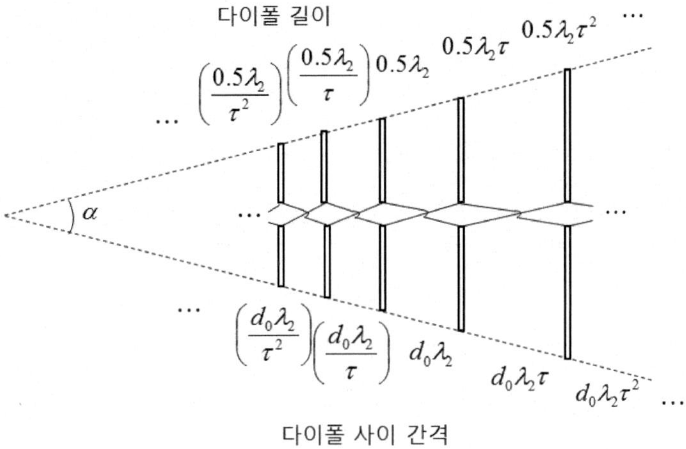

(b) $f_2 = \tau f_1 = \tau \dfrac{c}{\lambda_1} = \dfrac{c}{\lambda_2}$

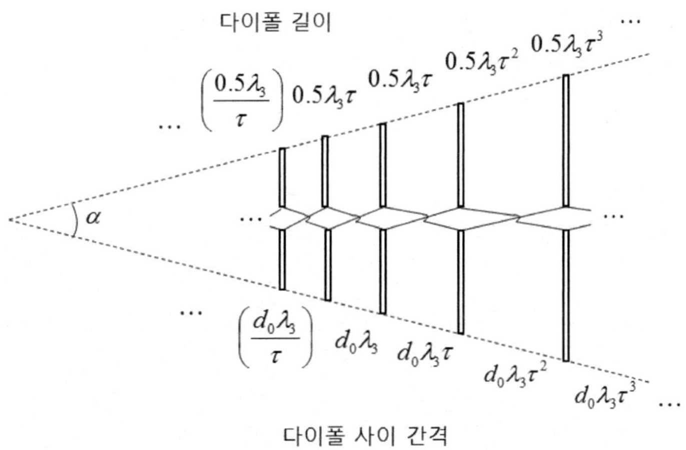

(c) $f_3 = \tau^2 f_1 = \tau^2 \dfrac{c}{\lambda_1} = \dfrac{c}{\lambda_3}$

[그림 3-26] 주파수별 대수 주기 다이폴 배열의 전기적인 길이

다음으로 주파수 $f_2 = \tau f_1$ 에서 LPDA의 크기를 전기적인 길이로 나타내면 [그림 3-26] (b)와 같다. 주파수 $f_3 = \tau f_2 = \tau^2 f_1$ 에서의 LPDA의 크기를 전기적인 길이로 나타내면 [그림 3-26] (c)와 같다. [그림 3-26]에서 (a)~(c)의 그림 모두 전기적인 관점에서 살펴보면 동일하다는 것을 알 수 있다. 따라서 f_1, $f_2 = \tau f_1$, $f_3 = \tau^2 f_1$ 에서 안테나의 특성이 모두 동일하게 나타날 것이라는 것을 예측할 수 있다. 이것은 이론적으로 대수 주기 다이폴 배열이 점에서 시작하여 무한히 커질 경우 다음의 주파수에서 동일한 특성을 갖는다.

$$f_1, \quad f_2 = \tau f_1, \quad f_3 = \tau^2 f_1, \quad \cdots \quad f_n = \tau^{(n-1)} f_1, \quad \cdots \tag{3.17}$$

이 주파수들에 대해 대수(log) 값을 취하면

$$\begin{aligned} &\log f_1 \\ &\log f_2 = \log f_1 + \log \tau \\ &\log f_3 = \log f_1 + 2 \log \tau \\ &\cdots \\ &\cdots \\ &\log f_n = \log f_1 + (n-1) \log \tau \\ &\cdots \end{aligned} \tag{3.18}$$

이 된다. 즉 주파수를 대수로 취한 값이 $\log \tau$를 주기로 하는 주기함수 모양이 된다. 그러므로 대수 주기 안테나란 [그림 3-27]과 같이 주파수를 대수로 취한 영역에서 주기적으로 동일한 특성이 나타나는 안테나를 의미하며, τ를 1에 가깝게 선정하면 임피던스 변화량을 무시할 수 있으므로 입력 임피던스는 주파수에 무관하게 되어 광대역 특성을 갖는 것을 알 수 있다.

$(n+1)$ 개의 소자로 이루어진 대수 주기 다이폴 배열 안테나(LPDA)의 경우 주파수 대역 BW은 다음과 같이 주어진다[20].

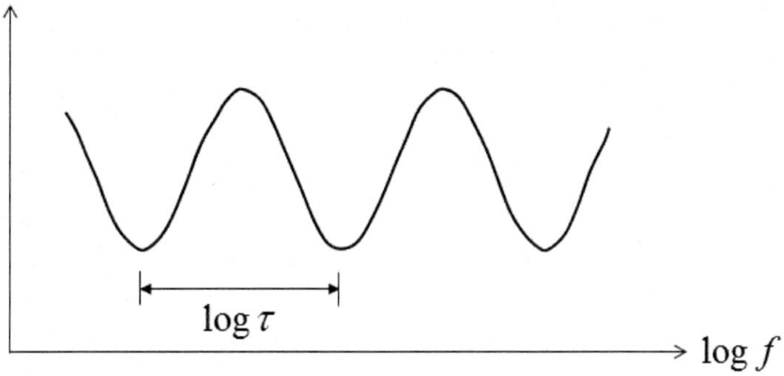

[그림 3-27] 대수 주기 안테나의 개략적인 입력 임피던스 변화

$$BW = \frac{L_{n+1}}{L_1} = \tau^n \tag{3.19}$$

한편 대수 주기 안테나의 방사는 정점 방향(급전점 방향)으로 이루어지며 단방향성을 갖는다. LPDA의 임피던스, 이득, 방사 패턴 등은 τ에 따라 변하게 되지만, 광대역 안테나로서 단순한 구조, 저비용, 경량으로 인해 널리 쓰이고 있다. τ의 값이 클수록 높은 이득을 갖게 된다.

대수 주기 안테나를 설계하고자 할 때, 안테나 파라미터로는 확장계수 τ, 꼭지점 각 α, 반파장 다이폴 소자에서 길이가 짧은 다이폴 방향으로의 소자 간격 d_λ 를 적절히 조정함으로써 원하는 대수 주기 안테나를 설계할 수 있다. 최적의 이득을 갖기 위한 τ, α, d_λ의 파라미터 간의 관계를 참고문헌[21, 22]을 참고하여 [그림 3-28]에 나타내었다.

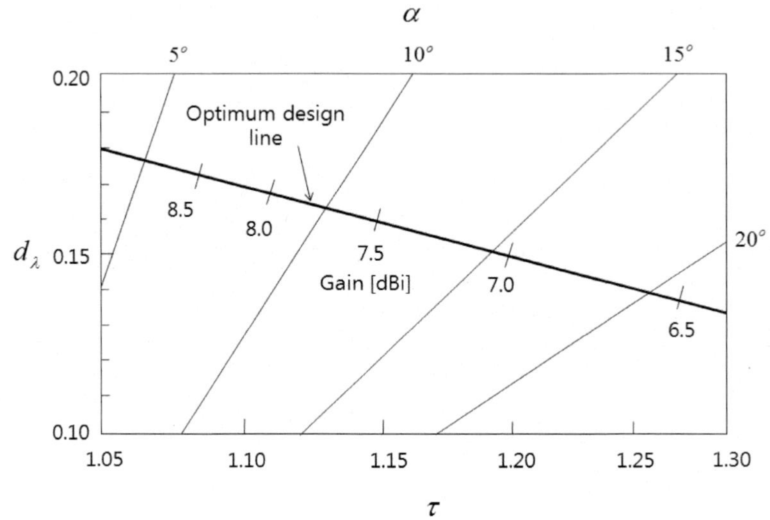

[그림 3-28] 대수 주기 다이폴 배열 안테나에서 τ, α, d_λ 의 관련성

(예제 3-3) 대수 주기 다이폴 안테나

이득이 $7\,dBi$ 이며, 주파수 대역폭 BW 가 4:1을 갖는 대수 주기 다이폴 안테나를 설계하시오.

(풀이)

[그림 3-28]로부터 최적 설계선(optimum design line) 위에서 이득이 $7\,dBi$ 점에 해당하는 위치에서의 꼭지점 각은 $\alpha = 15^o$ 이며, 이때 $\tau = 1.2$ 이다. 식 (3.19)에서 $BW = \tau^n$ 이므로 양변에 log 를 취하면 $\log BW = n \log \tau$ 이 된다. 따라서

$$n = \frac{\log BW}{\log \tau} = \frac{\log 4}{\log 1.2} = \frac{0.6021}{0.0792} = 7.6$$

그러므로 $n = 8$로 취하면, $n+1 = 9$가 된다. 그러나 일반적으로 보수적인 설계에서는 소자 수를 2개 정도 더 추가하여 11개 정도로 설계한다.

대수 주기 다이폴 안테나(LPDA)의 동작에 대한 이해를 돕기 위해 한 예를 들어 보고자 한

다[20]. [그림 3-29]에 $200 \sim 60\,MHz$ 대역에서 사용하는 18소자 LPDA 안테나를 나타내었다. 이 안테나에 $200\,MHz$, $300\,MHz$, $600\,MHz$ 신호를 여기 하였을 때 대수 주기 안테나의 18개 다이폴에 흐르는 전류의 상대적인 크기를 [그림 3-30]에 나타내었다. 또한 여러 주파수 대역에서의 방사 패턴에 대해 [그림 3-31]에 나타내었다.

이 안테나는 확장계수 $\tau = 0.917$ 이며, 가장 낮은 주파수 200 MHz에서 파장은 $\lambda_L = 1.5\,m$이므로, LPDA 의 가장 긴 다이폴의 길이는 $L_{18} = \lambda_L/2 = 0.75\,m$이고, 가장 짧은 다이폴의 길이는 600 MHz 주파수의 반파장인 $L_1 = \lambda_U/2 = 0.25\,m$이다.

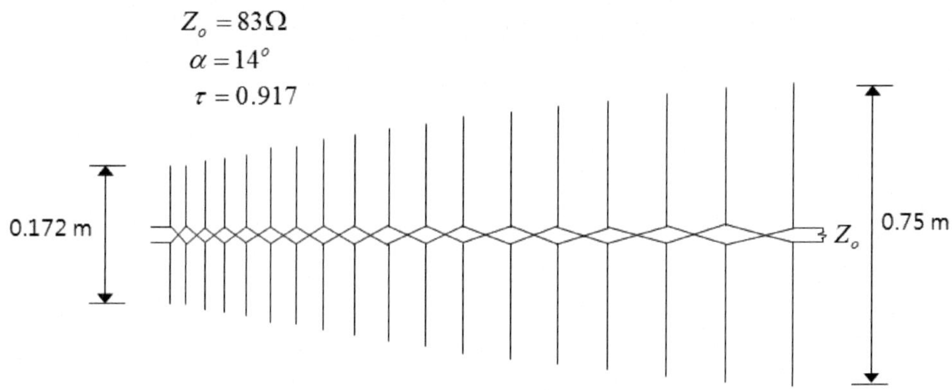

[그림 3-29] 18소자 대수 주기 다이폴 배열 안테나

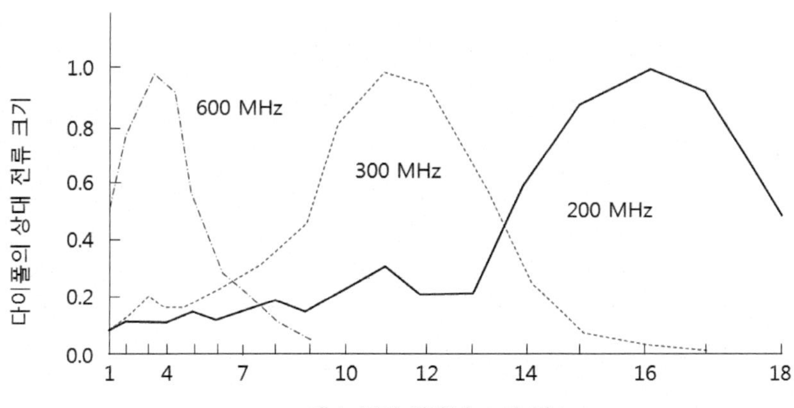

[그림 3-30] 대수 주기 안테나의 다이폴의 상대적 전류 크기

[그림 3-30]에서 200 MHz에서 강한 전류가 흐르는 다이폴은 5개 정도가 있다. 이 부분이 200 MHz 주파수에서 LPDA 안테나의 동작영역에 해당한다. 주파수가 300 MHz 와 600 MHz 에서도 강한 전류가 흐르는 다이폴의 개수는 각각 모두 5개 정도로서 이들 주파수에서도 역시 200 MHz와 같은 전기적 크기와 특성을 갖는다. 따라서 광대역 특성이 나타나는 것을 알 수 있다. 이것은 방사패턴에서도 볼 수 있는데, [그림 3-31]에서 볼 수 있듯이 200 MHz, 300MHz, 600 MHz에서 방사패턴이 매우 유사한 것을 알 수 있다.

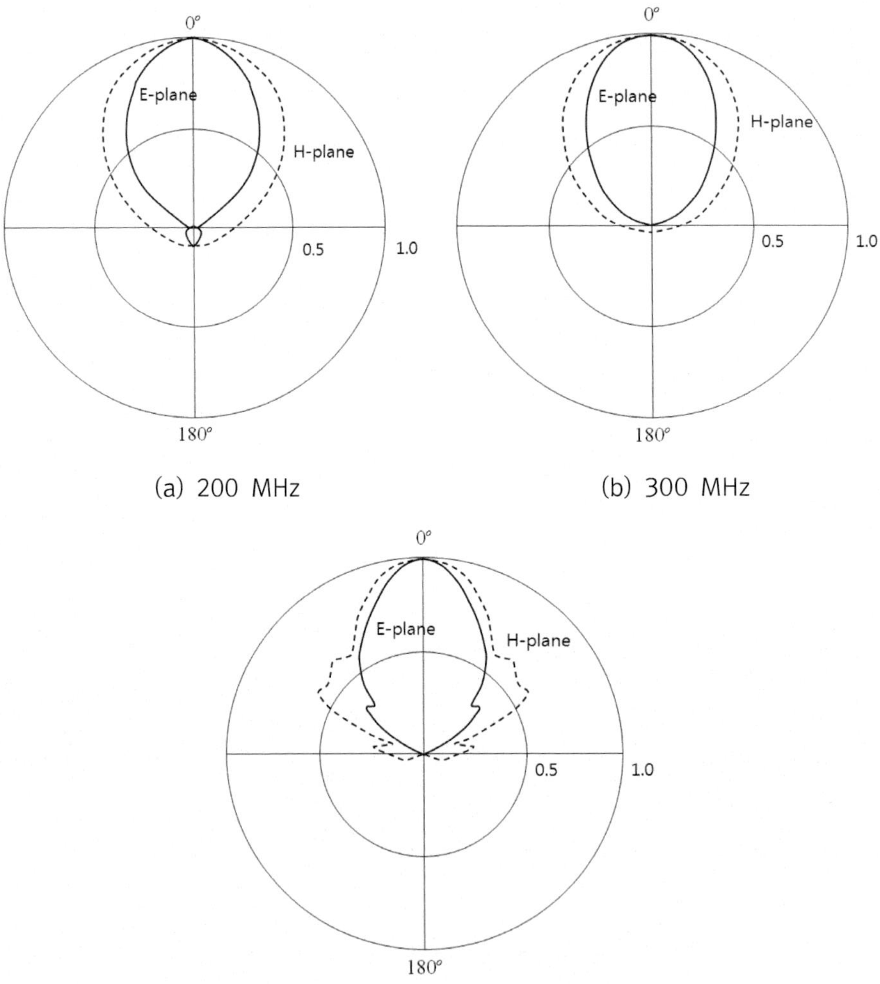

(a) 200 MHz (b) 300 MHz (c) 600 MHz

[그림 3-31] 대수 주기 다이폴 안테나의 방사 패턴

3.A 요약

3.1 진행파 안테나 (traveling wave antenna)

- 지표면과 일정한 거리를 두고 지표면과 평행하게 놓여 있는 도선에 진행파형의 전류가 흐를 때 이 도선을 진행파형 안테나라고 함.
- 방사 방향은 도선과 일정한 각을 이루며 원추형으로 단일 방향을 갖고 있음.
- 도선의 길이가 길어질수록 최대 방사 방향 편각이 작아져서 도선과 가까워짐.
- 진행파 안테나는 통상 수 파장 정도의 길이를 갖고 있음.
- 광대역 특성을 가짐.

3.2 롬빅 안테나 (rhombic antenna)

- 진행파형 안테나 4개가 연결되어 마름모꼴 형태를 이루며, 마름모 면이 지표면과 수평으로 되어 있는 안테나를 롬빅(rhombic) 안테나라고 함.
- 높은 지향성을 가지며, 10~15 dBi 정도의 이득을 갖고, 단파 국제 통신에 널리 사용되고 있음.
- 입력 임피던스가 넓은 주파수 범위에 걸쳐 거의 일정하므로 임피던스 정합이 용이하며, 광대역 특성을 가짐.
- 단점으로는 설치 시 넓은 공간이 필요함.

3.3 슬리브 안테나 (sleeve antenna)

- 슬리브 모노폴 안테나는 급전 선로인 동축 선로의 외부 도체가 접지면 위로 일정 길이 올라와 있는 모양임.
- 슬리브(sleeve)를 다이폴이나 모노폴에 추가하면 한 옥타브 이상으로 대역폭을 증가시킬 수 있음.

3.4 헬리컬 안테나 (helical antenna)

- 모노폴 안테나에서 직선 도선을 나선 형태로 감아서 만든 안테나를 헬리컬(helical) 안테나라 함.
- 안테나의 크기에 따라 정상모드(normal mode)와 축모드(axial mode)의 두 가지 모드 중 하나로 동작함.
- 정상모드 헬리컬 안테나는 나선의 지름이 파장에 비해 매우 작음. 방사 필드는 헬리컬 축의 법선 방향으로 최대 방사가 일어나며, 안테나의 편파는 대체적으로 선형 편파이며, 안테나의 효율이 매우 낮음.
- 축모드 헬리컬 안테나는 나선의 원주의 길이가 한 파장 정도이며, 방사는 축 방향으로 일어나며, 축 방향 근처에서 원형 편파에 가까움. 원형 편파의 회전 방향은 권선이 감긴 방향과 동일하며, 나선의 권선 수가 증가할수록 이득이 증가함.

3.5 쌍원추 안테나 (biconical antenna)

- 쌍원추 안테나는 다이폴 안테나의 두 도체 막대가 각각 원뿔 모양의 도체로 대치되고, 급전점에서 유한한 간격을 두고 원뿔의 꼭지점이 급전 선로에 연결되어 있는 구조임.
- 실제로는 원뿔 모양의 원추의 길이가 유한하기 때문에 원뿔의 종단에서 생기는 반사파에 의해 정재파가 생기게 되고 이것으로 인해 안테나의 입력 임피던스에 리액턴스 성분이 생기게 됨. 넓은 대역폭에서 입력 임피던스의 리액턴스를 최소로 유지하면서 입력 임피던스의 실수 값의 변화가 적은 안테나를 설계할 수 있음.

3.6 디스콘 안테나 (discon antenna)

- 유한 쌍원추 안테나에서 한 원뿔이 디스크(disk) 모양의 접지면으로 대치된 안테나를 디스크 콘(disk-cone) 또는 디스콘(discon) 안테나라 함. 동축 전송선로의 외부도체가 원뿔에 연결되고, 내부도체는 디스크 접지면에 연결됨.
- 수직 편파를 갖고 있으며, 수평면으로는 무지향성 패턴을 나타냄. 또한 수 옥타브 대역의

넓은 주파수 범위에서 임피던스 특성 변화가 적어 광대역 특성을 가짐.

- 방송용으로 많이 사용되고 있음.

3.7 주파수 독립 안테나 (frequency independent antenna)

- 약 10:1 혹은 그 이상의 대역폭을 갖는 안테나를 주파수 독립 안테나(frequency-independent antenna)라고 함.
- 안테나의 모양이 길이 보다는 각에 대한 의존도가 높은 형상을 취함.
- 자기 상보(self-complementary) 구조를 갖는 안테나는 주파수 독립 안테나의 특성을 가짐.
- 주파수 독립 안테나는 자기 비례 축소(self-scaling) 동작 특성이 있음.

3.8 대수 주기 안테나 (log periodic antenna)

- 대수 주기 안테나(log-periodic antenna)는 임피던스와 방사 특성 등이 주파수의 대수(log)에서 주기적으로 반복되는 특성을 갖는 안테나를 말함.
- 지향성은 급전점 방향으로 단방향성 방사 패턴을 가짐.
- 초단파대역에서 주로 사용됨.

3.B 연습문제

3.1 진행파 안테나의 구성도를 그리고, 안테나의 특성에 대해 설명하시오.

3.2 롬빅 안테나의 구성도를 그리고, 안테나의 특성에 대해 설명하시오.

3.3 슬리브 안테나의 구성도를 그리고, 안테나의 특성에 대해 설명하시오.

3.4 정상(normal) 모드 및 축(axial) 모드로 동작하는 헬리컬 안테나의 구성도를 그리고 특성에 대해 설명하시오.

3.5 쌍원추 안테나의 구성도를 그리고, 안테나의 특성에 대해 설명하시오.

3.6 디스콘 안테나의 구성도를 그리고, 동작 원리와 특성에 대해 설명하시오.

3.7 주파수 독립 안테나의 특징에 대해 설명하시오.

3.8 대수 주기 안테나의 구조와 주파수 특성에 대해 설명하시오.

3.9 헬리컬 안테나의 종류와 지향특성 및 편파에 대해 설명하시오.

3.C 상용 안테나 제품 소개

(1) 롬빅 안테나

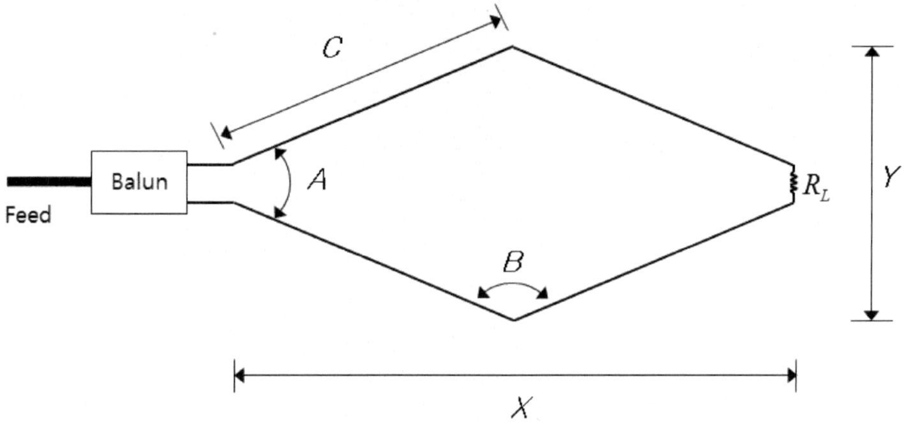

- Rhombic gain : 8~10 dBd
- R_L : 800 Ω (carbon resistance, 5W)
- A : 70°
- B : 110°

Frequency [MHz]	C [feet]	Y [feet]	X [feet]
1.9	955.7	1096.2	1565.8
10.1	179.8	206.2	294.6
52.1	34.9	40.0	57.1
146.5	12.4	14.2	20.3
435.0	4.2	4.8	6.8

(2) 슬리브 안테나

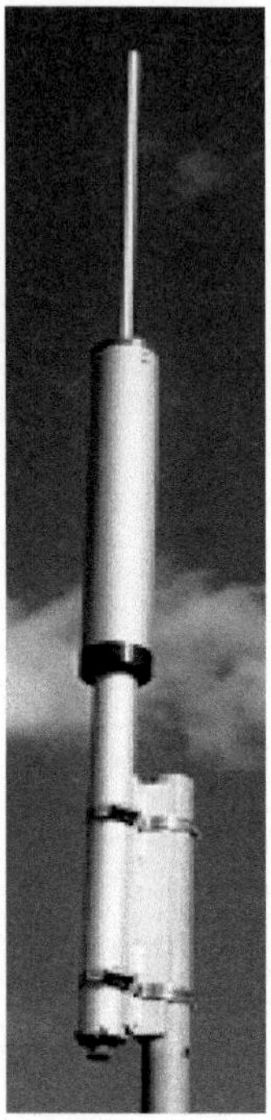

Coaxial sleeve dipole antenna for use in a fixed base station, such as in oil well drilling or similar situations.

Frequency Range	66 ~ 88 MHz
VSWR	1.5 : 1 or less
Radiation	Omni Directional
Gain	Unity
Maximum Power	500 Watts
Vertical Beam-width	73 Deg
Impedance	50 Ohm
Connector	UHF Female
Length (Max)	102 inch

(3) 헬리컬 안테나

- 제품 A

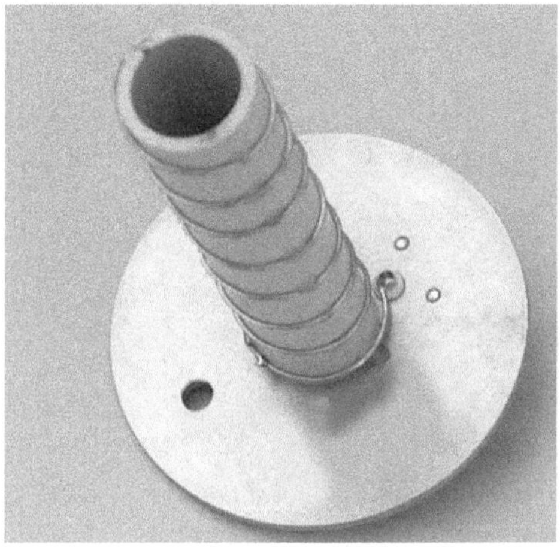

Frequency Range	5 ~ 6 GHz
VSWR	〈 2 : 1
Gain	10 to 11.5 dBi
3 dB Beamwidth	$45^{o} \sim 39^{o}$
Axial Ratio	+/- 0.5 dB
Front - Back Ratio	〉 15 dB
Power Handling	60 Watts c.w.
Connector Type	SMA-type jack
Weight	0.28 kg
Size - max	55 mm × 92 mm length
Mounting	2 holes, diameter 4, 90 degree apart

- 제품 B

Frequency Range	424 ± 20 MHz
Nominal Impedance	50 ohm
Radiation pattern	Omni-Directional
Polarization	Vertical
V.S.W.R	Less than 2 : 1
Gain	≤ 0 dBi
Connector	SMA-P
Antenna Length	APP. 108 mm (when straight)
Operating Temperature	$-30^{o}C \sim +70^{o}C$

(4) 쌍원추 안테나

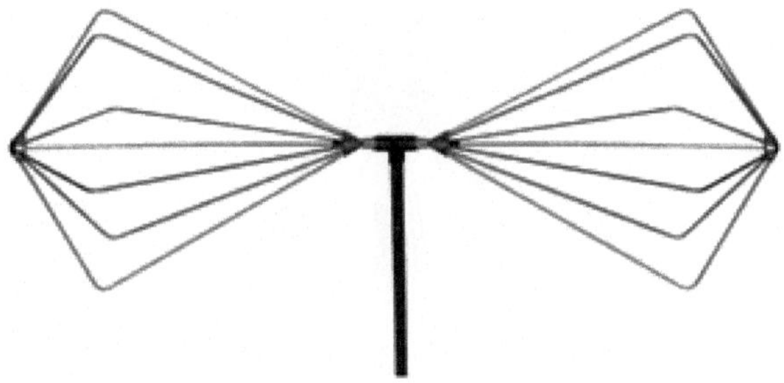

Biconical

Frequency Range	20 MHz ~ 330 MHz
Antenna Factor	8.5 to 21.5 dB
Gain	-22 to 2.8 dBi
Maximum Continuous Power	1 Watt
Max Radiated Field	2 V/m
Pattern Type	omni-directional
Impedance	50Ω
VSWR	2.0 : 1
Connector	N-Type, female
Height	73.7 cm
Width	134 cm
Weight	1.95 kg

(5) 디스콘 안테나

Frequency Range	118 MHz ~ 3 GHz
Power rating (typ.)	500 watts
Gain (typ.)	0 dBd
Impedance	50Ω
VSWR	1.5 : 1 or less (118 ~ 136 MHz at 1.8:1 VSWR)
Pattern	omni-directional
Termination	N-Male or 7-16 DIN (option) on feed cable
Vertical beamwidth (nom.)	110°
Wind rating / 0.5″ ice	150 / 100 MPH
Maximum exposed area	$0.89\,ft.^2$
Lateral thrust at 100 MPH	36 lb
Bending moment at 100 MPH	49 ft. lb (top clamp, flat plate equiv.)
Dimensions	43″ H × 28.5″ W (at base)
Weight	11 lb

(6) 주파수 독립 안테나

- 제품 A

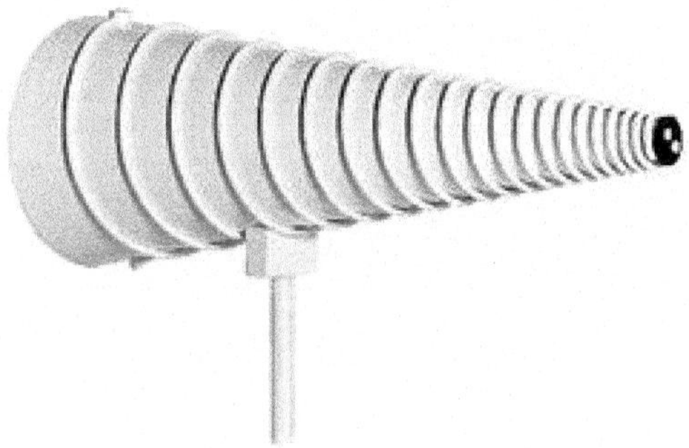

Conical sprial antenna

Frequency Range	200 MHz ~ 1 GHz
Power rating (typ.)	500 watts
Impedance (Nominal)	50Ω
Maximum Continuous Power	100 W
Pattern Type	directional
Peak Power	150 W
Polarization	circular
VSWR	2.4 : 1
Depth	81.3 cm
Weight	4.5 kg

• 제품 B

cavity-backed sprial antenna

Frequency Range	2 GHz ~ 18 GHz
Nominal Gain	-0.5 ~ 4.8 dBiC
3 dB Beamwidth	$100^o \sim 60^o$
VSWR	〈 2.5:1
Axial Ratio on Boresite	〈 1.8 dB typical, 4 dB max
Weight	126 g
Power Handling	nominal 1 W c.w.
Dimension	78 mm Diameter ×46 mm Length
Connector Type	SMA

(7) 대수 주기 안테나

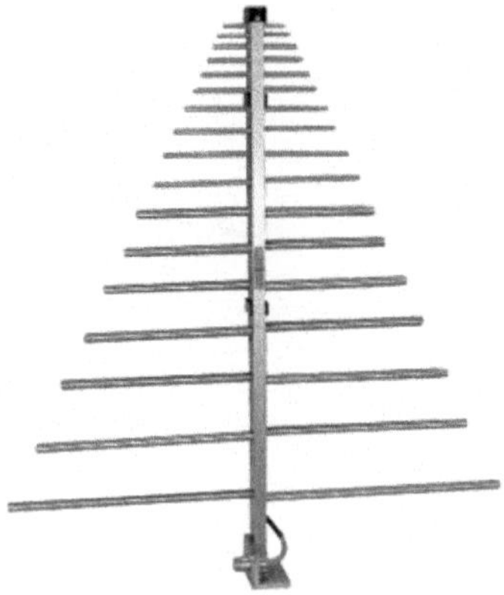

Frequency Range	290 ~ 7000 MHz
Antenna Factor	12 ~ 47 dB
Gain	5.8 dBi
Maximum Continuous Power	1000 Watts
Maximum Radiated Field	200 V/m
Pattern Type	directional
3dB Beamwidth (E-Field)	35°
3dB Beamwidth (H-Field)	100°
VSWR	1.65 : 1 typ. (2.5:1)
Connector	N-Type, Female
Length	61.2 cm
Width	51.1 cm
Weight	0.68 kg

Chapter 4

개구면 안테나

4.1 직사각형 개구면 안테나
4.2 직사각형 혼 안테나
4.3 포물면 반사판 안테나
4.4 오프셋 포물면 반사판 안테나
4.5 이중 반사판 안테나
4.6 그 밖의 반사판 안테나

4.A 요약
4.B 연습문제
4.C 상용 안테나 제품 소개

4.1 직사각형 개구면 안테나 (Rectangular aperture antenna)

개구면 안테나(aperture antenna)는 개구면 혹은 열린 틈이 있어, 이곳으로 전자파가 흘러나가게 하거나 혹은 전자파를 모으는 안테나이다. 이러한 개구면 안테나는 UHF 이상의 주파수에서 사용되며, 일반적으로 매우 높은 이득을 가지고 있고, 입력 임피던스가 거의 실수 값을 갖는다.

예를 들어 직사각형 개구면(rectangular aperture)에 형성된 전자계 필드에 의한 방사패턴 및 이득에 대해 살펴보자. [그림 4-1]과 같은 직사각형 개구면에

$$\overline{E} = E_0\,\hat{y}\,,\quad |x| \le \frac{L_x}{2}\,,\ |y| \le \frac{L_y}{2} \tag{4.1}$$

와 같은 균일전계가 인가되는 경우를 살펴보자.

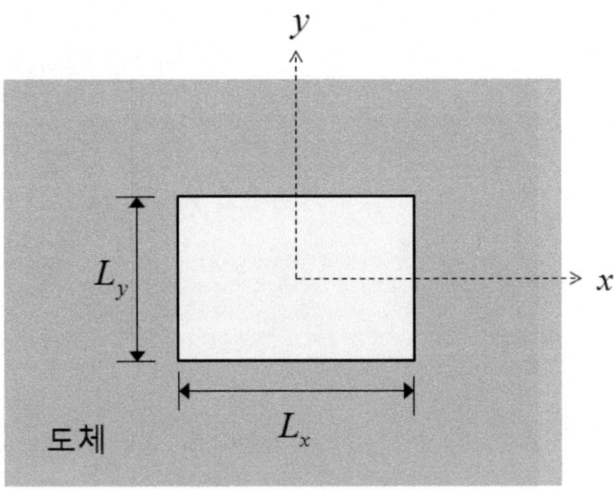

[그림 4-1] 직사각형 개구면

식 (4.1)의 균일 전계가 인가될 때 [그림 4-1]의 균일 직사각형 개구면의 정규화한 방사 패턴성분은 다음과 같이 구해진다[20].

$$f(u,v) = \frac{\sin[(\beta L_x/2)u]}{(\beta L_x/2)u} \frac{\sin[(\beta L_y/2)v]}{(\beta L_y/2)v} \tag{4.2}$$

여기서 $u = \sin\theta \cos\phi$, $v = \sin\theta \sin\phi$ 이다. 반전력 빔폭은

$$HPBW_x = 0.886 \frac{\lambda}{L_x} \ [rad] \tag{4.3}$$

$$HPBW_y = 0.886 \frac{\lambda}{L_y} \ [rad] \tag{4.4}$$

으로 되고, 지향성은

$$D_{ap} = \frac{4\pi}{\lambda^2} L_x L_y = \frac{4\pi}{\lambda^2} A_P \tag{4.5}$$

으로 표현된다[20]. 여기서 개구면 면적 A_P 는 $L_x L_y$ 이다. 식 (4.5)에서 보듯이 개구면 안테나의 지향성이 물리적인 개구면의 면적에 비례하므로 이득도 역시 개구면 면적에 비례하며, 안테나의 이득을 구하면

$$G_{ap} = \eta_{ap} D_{ap} = \frac{4\pi}{\lambda^2} \eta_{ap} A_P \tag{4.6}$$

이다. 여기서 η_{ap} 는 개구면 효율(aperture efficiency) 라고 하며, 안테나 개구면의 실제 면적이 얼마나 효율적으로 사용되고 있는 지에 대한 척도이다.

[그림 4-2]에 $L_x = 20\lambda$, $L_y = 10\lambda$ 일 때 균일진폭 및 균일 위상을 갖는 직사각형 개구면의 방사패턴을 나타내었다.

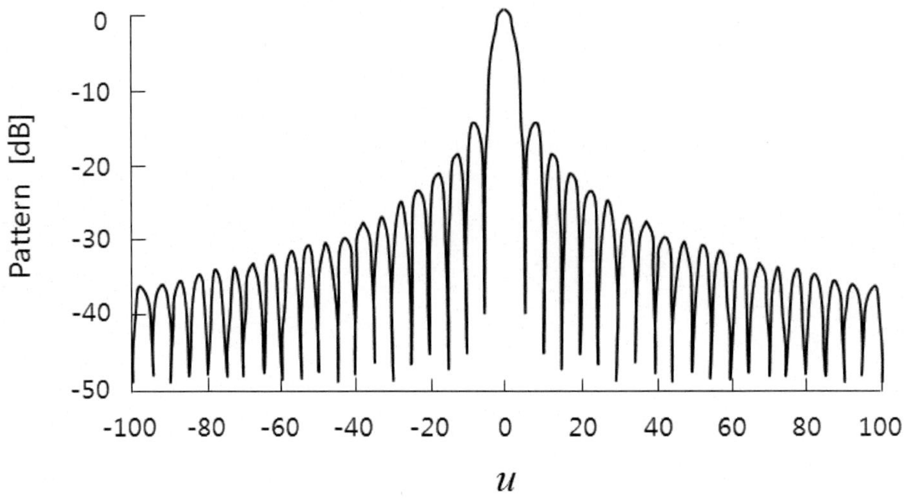

(a) xz 평면의 방사패턴

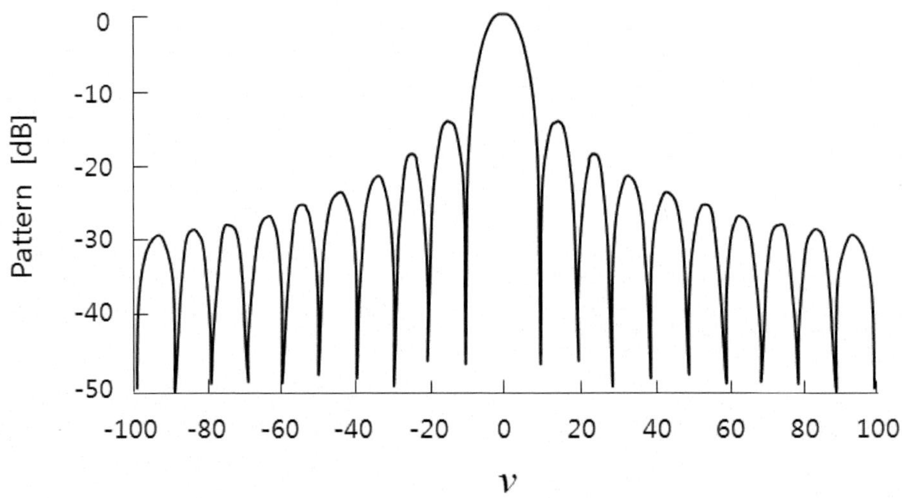

(b) yz 평면의 방사패턴

[그림 4-2] 균일진폭, 균일 위상의 직사각형 개구면의 방사패턴

4.2 직사각형 혼 안테나 (Rectangular horn antenna)

혼(horn) 안테나는 일반적으로 수 GHz 이상의 주파수에서 사용되고 있으며, 가벼우면서 이득이 높고, 대역폭이 비교적 넓은 특징을 갖고 있다. [그림 4-3]에 직사각형 혼(rectangular horn) 안테나의 개략적인 모양을 나타내었다.

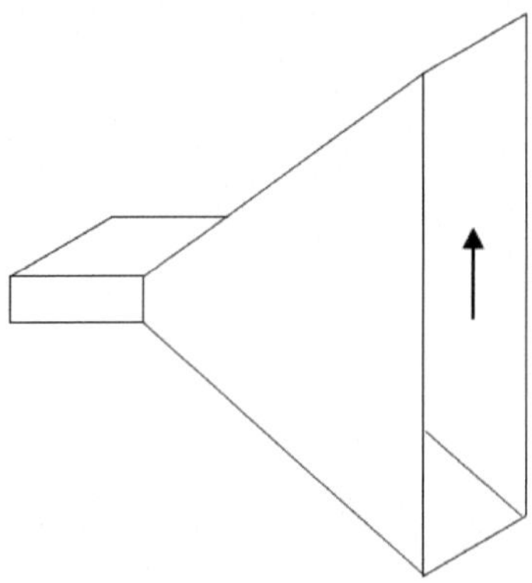

(a) E 평면 섹터 혼

(E-plane sectoral horn)

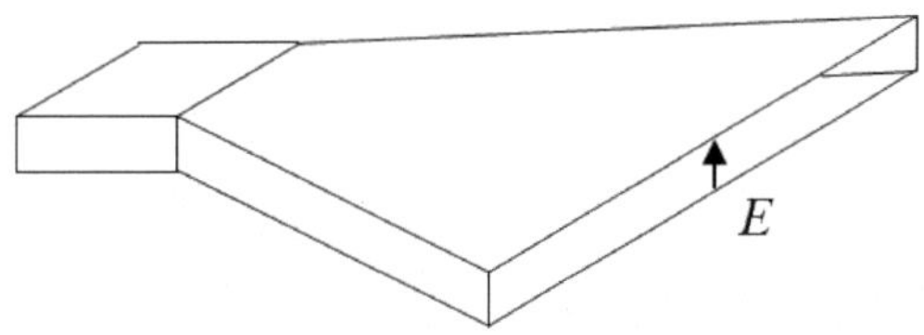

(b) H 평면 섹터 혼

(H-plane sectoral horn)

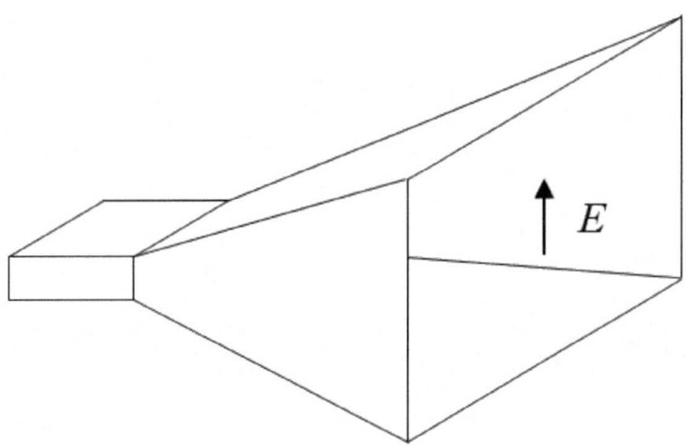

(c) 피라미드 혼 (pyramidal horn)

[그림 4-3] 직사각형 혼 안테나

[그림 4-3]에 제시된 혼 안테나는 모두 직사각형(rectangular) 도파관에 의해 급전되고 있다. 직사각형 도파관의 경우 기본 모드(dominant mode)가 TE_{10} 모드이다. 직사각형 도파관의 기본 모드인 TE_{10} 모드가 전송될 때 도파관 단면에서의 전계 및 자계의 모양을 [그림 2-50]에 간략히 나타내었다. [그림 2-50]에서 보면, 도파관의 단면에서 전계는 수직 방향 성분, 자계는 수평 방향으로만 표기되는 것을 볼 수 있다. 따라서 E 평면은 수직면, H 평면은 수평면이 된다. 그러므로 [그림 4-3]의 E 면 섹터 혼 안테나(E-plane sectoral horn antenna)는 H 평면은 변화를 주지 않고, E 평면, 즉 전계와 나란한 면(수직면)의 크기를 키운 안테나를 말한다. H 면 섹터 혼 안테나(H-plane sectoral horn antenna)는 반대로 E평면은 크기의 변화 없이 그대로 두고, 자계와 나란한 면(H평면)의 크기를 키운 직사각형 혼 안테나를 말한다. 파리미드 혼 안테나(pyramidal horn antenna)는 E 평면과 H 평면 모두 크기를 크게 한 것으로 그 모양이 마치 피라미드와 같다고 하여 붙여진 이름이다.

혼 안테나의 방사패턴은 개구면의 면적과 개구면에서의 전자계 분포가 구해지면 결정된다. 같은 개구면에 대하여 전자계 분포가 균일할 때 안테나의 이득은 최대가 되며, 개구면의 끝으로 갈수록 전자계가 작아지면 부엽(sidelobe)이 작아지는 특성이 있다. [그림 4-3]의 도파관에 전파되는 TE_{10} 모드의 필드 분포로부터 알 수 있듯이 개구면에서 수평 방향으로 전계 분포는 중앙에서 최대가 되고, 개구면 끝에서 0이 되며, 수직 방향에 따른 전계의 분포는 거의 일정하게 된다. 따라서 안테나 이득은 E 면 섹터 혼 안테나가 H 면 섹터 혼 안테나 보다 크게 되며, 부엽(side lobe)은 H 면 섹터 혼 안테나가 E 면 섹터 혼 안테나보다 작다는 것을 알 수 있다.

개구면에서의 전자계분포를 가능하면 균일하게 하기 위해서는 혼의 길이를 길게 해야 한다. 그러나 혼을 너무 길게 하면 구조적으로 문제가 생기므로 혼의 길이를 사이드로브의 크기를 줄이면서 빔폭을 최소화하는 방법으로 설계를 한다.

본 절에서는 파리미드형 혼 안테나에 대해서만 살펴보고자 한다. [그림 4-4]에 피라미드형 혼 안테나의 기하학적 모양을 나타내었다. [그림 4-4] (b)에서 δ_H 가 파장에 비해 작으면 개구면에서의 전자계는 거의 균일하게 된다. L을 일정하게 하고 개구면의 길이 A와 꼭지각(후레어각) ϕ_H 를 크게 하면 혼 안테나의 이득은 증가하게 된다.

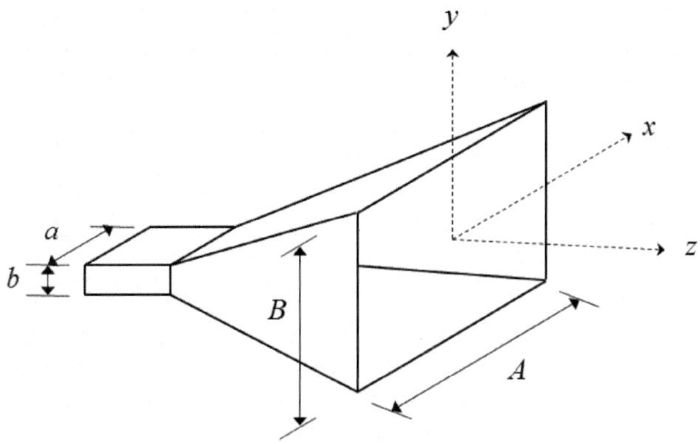

(a) 3차원 모양

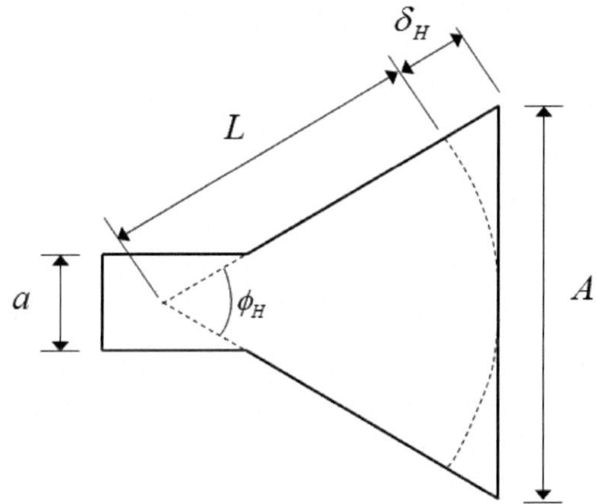

(b) xz 평면 (H 평면) 단면도

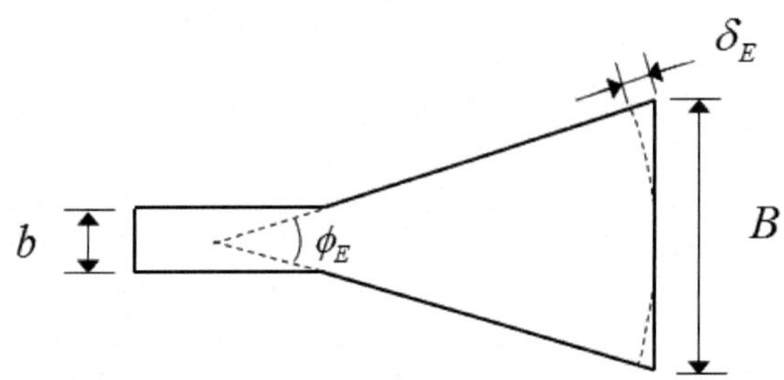

(c) yz 평면 (E 평면) 단면도

[그림 4-4] 피라미드 혼 안테나 모양

그러나 ϕ_H 가 너무 커서 δ_H 가 $\lambda/2$로 되면 개구면 중앙부의 전자계와 개구면 끝 부분의 전자계가 180° 위상차가 생겨 안테나의 이득이 떨어지고 사이드로브가 커지게 된다. δ_H 는 $0.1\lambda \sim 0.4\lambda$ 범위로 했을 때, 안테나의 이득이 최대가 되는 것으로 알려져 있다.

한편 혼 개구면의 가로, 세로의 길이가 1λ를 초과하면 E면과 H면의 방사 패턴은 서로 독립적으로 구할 수 있다. 즉 피라미드형 혼의 H면 방사 패턴은 H면 섹터 혼 안테나의 H면 방사 패턴과 같고, 피라미드형 혼의 E면 방사 패턴은 E면 섹터 혼 안테나의 E면 방사 패턴과 같게 된다.

일반적으로 피라미드 혼 안테나의 지향성은

$$D_{horn} = \frac{\pi}{32}\left(\frac{\lambda}{a} D_E\right)\left(\frac{\lambda}{b} D_H\right) \tag{4.7}$$

으로 주어진다[20]. 여기서

$$D_E = \frac{a}{\lambda}\frac{32}{\pi}\frac{B}{\lambda}\frac{C^2(q)+S^2(q)}{q^2} \tag{4.8}$$

$$D_H = \frac{b}{\lambda}\frac{32}{\pi}\left(\frac{A}{\lambda}\right)\frac{\pi^2}{64t}\left\{[C(p_1)-C(p_2)]^2+[S(p_1)-S(p_2)]^2\right\} \tag{4.9}$$

여기서 $C(x)$와 $S(x)$는 프레넬(Fresnel) 적분으로

$$C(x) = \int_0^x \cos\left(\frac{\pi}{2}\tau^2\right) d\tau \tag{4.10}$$

$$S(x) = \int_0^x \sin\left(\frac{\pi}{2}\tau^2\right) d\tau \tag{4.11}$$

이며,

$$q = \frac{B}{\sqrt{2\lambda R_2}} \tag{4.12}$$

$$p_1 = 2\sqrt{t}\left[1 + \frac{1}{8t}\right] \tag{4.13}$$

$$p_2 = 2\sqrt{t}\left[-1 + \frac{1}{8t}\right] \tag{4.14}$$

이다.

한편 최적 피라미드 혼 안테나의 이득은 50%의 개구면 효율을 가정하여,

$$G = 0.51\frac{4\pi}{\lambda^2}AB \tag{4.15}$$

으로 구한다[20]. 또한 혼 안테나와 같은 고 이득 안테나의 경우에는

$$G = \frac{26,000}{HPBW_E\ HPBW_H} \tag{4.16}$$

으로 안테나의 이득을 구할 수 도 있다[20]. 여기서 $HPBW_E$는 각도로 표시된 E-평면 방사패턴의 반전력 빔폭이며, $HPBW_H$는 각도로 표시된 H-평면 방사패턴의 반전력 빔폭을 의미한다.

한편 혼 안테나는 대역폭이 대략 50% 정도 되며, 피라미드 혼 안테나는 마이크로파 대역에서 안테나의 이득 측정시 표준 안테나로 많이 사용되고 있다. 또한 반사판 안테나의 급전용으로 사용되고 있다.

4.3 포물면 반사판 안테나 (Parabola reflector antenna)

포물면 반사판 안테나(parabola reflector antenna)는 마이크로파 대역에서 30 dB 이상의 고 이득 안테나를 구현할 수 있으므로 장거리 전파통신이나 고 분해능 레이더 등에 응용되고 있다.

본 절에서는 이러한 포물면 반사판 안테나에 대해 살펴보고자 한다. 먼저 포물면 반사판의 기하학적 구조에 대해 조사해 보자. [그림 4-5]에 포물면의 단면의 모양을 나타내었다. [그림 4-5]의 포물선의 방정식은 다음과 같다[23].

$$y = \frac{z^2}{4f} \tag{4.17}$$

여기서 f는 초점(focal point) 거리이다.

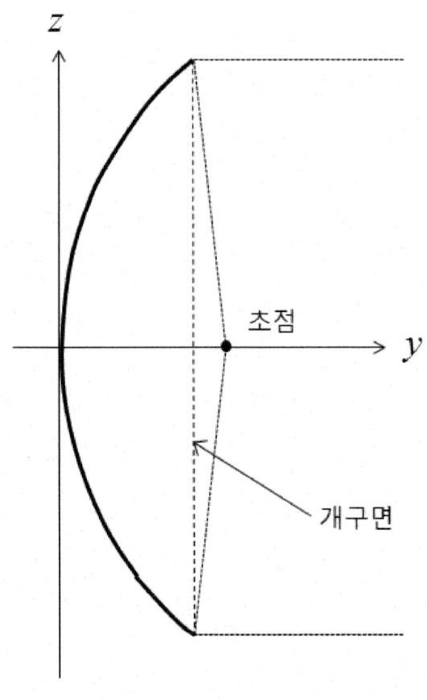

[그림 4-5] 포물면 반사판

식 (4.17)의 포물선을 y축을 중심으로 회전시키면 포물면을 얻을 수 있으며 포물면의 임의의 점들은 식 (4.18)를 만족시킨다[23].

$$y = \frac{x^2 + z^2}{4f} \tag{4.18}$$

식 (4.18)로 표현되는 포물면을 반사판으로 사용하는 포물면 반사판 안테나의 모양을 [그림 4-6]에 나타내었다.

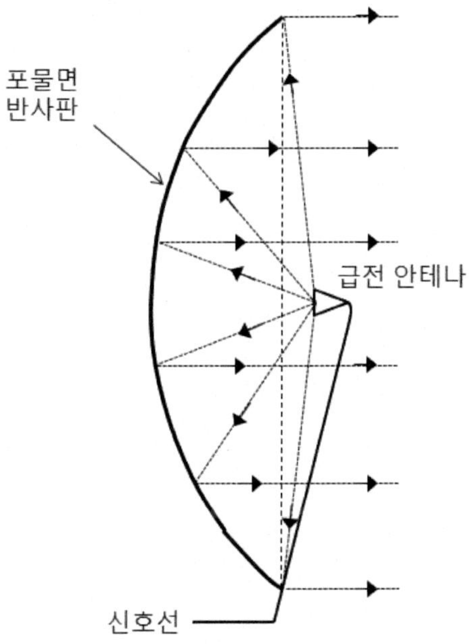

[그림 4-6] 포물면 반사판 안테나

[그림 4-6]의 포물면 반사판 안테나는 큰 포물면 반사판과 작은 급전 안테나 두 부분으로 구성이 된다. 급전 안테나는 포물면 반사판의 초점 위치에 놓이게 된다. 급전 안테나에서 나온 전자기파는 포물면에서 반사된 후 포물면의 중심축과 평행한 방향으로 진행하게 된다.

초점에서 반사판, 그리고 개구면까지 이르는 모든 길이는 동일하다. 만약 급전 안테나로 혼(horn) 안테나를 사용하고, 급전 혼(feed horn)의 위상 중심점을 포물면의 초점 위치로 두면, 급전 혼에서 나온 파가 포물면 반사판에 부딪친 후 포물면 반사판의 개구면에 도달하면, 초점에서 출발한 모든 전자기파의 경로의 길이가 동일하므로, 완전한 평면파인 균일한 전자계 필드가 개구면에 형성된다. 따라서 고 이득의 안테나를 구현 할 수 있게 된다.

포물면 반사판의 대역폭을 고려할 때, 반사판의 크기에 의해 저주파수 쪽의 한계가 결정되고, 고주파수 쪽은 반사판 표면의 매끄러운 정도에 따라 결정이 된다. 그러나 실제에서는 반사판 보다는 급전 안테나의 대역폭에 의해 제한되고 있다.

개구면의 직경이 파장의 10배 이상되는 경우 개구면의 직경을 d라고 하면 안테나의 반치빔폭($HPBW$)은

$$HPBW = 70\,\frac{\lambda}{d} \tag{4.19}$$

으로 표현되며, 포물면 안테나의 절대 이득은 식 (4.6)과 같이

$$G = \frac{4\pi}{\lambda^2}\,\eta\,A_P \tag{4.20}$$

이다[5]. 여기서 η는 개구 효율(aperture efficiency)로서 A_p는 개구면의 실제 면적이다. 포물면 반사판의 경우 개구 효율은 $0.5 \sim 0.7$정도이다. 또한 일반적으로 지향성은 초점거리가 길고, 개구면이 클수록 좋다.

4.4 오프셋 포물면 반사판 안테나 (Offset parabola reflector antenna)

포물면 반사판 안테나(parabola reflector antenna)에서 급전 안테나를 포물면의 초점 위치로 두면, 급전 안테나에서 나온 파가 포물면 반사판에 부딪친 후 포물면 반사판의 개구면에 도달할 때, 완전한 평면파인 균일한 전자계 필드가 개구면에 형성된다. 그러나 실제 포물면 반사판 안테나의 경우 급전 안테나가 위치한 부근에서는 급전 안테나 및 그에 딸린 지지 구조물 등에 의해 이러한 균일 전자계 필드가 방해를 받게 된다. 따라서 급전 안테나에 의해 개구면의 균일 전자계 필드가 방해를 받지 않도록 하기 위해 사용하는 방법 중 하나가 오프셋 포물면 반사판 안테나(offset parabola reflector antenna)이다. 이것은 급전부 조립체 및 그에 딸린 지지 구조물에 의한 주 반사판 개구면의 차폐를 감소시키거나 없앨 수 있다. [그림 4-7]에 오프셋 포물면 반사판 안테나 모양을 나타내었다.

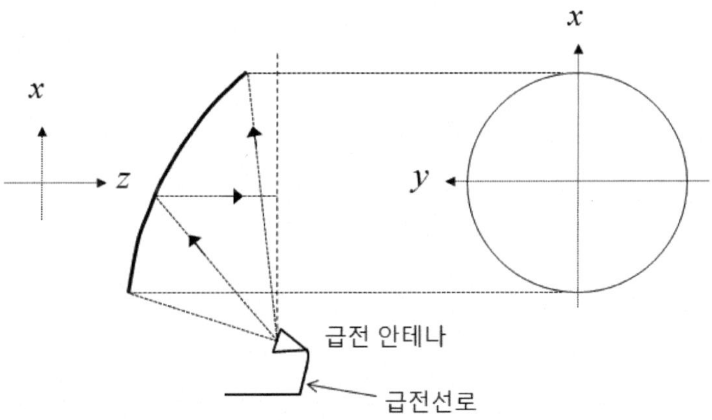

[그림 4-7] 오프셋 포물면 반사판 안테나

[그림 4-7]에서 보듯이 급전 안테나 및 그에 딸린 지지 구조물이 개구면 바깥에 있어 개구면에는 균일한 전자계 필드가 형성될 수 있도록 하였다. 이것은 포물면 반사판 안테나에서 포물면의 일부분만 선택하여 반사기로 사용하고, 급전 안테나를 초점에서 경사지게 설치하여 반사판이 있는 방향으로 최대 방사가 일어나게 만든다. [그림 4-7]에서 보는 바와 같이 급전 안테나가 반사판 아래에 위치하므로 반사판에서 방사되어 나오는 파에 방해가 되지 않는다. 따라서 오프셋 안테나는 일반 포물면 반사판 안테나 보다 부엽 준위가 낮아진다. 또한 안테나 구조를 잘 설계하면 풍압을 감소시킬 수 있는 장점도 있다.

4.5 이중 반사판 안테나 (Dual reflector antenna)

단일 반사판 안테나의 급전 안테나와 반사판 사이에 부 반사판(sub reflector)을 삽입하여 이중 반사판(dual reflector) 구조로 만든 안테나를 이중 반사판 안테나(dual reflector antenna)라고 하며, 이중 반사판 구조의 안테나로 대표적인 것이 카세그레인 반사판(Cassegrain reflector) 안테나와 그레고리안 반사판(Gregorian reflector) 안테나이다. [그림 4-8]에 카세그레인 반사판 안테나와 그레고리안 반사판 안테나를 나타내었다. 주 반사판(main reflector)은 포물면(paraboloid)이고 부 반사판(sub reflector)은 쌍곡면(hyperboloid)이다. 포물면의 초점과 쌍곡면의 초점(focal point)이 중첩이 되도록 주 반사판과 부 반사판을 설치한다. [그림 4-8]에서 보듯이 부 반사판이 볼록(convex)한 것이 카세그레인 반사판 안테나이며, 부 반사판이 오목(concave)한 것이 그레고리안 반사판 안테나이다. 급전 안테나(feed antenna)에서 방사된 파는 쌍곡면으로 되어 있는 부 반사판에서 반사되어 다시 주 반사판인 포물면 반사판에 입사되고, 이것이 다시 포물면 반사판에 의해 반사되어 중심축과 평행하게 전파한다. 따라서 포물면 반사판 안테나와 같이 개구면에서 균일 평면파가 형성된다.

이중 반사판 안테나(dual reflector antenna)의 경우 [그림 4-8]와 같이 급전 안테나를 주 반사판의 정점 부근에 둘 수 있는데, 이렇게 함으로써 급전부 조립체 및 그에 딸린 지지 구조물이 간단해지며, 무게 또한 줄일 수 있고, 급전 안테나에 쉽게 급전선을 연결할 수 있으며, 동시에 급전 선로의 길이를 줄일 수 있어 전송 선로에 의한 손실이 감소하게 된다. 또한 급전 안테나에서 방사된 전자계가 부반사기에서 반사가 되지 못한 전자파도 안테나 전방을 향하게 되므로 지향성이 좋아지게 된다.

그리고 지상국의 수신 안테나로 사용할 때 단일 반사판에 비해 이중 반사판을 사용함으로 인해 저잡음이 된다. 이것은 급전 안테나(feed antenna)의 개구면이 어디를 향하는 지 살펴보면 알 수 있다. 단일 반사판을 사용하는 경우 급전 안테나는 지면을 향하게 되어 있는 반면, 이중 반사판 안테나는 급전 안테나가 하늘을 바라보고 있어 급전 안테나 뒷면에서 오는 전자파를 수신하지 않으므로 대지 잡음의 영향을 매우 적게 받기 때문이다.

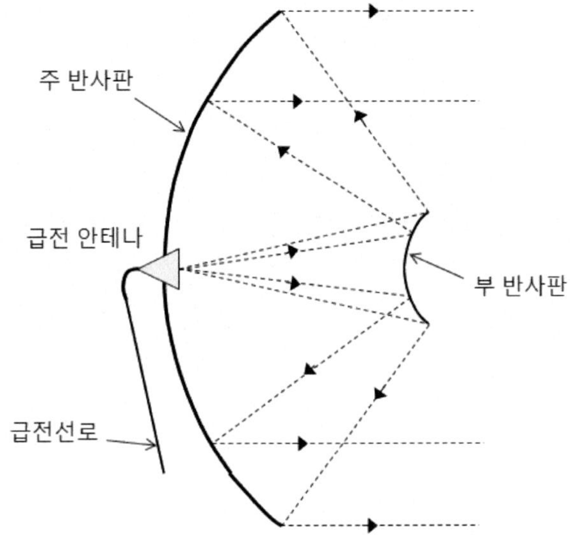

(a) 카세그레인 반사판 안테나

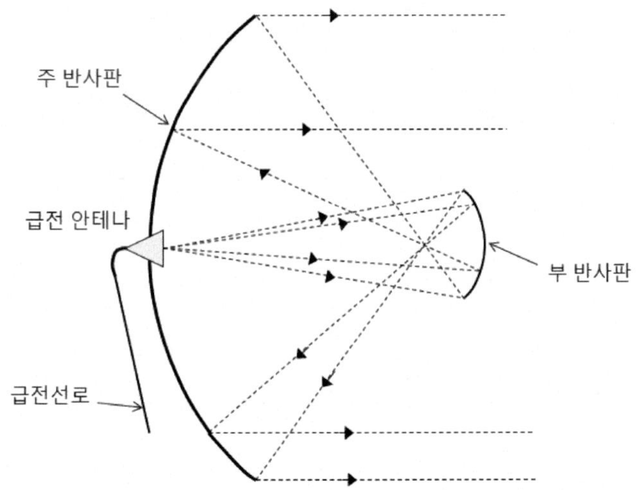

(b) 그레고리안 반사판 안테나

[그림 4-8] 이중 반사판 안테나

[그림 4-9]에 오프셋 이중 반사판 안테나(offset dual-reflector antenna)의 모양을 나타내었다.

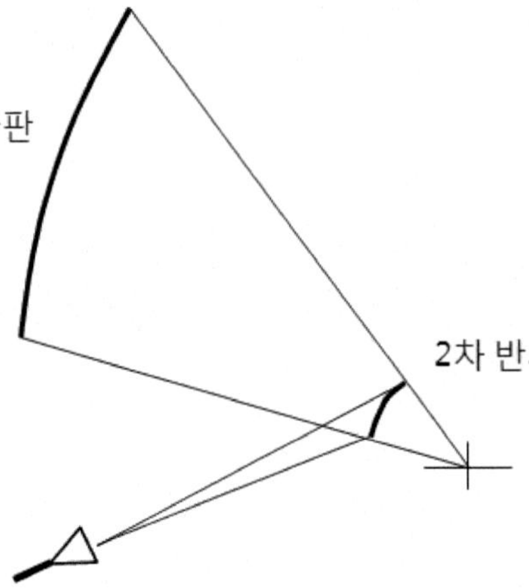

(a) 오프셋 카세그레인 안테나

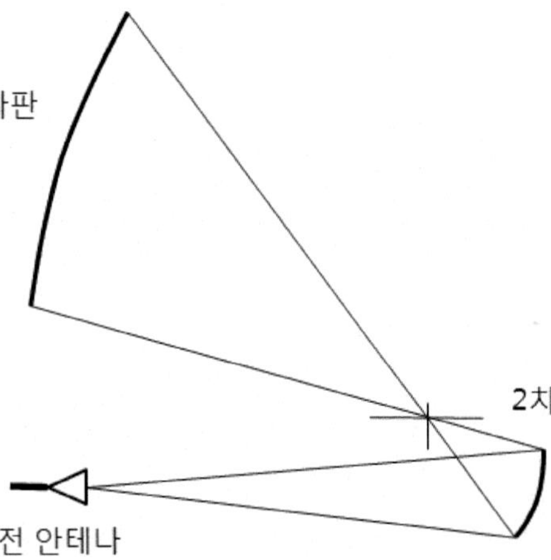

(b) 오프셋 그레고리안 안테나

[그림 4-9] 오프셋 이중 반사판 안테나

오프셋 단일 반사판 안테나는 주반사판(main reflector)의 개구면에서 전계의 분포가 비대칭으로 되어 교차 편파 성분이 커지고 이득이 감소하게 되나, 이중 반사판(dual reflector) 안테나에서는 주 반사판과 부반사판이 서로 상쇄되는 교차 편파 성분이 발생되도록 설계함으로써 교차 편파 성분을 크게 줄일 수 있다. 또한 이중 반사판 안테나는 주반사판의 전계 분포가 축

대칭이 되도록 설계함으로써 안테나의 이득이 높고 방사 패턴도 축 대칭이 되도록 할 수 있다.

오프셋 포물면 반사판 안테나는 위성통신 지구국용이나 지상의 마이크로파 통신망용으로 널리 이용되고 있으며, 오프셋 이중 반사판 안테나는 다중 빔 안테나 시스템과 빔 방향을 기계적으로 조정하는 안테나 시스템에 사용되고 있다.

4.6 그 밖의 반사판 안테나

[그림 4-10]에 여러 가지 형태의 반사판 안테나의 모양을 나타내었다. [그림 4-10] (a)는 포물면 원통(parabolic cylinder)형 반사판 안테나로서 한 평면이 포물선의 단면 모양을 나타내고 있으며, 수평 방향으로 좁은 빔을 형성한다.

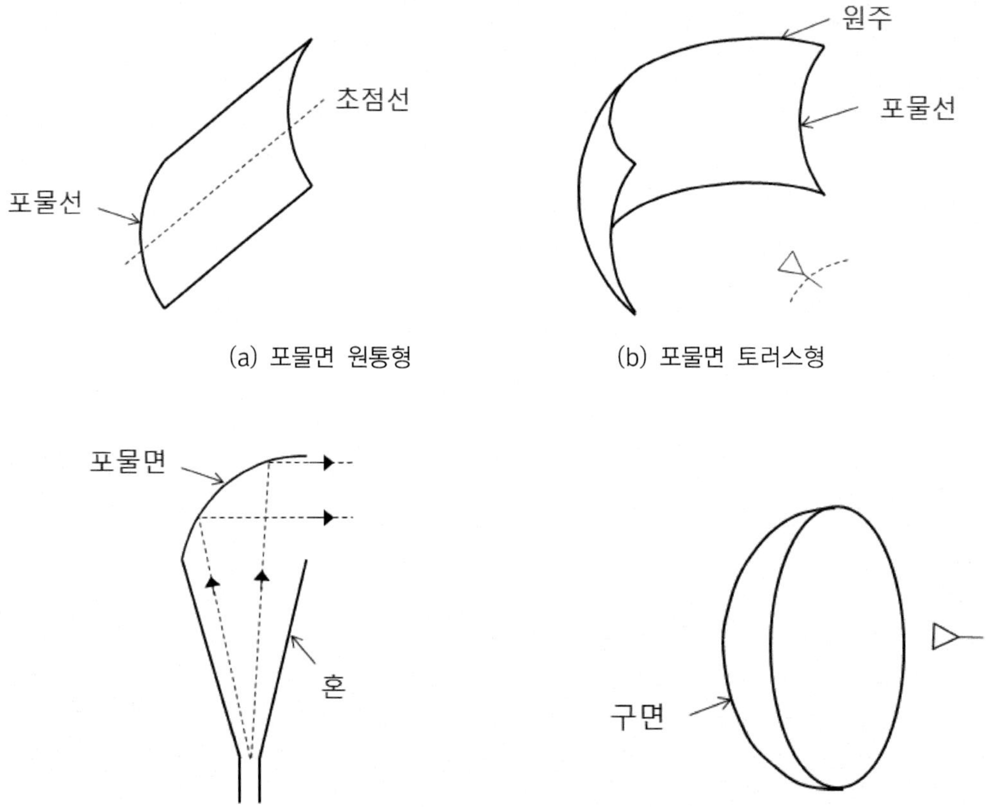

(a) 포물면 원통형 (b) 포물면 토러스형

(c) 혼 반사판 (d) 구면 반사판

[그림 4-10] 여러 가지 형태의 반사판 안테나

[그림 4-10] (b)는 포물면 토러스(parabolic torus)형 반사판 안테나로서 마치 포물면 원통형을 구부린 모양이다. 한 평면은 포물선이며, 또 다른 면은 원의 단면을 갖는다. 이것은 초점선(focal line)을 따라 다중 급전 안테나를 설치하여 단일 지구국 안테나를 이용하여 서로 다른

위성들로부터 오는 신호를 수신하고자 할 때 사용한다. 개구 효율은 떨어지지만 여러 개의 안테나를 사용하는 것에 비해 비용이 절감된다.

[그림 4-10] (c)는 혼 반사판(horn reflector) 안테나로서 오프셋 포물면 반사판에 혼을 조합해 구성한 것이다. 혼 안테나의 위상 중심점에서부터 복사된 파는 포물면에서 반사되어 개구면에서 평면파를 형성하게 된다. 부엽과 후엽이 낮아서 지상 초고주파 통신 링크에 매우 흔하게 사용되며, 초광대역이고, 이득이 45 dB 이상으로 매우 높다.

[그림 4-10] (d)는 구면 반사판(spherical reflector) 안테나로서 반사판 축을 포함하는 모든 평면에서 원의 단면을 갖는다. 연필형 빔(pencil beam)을 형성하지만, 개구면에서 비균일 위상 분포를 갖기 때문에 포물면 반사판 안테나에 비해 개구 효율(aperture efficiency)이 떨어진다.

4.A 요약

4.1 직사각형 개구면 안테나 (rectangular aperture antenna)

- 개구면 안테나(aperture antenna)는 개구면 혹은 열린 틈이 있어, 이곳으로 전자파가 흘러나가게 하거나 혹은 전자파를 모으는 안테나임.
- UHF 이상의 주파수에서 사용되며, 일반적으로 매우 높은 이득을 가지고 있고, 입력 임피던스가 거의 실수 값을 가짐.

4.2 직사각형 혼 안테나 (rectangular horn antenna)

- 혼(horn) 안테나는 일반적으로 수 GHz 이상의 주파수에서 사용되고 있으며, 가벼우면서 이득이 높고, 대역폭이 비교적 넓은 특징을 갖고 있음.
- 파라미드 혼(pyramidal horn) 안테나는 마이크로파 대역에서 안테나의 이득 측정시 표준 안테나로 많이 사용됨.
- 혼 안테나는 반사판 안테나의 급전용으로도 사용됨.

4.3 포물면 반사판 안테나 (parabola reflector antenna)

- 포물면 반사판 안테나는 마이크로파 대역에서 30 dB 이상의 고 이득 안테나를 구현할 수 있으므로 장거리 전파통신이나 고 분해능 레이더 등에 응용되고 있음.
- 급전 안테나로 혼 안테나를 사용하고, 급전 혼의 위상 중심점을 포물면의 초점 위치로 두면, 급전 혼에서 나온 파가 포물면 반사판에 부딪친 후 포물면 반사판의 개구면에 도달하면, 초점에서 출발한 모든 전자기파의 경로의 길이가 동일하므로, 완전한 평면파인 균일한 전자계 필드가 개구면에 형성됨. 따라서 고 이득의 안테나를 구현 할 수 있음.

4.4 오프셋 포물면 반사판 안테나 (offset parabola reflector antenna)

- 급전 안테나에 의해 개구면의 균일 전자계 필드가 방해를 받지 않도록 하기 위해 포물면 반사판 안테나에서 포물면의 일부분만 선택하여 반사기(reflector)로 사용하고, 급전 안테나를 반사판 아래에 위치하도록 하고, 초점에서 경사지게 설치하여 반사판이 있는 방향으로 최대 방사가 일어나게 만듬.

4.5 이중 반사판 안테나 (dual reflector antenna)

- 단일 반사판 안테나의 급전 안테나와 반사판 사이에 부 반사판을 삽입하여 이중 반사판(dual reflector) 구조로 만든 안테나를 말함.
- 이중 반사판 구조의 안테나로 대표적인 것이 카세그레인 반사판(Cassegrain reflector) 안테나와 그레고리안 반사판(Gregorian reflector) 안테나가 있음.
- 부 반사판이 볼록(convex)한 것이 카세그레인 반사판 안테나이며, 부 반사판이 오목(concave)한 것이 그레고리안 반사판 안테나임.
- 이중 반사판 안테나가 단일 반사판 안테나에 비해 전송 선로에 의한 손실이 작음.
- 단일 반사판 안테나에 비해 이중 반사판 안테나가 저잡음임.
- 오프셋 카세그레인 안테나(offset Cassegrain antenna)와 오프셋 그레고리안 안테나(offset Gregorian antenna)도 있음.

4.B 연습문제

4.1 포물면 반사판 안테나의 구성도를 그리고, 특성에 대해 설명하시오.

4.2 오프셋 포물면 반사판 안테나의 구조를 그리고, 특성에 대해 설명하시오.

4.3 케세그레인 이중 반사판 안테나의 구조를 그리고, 특성에 대해 설명하시오.

4.4 그레고리안 이중 반사판 안테나의 구조를 그리고, 특성에 대해 설명하시오.

4.5 개구면적이 $3m^2$, 개구 효율이 60%, 사용 주파수가 $5\ GHz$ 인 포물면 반사판 안테나의 이득은 얼마인가?

4.6 개구 지름이 $3.8\ m$인 포물면 반사판 안테나가 $f = 3\ GHz$에서 이득이 $40\ dB$ 이상 되기 위해서는 개구 효율은 몇 % 이상이 되어야 하는가?

4.7 직사각형 개구면의 크기가 $8\lambda \times 5\lambda$ 인 최적 피라미드 혼 안테나가 있다. 이 혼 안테나의 이득은 얼마인가?

4.8 포물면 반사판 안테나에서 아래에 제시된 사항으로 변하는 경우 안테나 이득은 어떤 변화를 갖는지 설명하시오.

- 개구면의 면적이 2배가 될 때
- 사용 주파수를 2배로 할 때

4.C 상용 안테나 제품 소개

(1) 직사각형 혼 안테나

- 제품 A

Frequency Range	28 ~ 40 GHz
VSWR max.	〈 1.3:1
Impedance	50Ω
Connector	K (female)
Gain	18 ~ 21 dB
HPBW	$14^o \sim 19^o$
Polarization	Linear
Power(CW / Pulse)	10 W / 20 W
Width	39.7 mm
Depth	67.5 mm
Height	29.0 mm
Weight	145 g
Material	gold-plated brass

- 제품 B

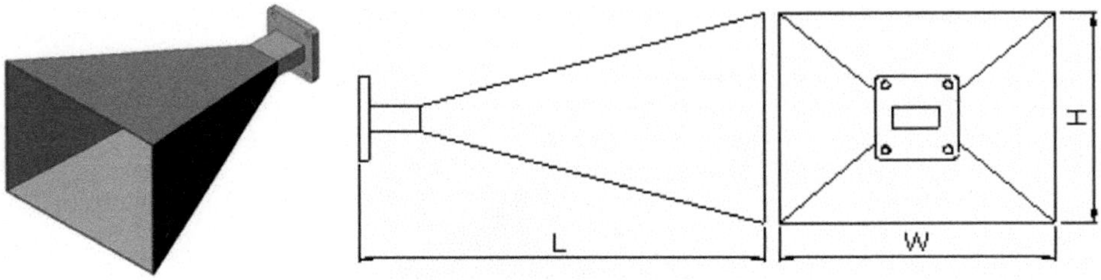

Frequency [GHz]	Gain [dB]	3 dB Beamwidth (Nom)	Dimension (mm)			WG Type	
			L	W	H	IEC	EIA
0.32-0.49	10	55°	1600	1198	955	R3	WR 2300
1.13-1.73	10	55°	545	315	235	R14	WR 650
5.38-8.17	10	55°	110	67	52	R70	WR 137
8.20-12.40	10	55°	75	47	41	R100	WR 90

(2) 포물면 반사판 안테나

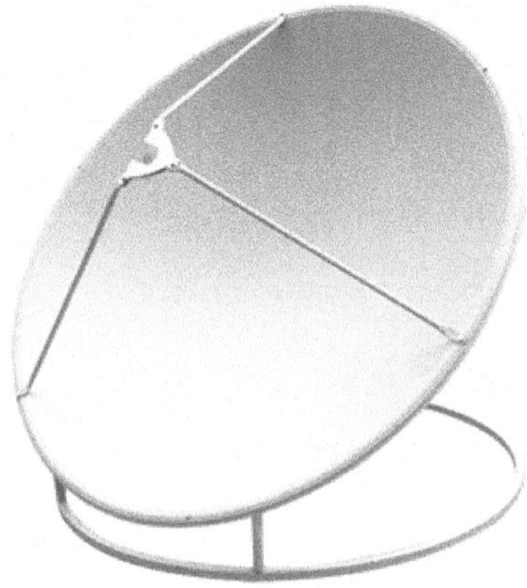

Aperture Diameter	120 cm
Focus Length	45.6 cm
C-BAND Gain @4.0 GHz	32.67 dB
KU-BAND Gain @ 12.45 GHz	42.32 dB
Elevation	$25^o \sim 65^o$
Azimuth	$0^o \sim 360^o$
Efficiency	70% min
Finish	Polyester Power
Color	Gray
Pole Diameter Acceptable	45 ~ 75 mm
Ambient Temperature	$-40^oC \sim +60^oC$
Relative Humidity	0 ~ 100%
Net/Gross Weight	12.0 kg
Material	Steel

(3) 오프셋 포물면 반사판 안테나

Offset Angle	24.62^o
Aperture-Short Axis	120.0 cm
Aperture-Long Axis	132.0 cm
Focus Length	72 cm
C-BAND Gain @ 4.0 GHz	32.78 dB
KU-BAND Gain @ 12.5 GHz	42.4 dB
Elevation angle range	$17^o \sim 90^o$
Azimuth	$0^o \sim 360^o$
Efficiency	70% min
Finish	Polyester Powder
Color	Gray
Pole Diameter Acceptable	45 ~ 75 mm
Ambient Temperature	$-40^o C \sim +60^o C$
Relative Humidity	0 ~ 100%
Net/Gross Weight	24.4 kg
Material	Steel

(4) 이중 반사판 안테나

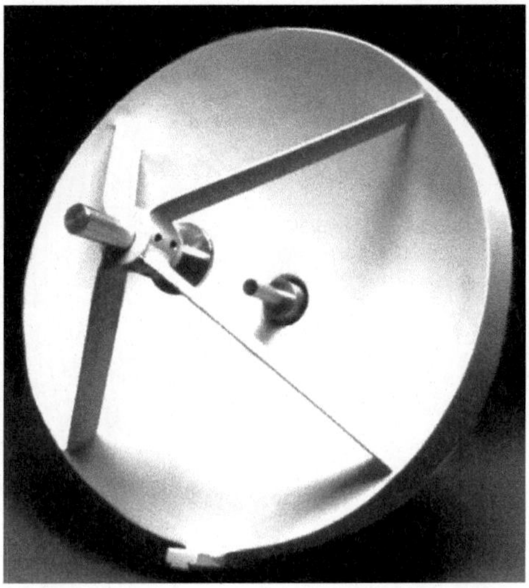

Frequency Range	18 to 325 GHz	Practical range for waveguide feeds
Standard Reflector Diameters (inch)	6, 10, 12, 18, 24, 36, 48	
Beamwidth (degree)	0.1 to 3.0	Beamwidth depends on frequency and diameter selected
Gain (dBi) (nom.)	35 to 60	Depending on the frequency and diameter selected
Sidelobes (dB) (typ)	18	
VSWR (typ)	1.5 : 1	

(5) 그 밖의 반사판 안테나

- 제품 A

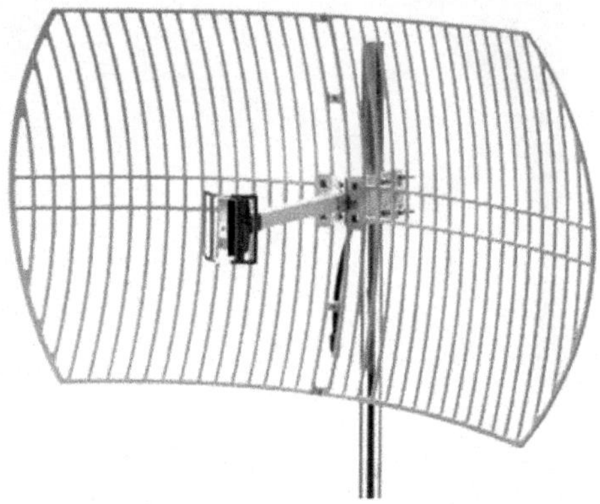

Frequency	2.4 ~ 2.5 GHz
Impedance	$50\,\Omega$
VSWR	〈 1.5
Gain	24 dBi
Max Power	100 W
Polarization	Vertical or Horizontal
Horizontal Beam Width	10°
Vertical Beam Width	14°
F/B	30 dB
Lighting Prot.	DC ground
Weight	2.7 Kg
Dimension	600 × 900 mm

- 제품 B

Co-secant squared reflector antenna at X-band

- Co-secant square pattern shape in elevation plane
- Linearly polarized
- High gain : 31 dB
- Co-secant squared upto 40 degree in elevation
- Azimuth beam width 1.4 degree
- Size : 1600 mm x 500 mm

Chapter 5

배열 안테나

5.1 패턴 곱 원리 (Principle of pattern multiplication)

단일 소자 안테나를 두 개 이상 공간에 배치한 형태를 배열 안테나(array antenna) 또는 배열(array)라고 한다. 이렇게 단일 소자 안테나를 배열함으로써 얻을 수 있는 장점으로는 안테나의 이득이 증가하고, 방사 패턴의 변형이 가능하며, 특히 주 빔(main beam)의 주사(scan)가 가능해진다.

기본적으로 단일 소자 안테나의 방사 패턴은 안테나의 고유한 특징으로 안테나가 결정되면 단일 소자 안테나의 방사 패턴도 변경할 수 없다. 그러나 안테나를 한 개가 아닌 여러 개 배열을 하는 경우 배열하는 안테나의 개수, 안테나들 사이의 간격, 안테나에 인가하는 급전 전류의 크기 및 위상에 따라 배열 안테나의 방사 패턴을 변경할 수 있다. 본 절에서는 안테나를 배열함으로써 안테나의 방사 패턴에 변화를 주는 원리에 대해 살펴보고자 한다.

배열 안테나의 방사 패턴을 구하는 방법에 대해 알아보자. 동일한 단일 소자 안테나가 여러 개 배열되어 있는 경우, 단일 소자 안테나의 방사패턴을 소자패턴(element pattern)이라고 하고, 단일 소자 안테나들을 등방성 점전원으로 대체한 후의 배열 안테나의 방사패턴을 배열성분(array factor : AF)이라 하면, 배열 안테나의 방사패턴은 소자패턴(element pattern)에 배열성분(array factor)을 곱하여 구할 수 있다. 이것을 패턴 곱의 원리(principle of pattern multiplication)라 부른다. 즉, 배열 내의 단일 소자 안테나의 정규화된 방사패턴을 $g(\theta, \phi)$라고 하고, 등방성 점전원이 배열되어 있을 때의 정규화한 방사패턴을 $f(\theta, \phi)$라고 하면, 배열 안테나의 정규화된 방사 패턴 $F(\theta, \phi)$은

$$F(\theta, \phi) = g(\theta, \phi)\, f(\theta, \phi) \tag{5.1}$$

이다. 예들 들면, [그림 5-1]처럼 단일 소자 방사패턴과 배열성분의 곱으로 인해 배열 안테나의 방사 패턴이 단일 소자 안테나와 차이가 나면서 새로운 형태의 방사 패턴이 생성되는 것을 볼 수 있다.

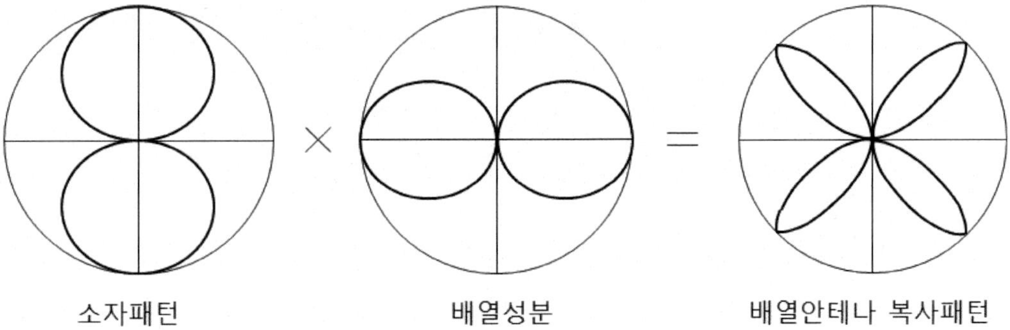

[그림 5-1] 패턴곱의 법칙의 예

패턴 곱의 원리를 이용하면 배열 안테나의 방사 패턴을 원하는 형태로 만들기 위해서는 배열 성분(array factor)를 적절히 제어하면 된다는 것을 알 수 있다. 따라서 이후 설명에서는 다양한 배열 안테나에서 배열 성분을 구하는 방법 및 배열 성분의 방사 패턴을 구하는 방법에 대해 설명하고자 한다.

5.2 균일 급전, 등간격 선형 배열 안테나

각 소자 안테나를 배열할 때 배열 소자의 중심이 직선을 따라 놓이는 경우를 선형 배열(linear array)이라한다. 본 절에서는 선형 배열 안테나의 배열 성분을 구하고자 한다.

(1) 2소자 선형 배열 안테나

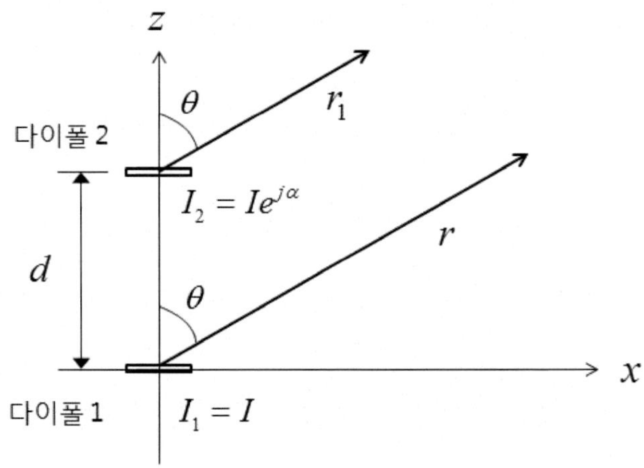

[그림 5-2] 2소자 선형 배열 안테나

[그림 5-2]에 2 소자 선형 배열 안테나를 나타내었다. 거리 d 떨어져 있는 길이 dl의 두 미소 다이폴에 크기는 I로 동일하며, 위상은 α 만큼 차이가 나는 전류가 인가되고 있다고 가정하자. 다이폴 1에 의한 원거리 영역에서의 전계를 $\overline{E_1} = E_1 \hat{\theta}$, 다이폴 2에 의한 원거리 영역에서의 전계를 $\overline{E_2} = E_2 \hat{\theta}$라 할 때, E_1, E_2는 각각 다음과 같다.

$$E_1 = j\frac{\eta k I_1 dl}{4\pi}\left(\frac{e^{-jkr}}{r}\right)\cos\theta \tag{5.2}$$

$$E_2 = j\frac{\eta k I_2 dl}{4\pi}\left(\frac{e^{-jkr_1}}{r_1}\right)\cos\theta \tag{5.3}$$

여기서 $0 \le \theta \le \pi$ 이며, 원거리 영역에서는

$$\frac{1}{r_1} \approx \frac{1}{r} \tag{5.4}$$

$$e^{-jkr_1} = e^{-jk(r - d\cos\theta)} \tag{5.5}$$

으로 표현할 수 있으므로, 두 다이폴에 의한 총 전계는 다음과 같다.

$$\begin{aligned} \overline{E} &= (E_1 + E_2)\hat{\theta} \\ &= j\frac{\eta k dl}{4\pi}\left(\frac{e^{-jkr}}{r}\right)\cos\theta\left[I_1 + I_2 e^{jkd\cos\theta}\right]\hat{\theta} \\ &= j\frac{\eta k I_1 dl}{4\pi}\left(\frac{e^{-jkr}}{r}\right)\cos\theta\left[1 + e^{j\alpha} e^{jkd\cos\theta}\right]\hat{\theta} \\ &= j\frac{\eta k I_1 dl}{4\pi}\left(\frac{e^{-jkr}}{r}\right)\cos\theta\ [AF]\ \hat{\theta} \end{aligned} \tag{5.6}$$

여기서

$$AF = 1 + e^{j\alpha} e^{jkd\cos\theta} \tag{5.7}$$

으로 배열성분을 의미한다. 즉, 두 다이폴의 총 전계는 하나의 다이폴이 원점에 있을 때의 전계와 배열성분의 곱으로 나타난다.

(예제 5-1) 배열성분

[그림 5-2]와 같은 두 다이폴 어레이에서 $\alpha = 0^o$, $d = \lambda/4$일 때 배열 성분을 구하고, 정규화한 배열 성분을 구하시오.

(풀이)

식 (5.7)에 의해 배열 성분은 $AF = 1 + e^{j\alpha} e^{jkd\cos\theta} = 1 + e^{jkd\cos\theta}$ 이며, 여기서

$kd\cos\theta = \frac{2\pi}{\lambda}\frac{\lambda}{4}\cos\theta = \frac{\pi}{2}\cos\theta$ 이다. 따라서

$$AF = 1 + e^{j\frac{\pi}{2}\cos\theta} = e^{j\frac{\pi}{4}\cos\theta}(e^{-j\frac{\pi}{4}\cos\theta} + e^{j\frac{\pi}{4}\cos\theta})$$

$$= 2\, e^{j\frac{\pi}{4}\cos\theta}\cos\left(\frac{\pi}{4}\cos\theta\right)$$

이며, 최대값이 1이 되도록 정규화한 배열 성분은 $f(\theta) = \cos\left(\frac{\pi}{4}\cos\theta\right)$이다.

(2) N-소자 선형 배열 안테나

배열 안테나의 방사 패턴 특성은 안테나가 가역성이 성립하므로 편의에 따라 수신 또는 송신 안테나로 간주하여 설명할 수 있다. [그림 5-3]과 같이 z축을 따라 N개의 등방성 안테나가 놓여 있는 경우를 고려하자.

안테나를 수신 안테나로 가정할 경우, 각 소자 안테나에 입사하는 평면파에 의해 각 소자 안테나에 유기되는 전류는 각각

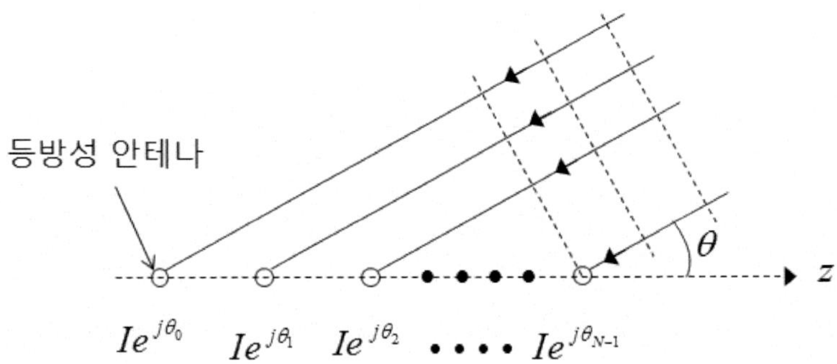

[그림 5-3] 선형 배열 안테나

$$I e^{j\theta_0},\ I e^{j\theta_1},\ I e^{j\theta_2},\ \cdots\cdots,\ I e^{j\theta_{N-1}} \tag{5.8}$$

으로 표현할 수 있다. 여기서 I는 유기되는 전류의 크기로서 각 소자 안테나에서 동일한 값을 갖는 것으로 가정 할 수 있으며, $\theta_0, \theta_1, \cdots\cdots, \theta_{N-1}$는 각 소자 안테나 위치에서의 입사 평면파의 위상으로, 유기되는 전류의 위상에 해당한다. 각 소자 안테나에 유기된 전류를 각 소자에 연결된 전송선로를 통해 한 지점에서 합하면, 즉, 각 소자 안테나로부터 수신된 신호를 모두 합하면, 입사 평면파의 입사 각도에 따른 수신 신호의 크기를 구할 수 있다. 수신 안테나가 등방성 안테나라면 [그림 5-3]의 선형 안테나의 배열 성분은 다음과 같이 구해진다.

$$AF = I_0 e^{j\theta_0} + I_1 e^{j\theta_1} + \cdots\cdots + I_{N-1} e^{j\theta_{N-1}} \tag{5.9}$$

여기서 $I_0, I_1, \cdots\cdots, I_{N-1}$은 소자 안테나에 유기된 전류 I가 소자별로 연결된 전송선로를 지나면서 진폭 및 위상이 변하는 경우를 고려한 각 소자 별 전류를 나타낸 것이다. 수신된 신호를 모두 합하는 지점에 도달한 전류 중 n번째 소자로 부터의 전류를 진폭과 위상을 분리하여 표현하면 식 (5.10)과 같이 표현할 수 있다.

$$I_n = A_n e^{j\alpha_n} \tag{5.10}$$

여기서 A_n, α_n은 n번째 소자에 의한 전류의 크기 및 위상을 나타낸다.

식 (5.9)의 배열성분은 일반적인 선형 배열 안테나에 해당하는 것으로 안테나를 송신 안테나라고 가정해도 똑 같은 배열 성분 수식을 구할 수 있다. 즉, 하나의 신호원에서 N개의 안테나로 전류를 인가할 때 식 (5.10)을 n번째 소자에 인가되는 (n번째 등방성 안테나에 흐르는) 전류의 크기와 위상을 나타낸 것으로 볼 수 있다.

(3) 균일 급전, 등간격 선형 배열 안테나 (uniformly excited, equally spaced linear arrays)

배열 안테나를 송신 안테나로 생각하고, 소자 안테나의 간격이 d로서 일정한 등간격 배열 안테나에 대해 살펴보자. [그림 5-4]에 배열 성분을 구하기 위해 소자 안테나를 등방성 점전원으로 대치한 등간격 배열 안테나를 나타내었다.

[그림 5-4]의 배열 성분을 구하면, 식 (5.9)으로부터

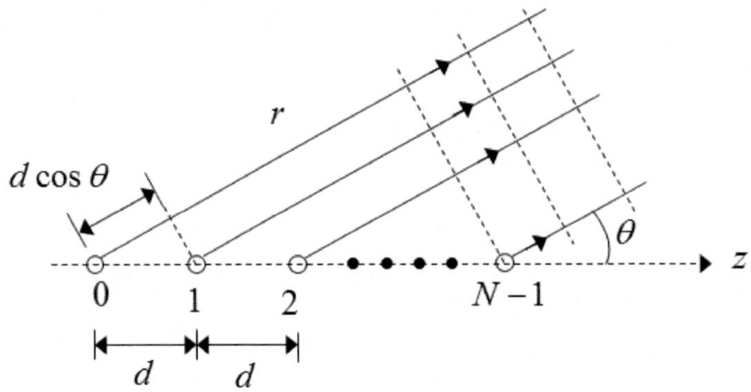

[그림 5-4] 등간격 선형 배열 안테나

$$AF = I_0 + I_1 e^{j\beta d\cos\theta} + I_2 e^{j2\beta d\cos\theta} + \cdots\cdots + I_{n-1} e^{j(n-1)\beta d\cos\theta} \quad (5.11)$$

$$= \sum_{n=0}^{N-1} I_n e^{jn\beta d\cos\theta}$$

으로 구해진다. 만약 각 소자 안테나에 인가되는 전류의 위상이 선형적으로 변하는 경우를 가정하면, 즉 $\alpha_n = n\alpha$으로 가정하면 $I_n = A_n e^{jn\alpha}$ 이 되어, 식 (5.11)은

$$AF = \sum_{n=0}^{N-1} A_n e^{jn(\beta d\cos\theta + \alpha)} \quad (5.12)$$

$$= \sum_{n=0}^{N-1} A_n e^{jn\psi}$$

으로 표현할 수 있다. 여기서 ψ는

$$\psi = \beta d\cos\theta + \alpha \quad (5.13)$$

이다.

만약 등간격(equal spacing)이면서 N개의 각 소자 안테나에 인가되는 전류의 진폭이 동일

한(equal amplitude) 경우, 즉,

$$A_0 = A_1 = A_2 = \cdots\cdots = A_{N-1} \tag{5.14}$$

일 때를 균일 급전, 등간격 선형 배열 안테나 (uniformly excited, equally spaced linear arrays)라고 한다. 이러한 배열 안테나의 배열 성분(array factor)은

$$AF = A_0 \sum_{n=0}^{N-1} e^{jn\psi} \tag{5.15}$$

$$= A_0 \frac{\sin(N\psi/2)}{\sin(\psi/2)}$$

이 된다. 이 식은 $\psi = 0$에서 최대가 되며, 최대값은 $A_0 N$ 이므로 정규화된 배열 성분은

$$f(\psi) = \frac{\sin(N\psi/2)}{N\sin(\psi/2)} \tag{5.16}$$

이 된다. 소자 안테나의 개수 N이 3, 5, 10 개 일 때 배열 성분의 크기를 ψ를 함수로 하여 [그림 5-5]에 나타내었다.

[그림 5-5]의 배열 성분을 살펴보면 소자 수 N에 따른 배열 성분의 변화에 대해 다음과 같은 특성이 있음을 알 수 있다.

- N이 증가하면 주엽의 빔폭이 좁아지며, 주엽의 폭은 $4\pi/N$ 이 된다.
- N이 증가하면 부엽의 수가 증가하며, 모든 부엽의 폭이 $2\pi/N$ 으로 동일한 값을 갖는다.
- N이 증가하면 부엽의 첨두치는 감소한다.
- 배열성분의 크기는 $\psi = \pi$에 대해서 대칭이다.

이러한 특성을 참고하면 쉽게 배열 성분의 크기 $|f(\psi)|$를 함수 ψ에 따라 그릴 수 있다. 그러나 방사 패턴은 θ에 따른 배열 성분의 변화를 조사하는 것이므로, 함수 ψ에 따른 변화로부터 θ에 따른 변화를 유도하는 과정이 필요하다. 식 (5.13)에서

$$0 < \theta < \pi \tag{5.17}$$

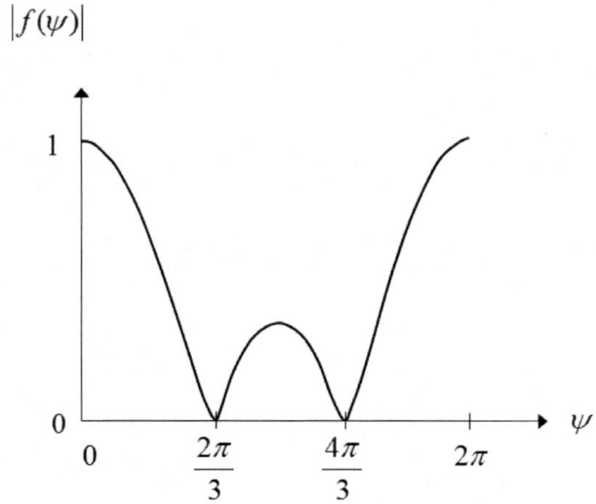

(a) $N = 3$

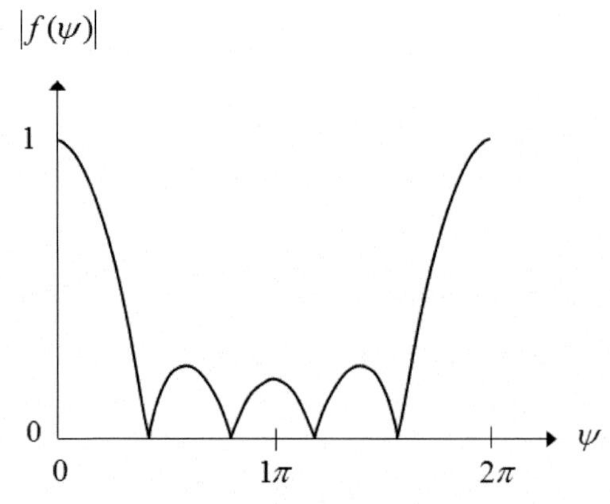

(b) $N = 5$

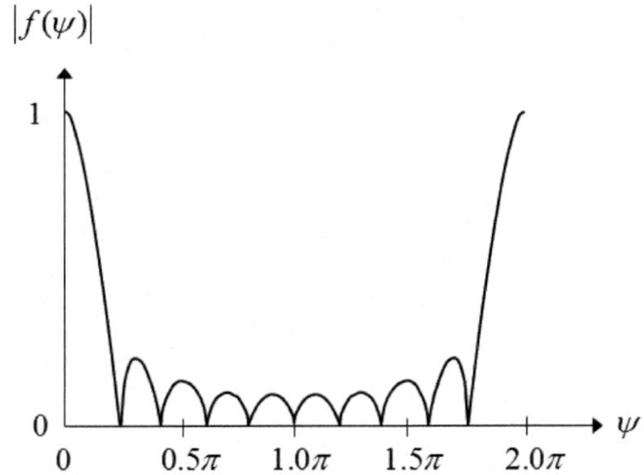

(c) $N = 10$

[그림 5-5] 균일 급전 등간격 선형 배열 안테나의 배열 성분

일 때

$$\alpha - \beta d < \psi < \alpha + \beta d \tag{5.18}$$

이 되며, 이 구간을 가시영역(visible region)이라 한다. 식 (5.18) 및 식 (5.13)를 살펴보면 ψ는 $\psi = \alpha$ 위치에서 θ의 값에 따라 $\beta d \cos\theta$의 값이 더해지는 것으로 볼 수 있고 이것을 그림으로 표현하면 [그림 5-6]과 같이 나타낼 수 있다. [그림 5-6]에 제시된 방법을 사용하면 θ의 변화에 따른 배열 성분의 변화를 구할 수 있다.

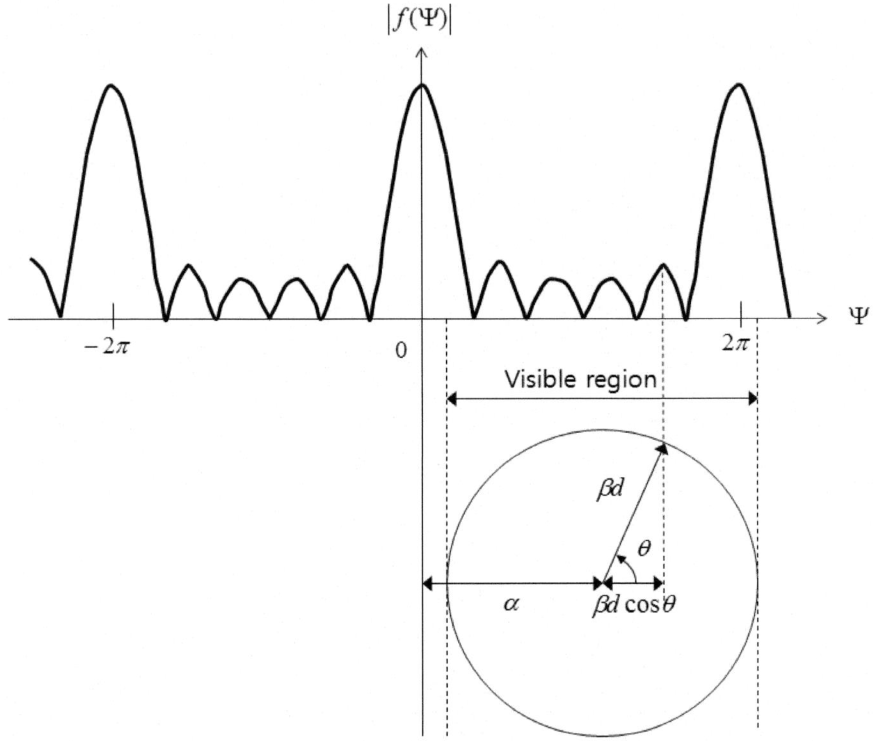

[그림 5-6] θ의 함수로 배열 성분을 나타내기 위한 방법

소자의 간격이 반 파장보다 작으면 $\beta d < \pi$ 이므로 식 (5.18)에서 가시영역의 구간이 2π보다 작게 된다. 그러나 소자의 간격이 반 파장보다 클 경우에는 가시영역의 구간이 2π보다 커게 되고, 소자의 간격이 한 파장 이상이 되면 가시 영역의 구간이 4π보다 커지게 된다. 따라서 [그림 5-7]에서 보듯이 한 파장보다 큰 소자 간격에서는 소자의 위상에 따라 한 개 이상의 주엽이 가시영역에 존재할 수 있다. 주엽과 동일한 세기를 방사하는 이러한 부가적인 주엽을 그레이팅 로브(grating lobe)라고 한다. 이러한 그레이팅 로브는 바람직하지 못하기 때문에 배열 안테나를 설계할 때 소자의 간격은 한 파장 이하가 되도록 설계한다.

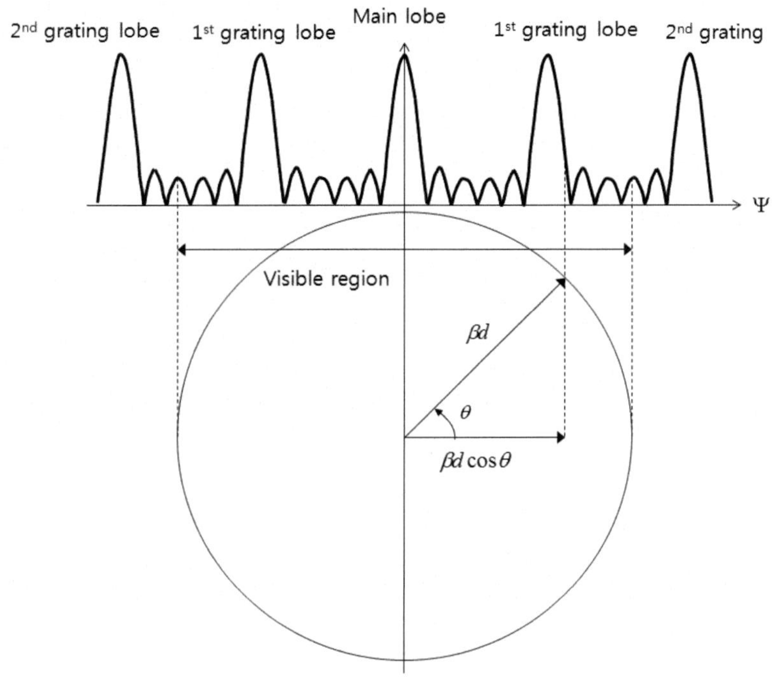

[그림 5-7] θ의 함수로 배열 성분을 나타내기 위한 방법

(예제 5-2) 균일급전 등간격 배열 안테나의 배열 성분

소자 사이의 간격이 $\lambda/2$ 로 등간격이며 소자간의 위상차가 $\alpha = \pi/2$인 4 소자 배열 안테나의 배열 성분을 구하고, θ에 따라 배열 성분의 크기를 그림으로 나타내시오.

(풀이)

식 (5.15)에서 $N = 4$ 이므로 정규화된 배열성분은 다음과 같다.

$$f(\psi) = \frac{\sin(2\psi)}{4\sin(\psi/2)}$$

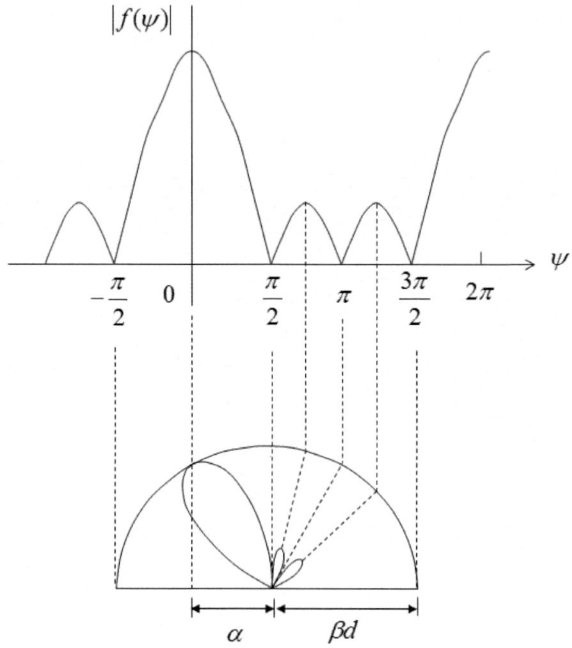

[그림 5-8] 균등급전, 등간격 4소자 배열 성분

$d=\lambda/2$ 이며, $\alpha=\pi/2$ 이므로 가시영역은 $-\pi/2<\psi<3\pi/2$ 이 되며, 따라서 $|f(\psi)|$ 과 배열성분을 그려보면 [그림 5-8]과 같다.

(예제 5-3) 반 파장만큼 떨어진 2개의 반파장 인허가 실무 방사패턴

[그림 5-9]와 같이 반 파장만큼 떨어져 있는 반파장 인허가 실무 2개의 방사 패턴을 구하시오.

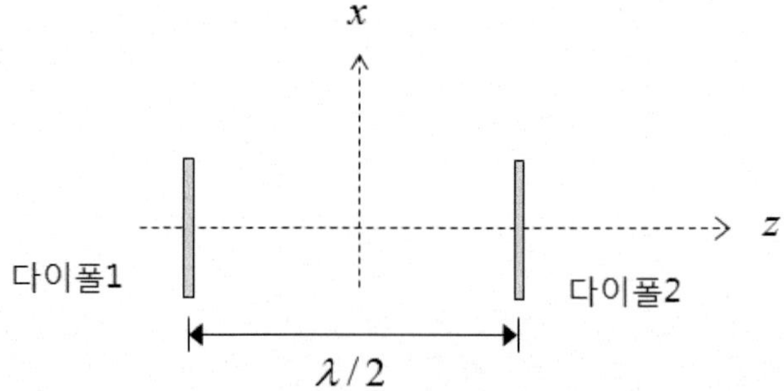

[그림 5-9] 반 파장만큼 떨어진 2개의 인허가 실무

(풀이)

배열 안테나의 방사 패턴은 패턴 곱의 원리를 이용하면 소자 안테나의 방사 패턴과 배열 성분을 곱하여 구할 수 있다. 반파장 다이폴 소자 안테나의 방사패턴은 [그림 5-10]과 같다.

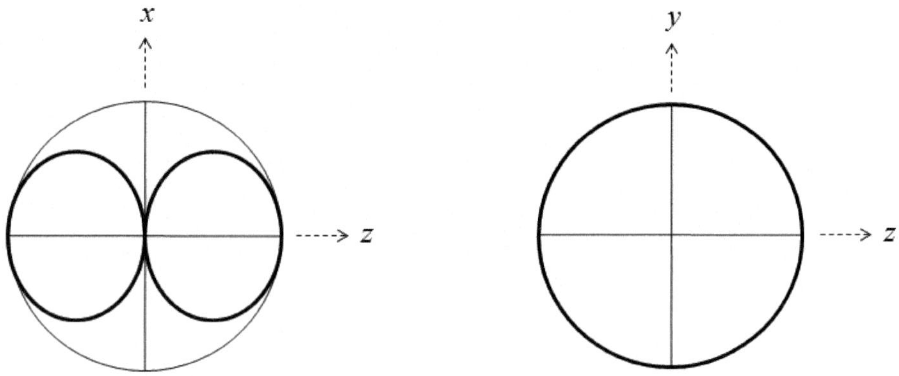

(a) E 면 방사패턴 (b) H 면 방사패턴

[그림 5-10] 반파장 인허가 실무의 방사패턴

한편 배열성분의 패턴은 [그림 5-11]과 같이 구해진다. 따라서 패턴 곱의 원리에 의해 [그림 5-9] 안테나의 방사패턴은 [그림 5-10]과 [그림 5-11]을 곱하여 [그림 5-12]와 같이 구해진다.

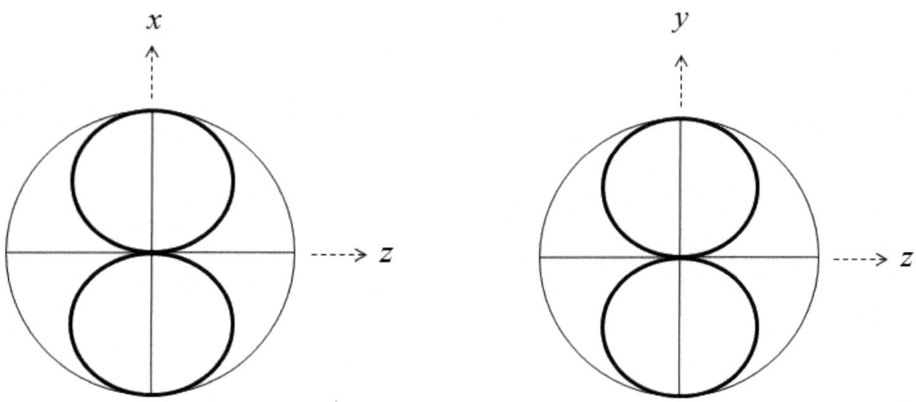

(a) E 면 방사패턴 (b) H 면 방사패턴

[그림 5-11] 반 파장만큼 떨어진 균일급전 2소자 배열성분

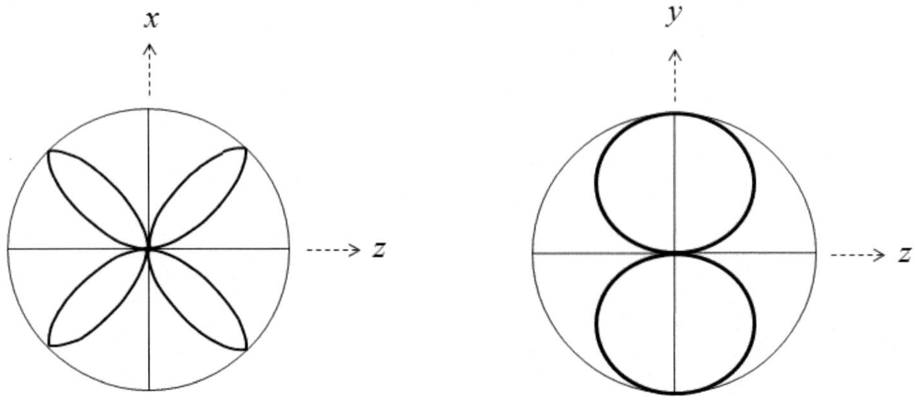

(a) E 면 방사패턴 (b) H 면 방사패턴

[그림 5-12] 반 파장만큼 떨어진 2개의 인허가 실무의 방사패턴

식 (5.15)로 표현된 균일 급전 등간격 선형 배열 안테나의 배열 성분의 최대는 $\psi = 0$ 에서 생기며, 이 값에 대응하는 θ 의 값을 θ_0 라고 하면

$$\alpha = -\beta d \cos\theta_0 \tag{5.19}$$

을 얻는다. 즉, 균일 급전 등간격 선형 배열 안테나의 주 빔이 $\theta = \theta_0$ 에서 발생하기 위해서는 각 소자 안테나 사이의 위상차가 식 (5.19)와 같이 되어야 한다는 의미이다. $\theta_0 = 90^o$ 인 경우를 브로드사이드 어레이(broadside array)라고 하는데, 이 경우는 식 (5.19)로부터 $\alpha = 0$ 이 되며, $\theta_0 = 0^o$ 혹은 $\theta_0 = 180^o$ 인 경우를 엔드파이어 어레이(endfire array) 라고 부르며, 이 경우는 식 (5.19)로부터 $\alpha = -\beta d$ 혹은 βd 가 된다.

한편 N 개의 등방성, 균일 급전 등간격 선형 배열 안테나의 지향성은 식 (5.20)과 같이 표현된다[24].

$$D = \frac{1}{\frac{1}{N} + \frac{2}{N^2} \sum_{m=1}^{N-1} \frac{N-m}{m\beta d} \sin m\beta d \cos m\alpha} \tag{5.20}$$

여기서 d는 소자 안테나 간의 간격이며, α는 소자간의 위상차를 나타낸다. 만약 소자 안테나 사이의 간격이 반파장의 정수배이고, 브로드사이드 어레이인 경우

$$d = n\frac{\lambda}{2}, \quad \alpha = 0 \tag{5.21}$$

이므로, 식 (5.20)의 지향성은 $D = N$ 이 된다. [그림 5-13]에 소자 수 및 소자 간격에 따른 등방성, 균일 급전 선형 배열 안테나의 지향성을 나타내었다.

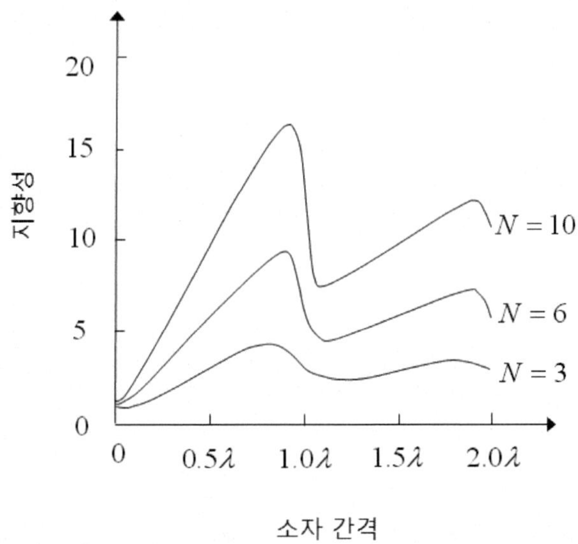

[그림 5-13] 소자 수 및 소자 간격에 따른 지향성

5.3 비균일 급전, 등간격 선형 배열 안테나

비 균일 급전은 배열 안테나에 인가되는 전류의 진폭이 서로 다른 경우를 말한다. 배열 안테나에 비균일 급전을 함으로써 부엽레벨과 빔폭을 조절할 수 있다. 본 절에서는 이러한 방법에 대해 살펴보고자 한다.

[그림 5-14]에 5소자 선형 배열 안테나에 인가되는 비균일 급전의 유형 몇 가지를 나타내었다. [그림 5-14] (a)는 비교를 위해 균등 전류 분포의 모양을 나타내었고, [그림 5-14] (b)는 소자 전류의 진폭이 삼각형(triangular) 모양으로 삼각 전류로 표현 하였다. [그림 5-14] (c)는 이항 급수(binomial series)의 계수를 참고하여 전류 진폭의 분포를 구하는 것으로, 5소자 인 경우 1 : 4 : 6 : 4 : 1 의 비로 전류의 진폭의 비가 정해진다[20].

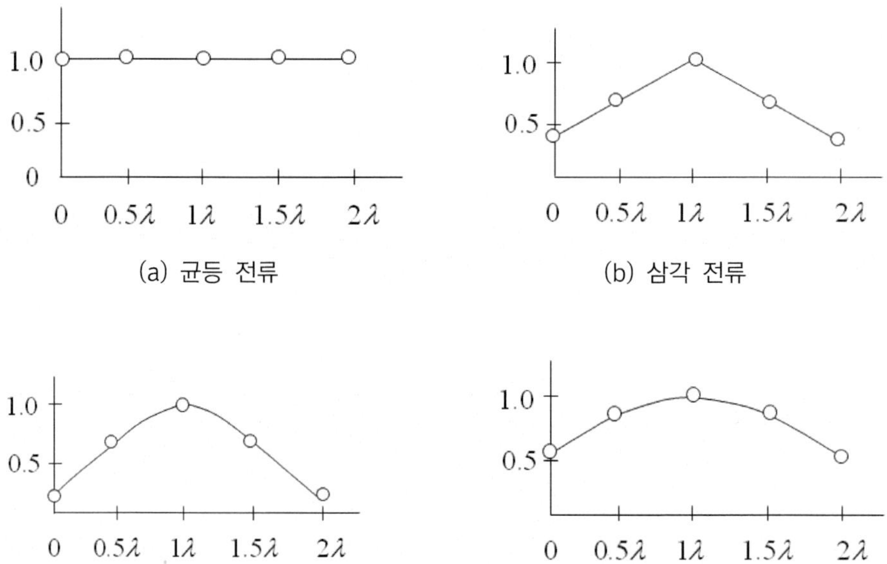

[그림 5-14] 5소자 선형 배열 안테나의 비 균일 급전에 의한 전류의 진폭 변화

[그림 5-14] (d)의 경우는 돌프-체비세프(Dolph-Chebyshev) 함수를 참고하여 1 : 1.61 : 1.94 : 1.61 : 1 의 비로 전류 진폭이 분포할 때 구한 것이다[20].

[그림 5-15]에 [그림 5-14]의 비균일 급전에 의한 5소자 선형 배열 안테나의 배열 성분을

그림으로 나타내었고, [표 5-1]에 지향성, 반전력 빔폭, 부엽레벨(SLL)을 정리하여 나타내었다. 삼각 전류(triangular current)의 경우 [표 5-1]과 [그림 5-15] (a)와 (b)의 비교에서 알 수 있듯이 부엽 레벨(SLL)이 줄어 든 것을 볼 수 있다. 그러나 반전력 빔폭이 균등 급전(uniform current)에 비해 증가한 것을 볼 수 있다. 한편 이항 전류(binomial current) 분포를 갖는 경우, [그림 5-15] (c)에서 보듯이 모든 부엽 레벨이 없어지게 된다. 그러나 주 빔의 빔폭은 더욱 더 넓어진다. [그림 5-15] (a) ~ (c) 까지 검토된 내용을 살펴보면, 전류의 진폭이 선형 배열의 끝으로 갈수록 점점 작아지면, 부엽은 감소하고, 주 빔의 빔폭은 증가 한다. 따라서 부엽과 주 빔의 빔폭을 동시에 감소시키는 방법은 없으며, 단지 두 성분을 적절한 값으로 설정할 수 있는데, 이 때 사용하는 방법이 돌프-체비세프 전류(Dolph-Chebyshev current) 분포이다. [그림 5-15] (d)는 전류 진폭 비가 1 : 1.61 : 1.94 : 1.61 : 1 인 돌프-체비세프 전류 분포를 갖는 경우에 대해 배열 성분을 나타낸 것이다. 부엽 레벨은 이항 전류 보다는 크지만 삼각 전류나 균등 전류에 비해 작은 값을 갖는다. 또한 주 빔의 빔폭은 균등 전류에 비해서는 크지만 삼각 전류나 이항 전류에 비해 작은 값을 갖는 것을 볼 수 있다.

[표 5-1] 여러 가지 전류 분포를 갖는 5소자 배열 안테나의 특성

전류분포	전류비	지향성	반전력빔폭	SLL
균등전류 (uniform)	1 : 1 : 1 : 1 : 1	5	20.8^o	-12 dB
삼각전류 (triangular)	1 : 2 : 3 : 2 : 1	4.26	26°	-19.1 dB
이항 전류 (binomial)	1: 4 : 6 : 4 : 1	3.66	30.3^o	$-\infty$ dB
돌프 체비세프 전류 (Dolph-Chebyshev)	1 : 1.61 : 1.94 : 1.61 : 1	4.68	23.7^o	-20 dB

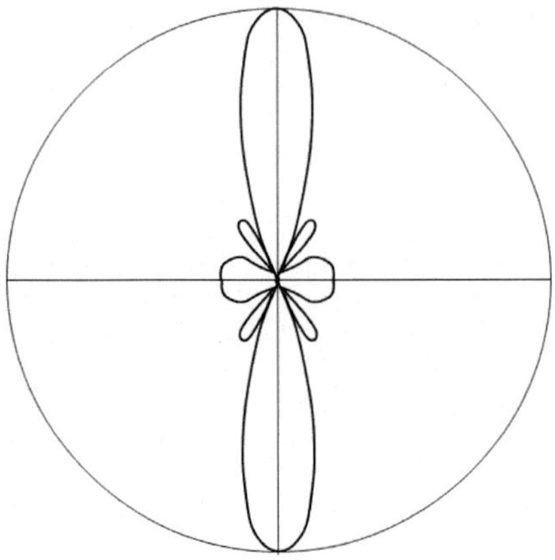

(a) 균등 전류

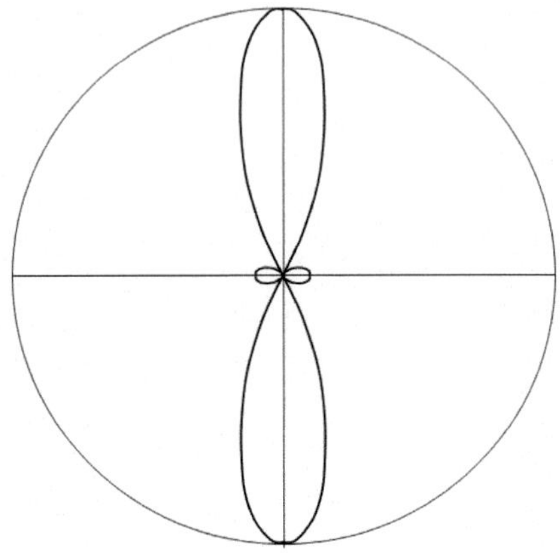

(b) 삼각 전류

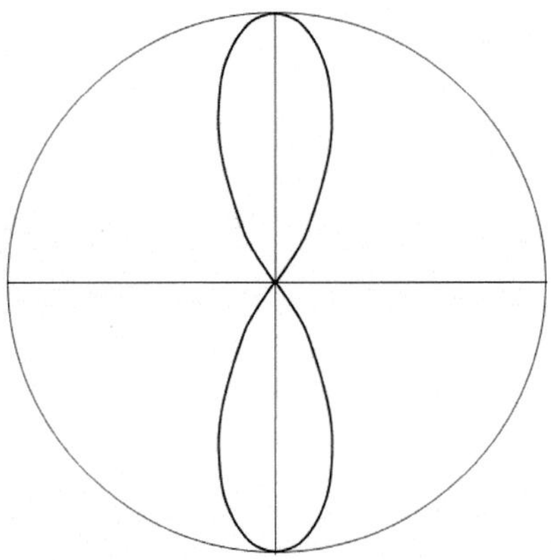

(c) 이항 전류

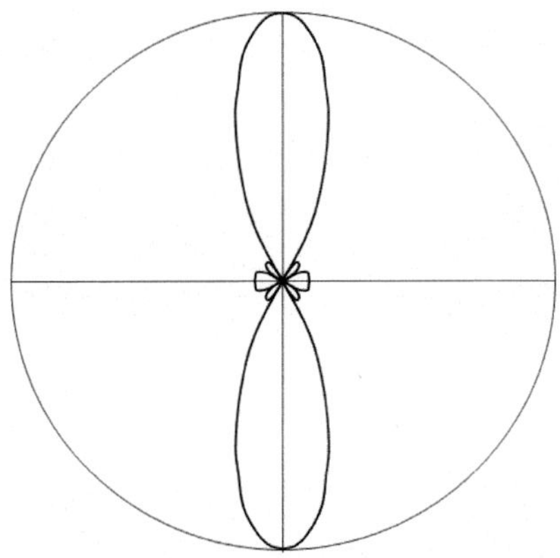

(d) 돌프-체비세프 전류

[그림 5-15] 비 균일 급전에 의한 5소자 선형 배열 안테나의 배열 성분

5.4 다차원 배열

1차원 선형 배열 안테나에서는 소자 안테나를 잇는 직선을 포함하는 평면에서만 배열 안테나의 방사패턴 형상을 변형 할 수 있다. 즉 소자를 잇는 직선과 수직한 평면에서 배열 안테나의 방사패턴은 소자 안테나의 방사패턴과 동일하게 된다. 따라서 연필형 빔(pencil beam)과 같은 높은 이득의 빔을 얻기 위해서는 2차원 이상의 배열 안테나가 요구된다. 예를 들어 [그림 5-16]과 같이 2차원 평면상에 $M \times N$ 개의 배열 안테나가 있는 경우 배열 성분은 다음과 같이 표현된다[6].

$$AF(\theta, \phi) = \sum_{n=1}^{N} \sum_{m=1}^{M} I_{mn} \, e^{j\alpha_{mn}} \, e^{j\xi_{mn}} \tag{5.22}$$

여기서

$$\xi_{mn} = \beta \left[x'_{mn} \sin\theta \cos\phi + y'_{mn} \sin\theta \sin\phi \right] \tag{5.23a}$$

$$\alpha_{mn} = -\beta \left[x'_{mn} \sin\theta_0 \cos\phi_0 + y'_{mn} \sin\theta_0 \sin\phi_0 \right] \tag{5.23b}$$

이며, θ_0, ϕ_0는 주빔의 방향을 나타내고, x'_{mn}, y'_{mn}은 mn번째 소자 안테나의 위치를 나타낸다. 즉 선형 배열 안테나처럼 한 쪽 평면에서만 방사패턴을 변형하는 것이 아니라 θ와 ϕ 방향으로도 모두 방사패턴을 변형할 수 있음을 알 수 있다.

만약 [그림 5-16]에서 x축에 평행한 모든 행(row)이 동일한 전류 분포를 갖고 있고, y축에 평행한 모든 열(column)도 동일한 전류 분포를 갖고 있으면, 식 (5.22)는 다음과 같이 된다.

$$AF(\theta, \phi) = \sum_{m=1}^{M} I_{xm} \, e^{j\xi_{xm}} \sum_{n=1}^{N} I_{yn} \, e^{j\xi_{yn}} \tag{5.24}$$

여기서

$$\xi_{xm} = \beta x'_{m} \sin\theta \cos\phi \tag{5.25a}$$

$$\xi_{yn} = \beta y'_{yn} \sin\theta \sin\phi \tag{5.25b}$$

이다. 이것은 행(row)과 열(column)의 전류분포와 연관된 두 개의 선형 배열 성분의 곱에 해당한다. 보통 평면 배열은 식 (5.24)와 같이 행과 열이 분리된 전류 분포를 가지므로 선형 배열 성분에 대한 해석을 직접 적용하여 평면 배열 성분을 구할 수 있다. 즉, [그림 5-16]에서 xz 평면에서의 방사패턴은 배열 개수 M과 배열 간격 d_x에 의해 영향을 받고, yz 평면에서의 방사패턴은 배열 개수 N과 배열 간격 d_y에 의해 영향을 받으며, 각각의 배열 성분의 곱으로 평면 배열 성분이 표현된다.

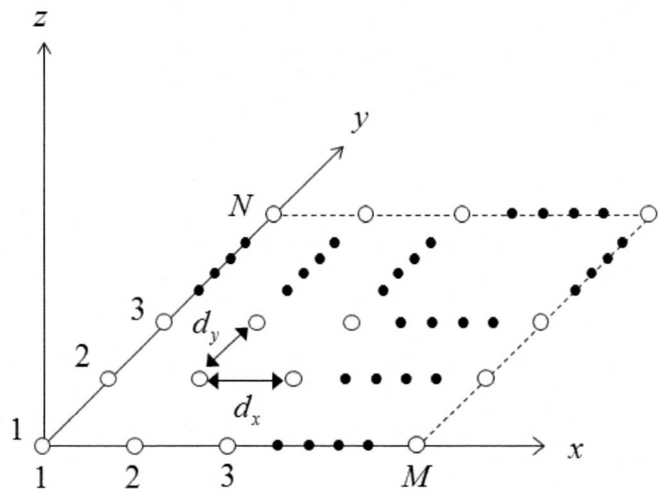

[그림 5-16] 2차원 평면상에 $M \times N$ 개의 배열 안테나 구조

5.5 상호 결합 (Mutual coupling)

안테나 주변에 금속체가 있는 경우 안테나에 흐르는 전류 I_a에 의해 발생한 전자계가 주변 금속체에 전류 I_b를 유도하게 되고, 이렇게 유도된 전류 I_b에 의해 발생한 전자계가 안테나에 유도 전류 I_c를 만들게 된다. 따라서 안테나에는 전류 I_a와 유도 전류 I_c가 흐르게 되어 금속체가 없는 경우의 전류 I_a의 크기와 위상이 변하게 된다. 이것을 안테나와 금속체 간에 상호 결합(mutual coupling)에 의해 생긴 현상이라 한다.

앞 절에서 배열 안테나(array antenna)를 해석할 때 소자 안테나(element antenna)는 서로 독립적으로 동작하는 것으로 가정하였다. 그러나 실제 배열에서는 소자 안테나 상호 간에 영향을 미쳐 소자 안테나가 하나만 있는 경우의 특성과 다른 특성을 나타낸다. 이것은 소자 안테나 상호간에 상호 결합(mutual coupling)이 생겨 소자 안테나의 전류의 크기와 위상이 변하기 때문이다. 배열 안테나에서 이러한 상호 결합(mutual coupling)이 발생하는 이유는 크게 다음의 세 가지 경우를 들 수 있다[6].

- 소자 안테나간의 직접 결합 : 배열 안테나 사이의 공간(공기)을 통한 결합
- 산란에 의한 간접 결합 : 안테나 주변에 있는 물체로부터의 산란에 의한 결합
- 급전회로망에 의한 결합 : 배열 안테나에 급전을 하는 전송선로에 의한 결합

이러한 상호결합에 의해 안테나의 전류의 크기와 위상이 변하게 되면, 안테나의 임피던스뿐 아니라 방사패턴도 영향을 받게 된다. 특히 안테나의 입력 임피던스 정합을 구현하기 위한 급전회로망 설계시 상호결합에 의한 임피던스 변화를 고려하여야 한다. 그러므로 상호 결합에 의한 임피던스 변화를 조사하기 위해 상호 결합 임피던스(mutual impedance)를 조사해보자. N개의 소자로 이루어진 배열 안테나에서 각 소자에 인가되는 전압, 전류, 임피던스 관계식을 작성해보면 식 (5.26)과 같다.

$$\begin{aligned} V_1 &= Z_{11} I_1 + Z_{12} I_2 + \cdots\cdots + Z_{1N} I_N \\ V_2 &= Z_{21} I_1 + Z_{22} I_2 + \cdots\cdots + Z_{2N} I_N \\ &\vdots \\ V_N &= Z_{N1} I_1 + Z_{N2} I_2 + \cdots\cdots + Z_{1N} I_N \end{aligned} \tag{5.26}$$

여기서 V_m과 I_m은 m번째 소자에 인가되는 전압 및 전류이며, Z_{mn}은

$$Z_{mn} = \frac{V_m}{I_n}|_{I_j=0}, \quad (\text{여기서 } j \neq n) \tag{5.27}$$

으로 표현하며, n포트를 제외한 모든 단자를 개방하고, n포트에 인가한 전류와 m포트에 생성되는 전압(개방 전압)과의 비를 의미하며, 상호 임피던스라고 한다. $m=n$인 경우는 자기 임피던스(self-impedance)라 한다.

N개의 소자로 이루어진 배열 안테나에서 상호 임피던스의 개념을 이해하는 것이 어려울 수 있으므로 여기서는 [그림 5-17]과 같이 두 개의 안테나 소자 사이의 상호 임피던스에 대해 설명하고자 한다.

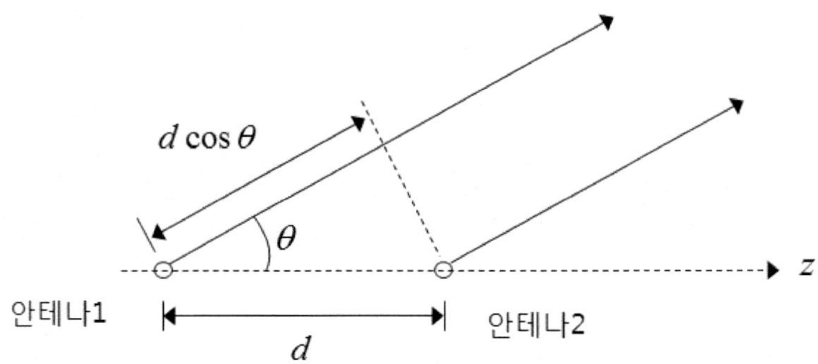

[그림 5-17] 두 다이폴 간의 상호결합

[그림 5-17]과 같이 평행하게 놓여 있는 두 다이폴이 z축 상에서 거리 d만큼 떨어져있고, 각각 V_{s1}, V_{s2}의 전압으로 여기되고 있다. 두 전압은 크기는 같고, 위상은 β 만큼 차이가 나도록 하였다. 만약 두 다이폴 사이에 상호 결합이 존재하지 않으면, 두 다이폴에 여기되는 전류도 또한 크기는 같고, 위상은 β 만큼 차이가 날 것이다. 그러나 상호 결합이 생기면, 다른 안테나에 의한 결합 전압(coupled voltage)이 생기게 된다. 안테나를 등가 회로로 모델링하여 그림으로 나타내보면, [그림 5-18]와 같이 나타낼 수 있다. [그림 5-18]에서 두 다이폴에 인가된 V_{s1}, V_{s2}의 전압 외에도 상호 결합에 의한 결합 전압 V_{12}, V_{21}이 등가회로에 존재하는 것을 볼 수 있다.

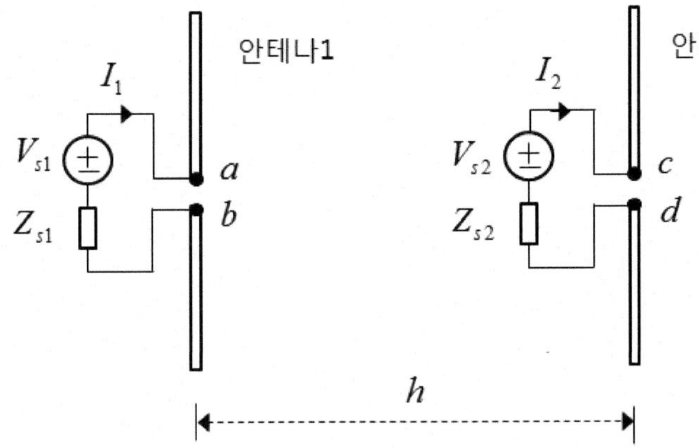

(a) 두 다이폴 배치도

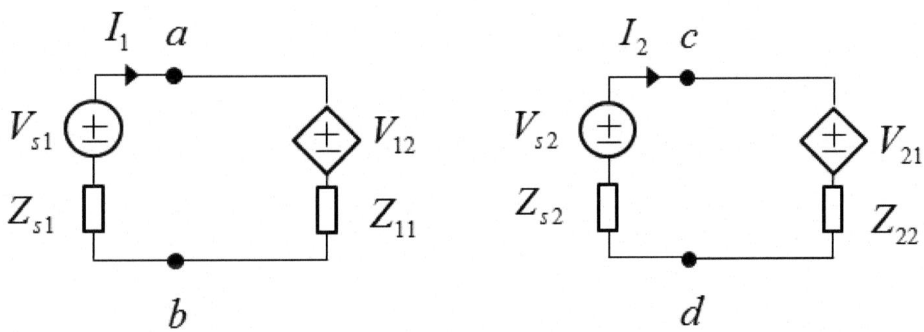

(b) 안테나 1 등가회로 (c) 안테나 2 등가회로

[그림 5-18] 두 다이폴 간의 상호결합

[그림 5-18]에서 Z_{s1}과 Z_{s2}는 전원의 내부 임피던스로 일반적으로 $Z_{s1} = Z_{s2} = Z_s$ 이 되며, Z_{11}과 Z_{22}는 두 안테나가 동일한 안테나를 사용하므로 일반적으로 $Z_{11} = Z_{22}$이다.

한편 안테나 2가 여기 되었을 때 상호 임피던스 Z_{12}를 구해보면

$$Z_{12} = \frac{V_{oc12}}{I_2}\Big|_{I_1=0,\ V_{s1}=0} = \frac{V_{12}}{I_2} \tag{5.28}$$

여기서 V_{oc12}는 안테나 1을 개방할 때 안테나 1 단자에 유기되는 전압, I_2 는 상호 결합이

존재할 때 안테나 2단자에 흐르는 전류를 의미하며, [그림 5-19]에 Z_{12}을 구하기 위한 안테나 모양을 나타내었다.

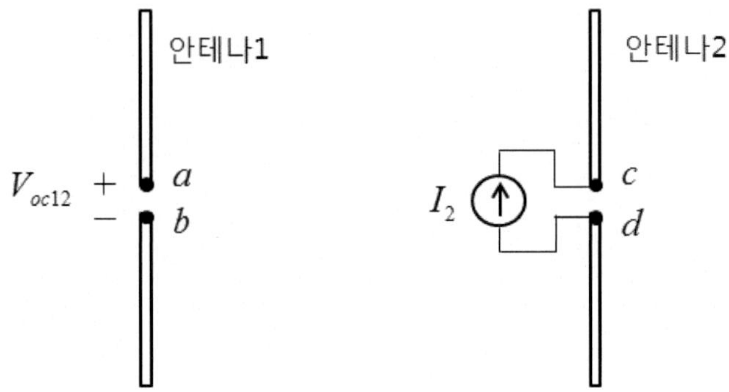

[그림 5-19] Z_{12}을 구하기 위한 안테나 여기 모양

마찬가지로 안테나 1이 여기 되었을 때 상호 임피던스 Z_{21}를 구해보면

$$Z_{21} = \frac{V_{oc21}}{I_1}\Big|_{I_2=0,\ V_{s2}=0} = \frac{V_{21}}{I_1} \tag{5.29}$$

여기서 V_{oc21}는 안테나 2을 개방할 때 안테나 2 단자에 유기되는 전압, I_1 은 상호결합이 존재할 때 안테나 1 단자에 흐르는 전류를 의미하며, [그림 5-20]에 Z_{21}을 구하기 위한 안테나 모양을 나타내었다.

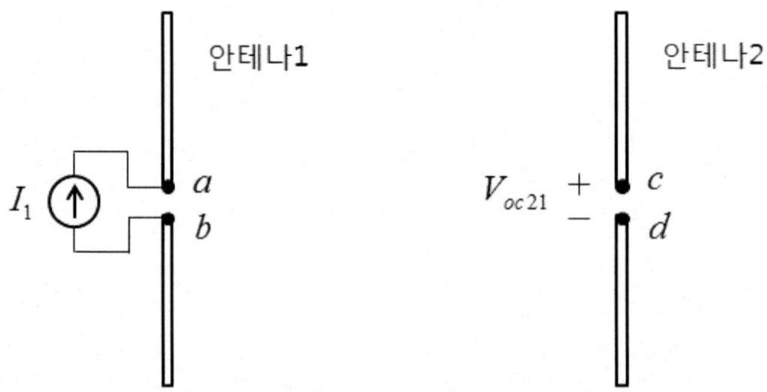

[그림 5-20] Z_{21}을 구하기 위한 안테나 여기 모양

일반적으로 안테나는 수동 소자이므로 상호 임피던스는 $Z_{12} = Z_{21}$의 관계가 성립하며, 결합 전압 V_{12}, V_{21}은 다음과 같이 표현된다.

$$V_{12} = Z_{12} I_2, \quad V_{21} = Z_{21} I_1 \tag{5.30}$$

일반적으로 상호 임피던스 Z_{12}, Z_{21}을 계산하거나 측정하는 것은 어렵다. 여기서는 두 개의 안테나 사이의 상호 임피던스를 구하는 방법을 소개한다[25].

- 안테나 2를 개방한다. 안테나 1 단자에서 임피던스를 측정한다. 측정한 임피던스는 $Z_{11} = Z_{oc}$이 된다. 반대의 경우도 임피던스를 측정하여 Z_{22}로 하면 동일한 안테나의 경우 $Z_{11} = Z_{22}$이 된다.
- 안테나 2를 단락한다. 안테나 1 단자에서 임피던스를 측정한다. 측정한 임피던스를 Z_{sc}라 한다.
- 상호 임피던스 Z_{12}를 아래의 식을 사용하여 구한다.

$$Z_{12} = \sqrt{Z_{oc}(Z_{oc} - Z_{sc})} \tag{5.31}$$

- 식 (5.31)에서 적절한 부호를 선택해야 하는데, 이것은 아주 작은 간격까지 간격을 변화시켜서 영점 교차시에 임피던스가 연속성을 유지하도록 부호를 결정한다[26].

[그림 5-21]에 두 개의 인허가 실무가 서로 평행하게 놓여 있을 때 간격에 따른 상호 임피던스를 나타내었고, [그림 5-22]에 두 개의 인허가 실무가 동일선상에 놓여 있을 때 간격에 따른 상호 임피던스를 나타내었다.

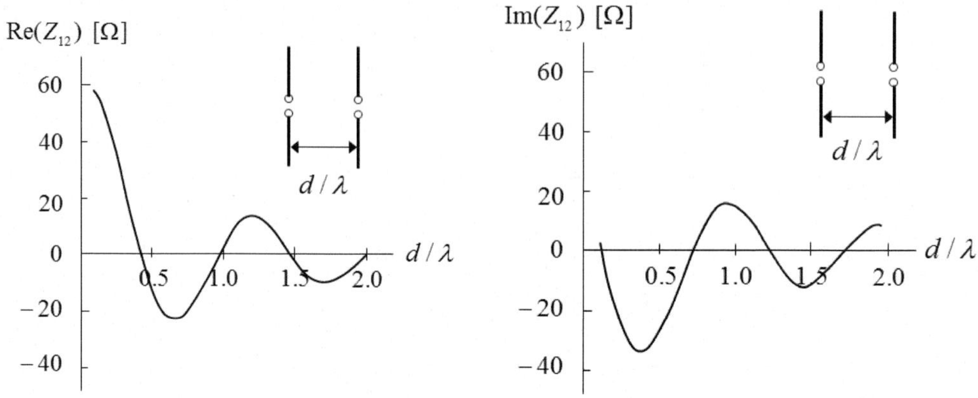

(a) 실수부 (b) 허수부

[그림 5-21] 평행한 두 인허가 실무의 상호 임피던스

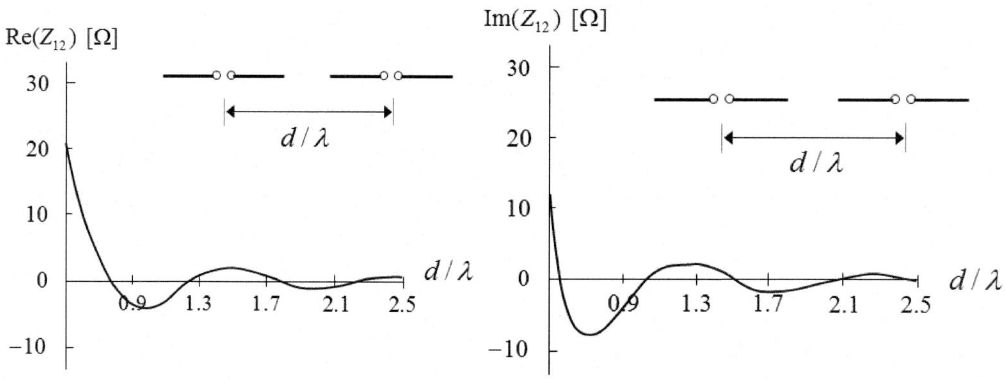

(a) 실수부 (b) 허수부

[그림 5-22] 동일한 선상에 놓인 두 인허가 실무의 상호 임피던스

[그림 5-21]와 [그림 5-22]로부터 개략적으로 다음과 같은 특징을 볼 수 있다.

- 간격이 증가하면 결합의 세기가 대략 간격의 제곱에 반비례한다.
- 편파의 방향과 같은 방향으로 평행하게 놓인 경우가 동일선상에 놓인 경우에 비해 결합이 커진다.
- 소자들이 개별 소자의 방사 패턴이 강한 방향으로 놓여 있다면 상호 결합이 강해지고, 방사 패턴이 약한 방향으로 놓여 있으면 상호 결합이 약해진다.

5.6 급전 회로망 (Feed network)

배열 소자를 급전하기 위해 전송선로를 사용하여 구성한 회로를 급전회로망(feed network) 또는 빔형성 회로망(beam forming network : BFN)이라 한다. [그림 5-23]에 급전회로망 종류 중 일부를 제시하였다. [그림 5-23] (a)는 병렬 급전 구조로서 급전점에서 각 소자까지의 경로의 길이를 동일하게 하는 것이 용이한 구조이다. [그림 5-23] (b)는 직렬 급전 구조로서 이것은 급전점에서 각 소자로 전송선로를 따라 파가 진행하면서 각 소자 안테나에서 발생하는 방사로 인해 파의 세기가 선로를 따라 진행하면서 감소하게 된다. 각 소자 안테나의 위상은 연결된 전송선로의 길이와 상호결합에 의해 달라진다. 직렬 급전 구조의 한 예로 슬롯 어레이를 들 수 있다. 이것은 도파관의 한쪽 벽에 슬롯을 뚫어 이 슬롯을 방사 소자로 사용하는 안테나이다. 또한 직렬 급전의 경우 주파수를 변화시키면 소자 사이의 전기적인 길이가 변하게 되어 방사 빔이 주사(scan)하게 되는데, 이것을 주파수 주사(frequency scanning)라 한다.

[그림 5-23] (c)는 직렬 급전과 병렬 급전이 함께 존재하는 경우로 직병렬 급전 구조를 나타내고 있다. [그림 5-23] (c)는 행(row)은 병렬 급전이고 열(column)은 직렬 급전으로 되어 있다. 이것은 다차원 배열 안테나의 급전 회로망을 구성할 때 급전 회로망의 크기를 줄일 수 있는 방법 중에 하나가 될 수 있다. [그림 5-23] (d)는 병렬 급전 방법을 사용하여 2차원 배열 안테나를 급전하는 방법이다. 각 급전 선오의 특성 임피던스를 적절히 설계하여 신호원과 임피던스 정합이 되도록 하여, 신호원과 안테나 간의 급전선로에 의한 신호의 감쇄가 안 생기도록 설계시 주의가 요구된다.

배열 안테나의 급전 회로망 모양은 [그림 5-23]에 제시된 것 외에도 여러 가지 모양이 가능한데, 중요한 것은 급전 회로망이 안테나의 특성, 특히 방사패턴 등에 영향을 미치지 않도록 해야 한다. 이를 위해 방사 도체 소자와 급전 회로망을 접지면(ground plane)으로 분리하고 접지면에 있는 슬롯(slot)을 통해 방사 소자에 전자기 결합 방법으로 급전하는 방법도 있다.

빔(beam)의 주사(scan)는 기계적으로 배열 안테나를 회전시키는 방법도 있으나, 전자적인 방법을 사용한 전자주사(electronic scanning) 방법도 있다. [그림 5-23]에 제시된 급전회로망에 위상 천이기(phase shifter)를 적절한 곳에 설치하여 각 소자 안테나에 인가되는 위상의 변화를 전자적인 방법으로 제어하는 위상 배열(phase array)을 전자주사(electronic scanning)라 한다.

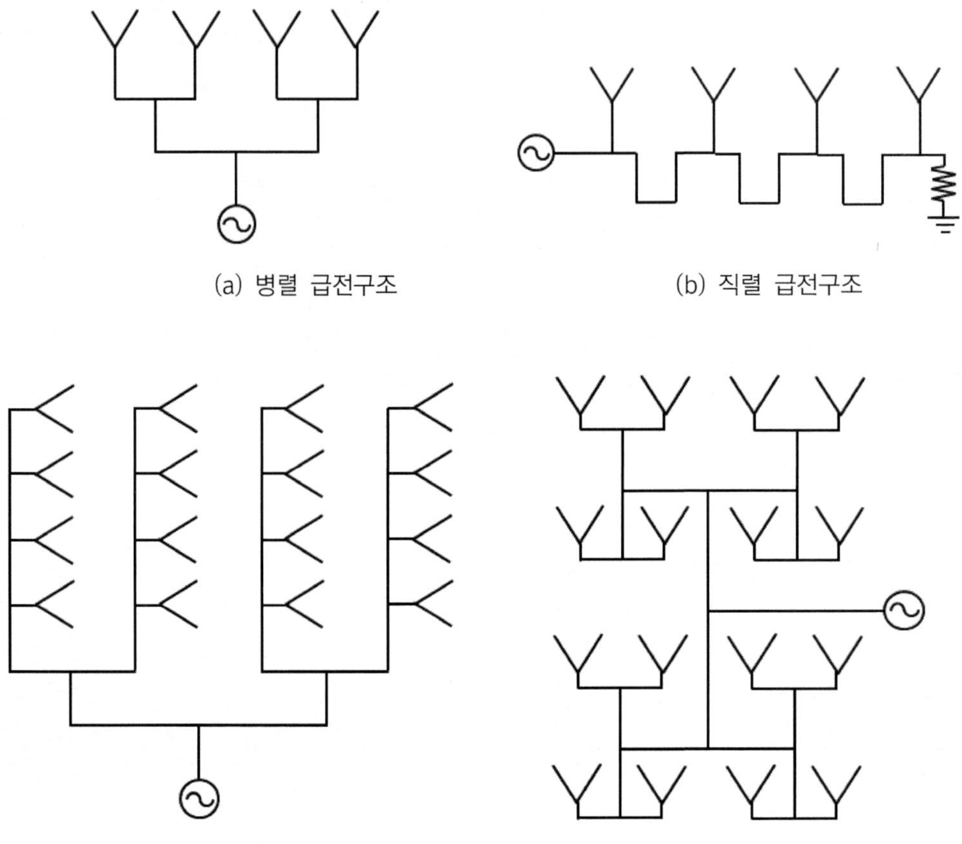

(a) 병렬 급전구조 (b) 직렬 급전구조

(c) 직병렬 급전구조 (d) 2차원 병렬 급전 구조

[그림 5-23] 급전회로망의 종류

5.7 슬롯 어레이 안테나 (Slot array antenna)

슬롯 어레이 안테나(slot array antenna)는 일반적으로 도파관이나 마이크로스트립 전송선로에 구멍이 뚫린 슬롯이 일정한 간격으로 배열되어 있는 모양의 안테나로서, 한 예로 직사각형 도파관 슬롯 어레이 안테나 구조를 [그림 5-24]에 나타내었다. 이러한 도파관 슬롯 어레이 안테나는 전송손실이 적어 X밴드 이상의 주파수에서 많이 사용되며, 가볍고, 값이 저렴하고, 만들기 쉬운 장점이 있다.

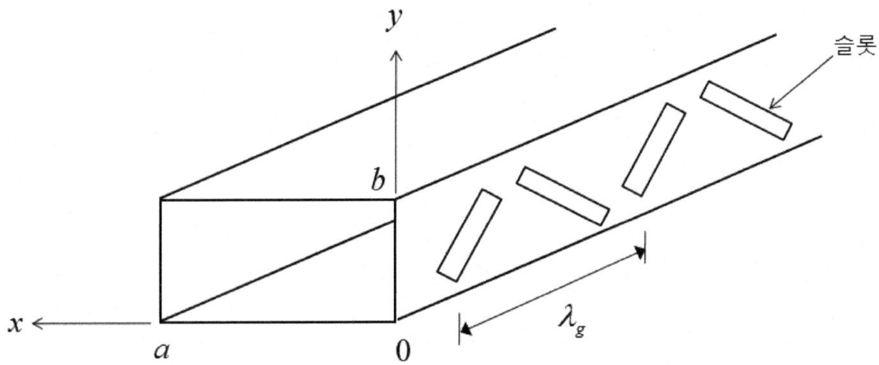

[그림 5-24] 도파관 슬롯 어레이 안테나

[그림 5-24]의 직사각형 도파관 슬롯 어레이 안테나의 구조를 살펴보면, 직사각형 도파관의 옆면에 슬롯이 경사지게 뚫려 있고, 경사의 방향이 차례로 반대로 되어 있다. 이러한 슬롯 어레이 안테나는 다른 안테나에 비해 다음과 같은 장점을 가지고 있다.

- 닫힌 도체 파이프를 사용하므로 전송 손실이 아주 작다.
- 높은 주파수에서 손실이 커지는 유전체를 사용하지 않으므로 밀리미터파 등 높은 주파수에서 이용할 수 있다.

슬롯 안테나에 사용되는 도파관은 대부분 [그림 5-24]와 같이 직사각형 도파관이므로, 도파관에 전파되는 전자파는 기본 모드인 TE_{10} 모드의 전계 및 자계 표현식을 나타내보면, 다음과 같다.

$$E_y = \eta A \sin \frac{\pi x}{a} e^{-j\beta z} \tag{5.32a}$$

$$H_x = -\sqrt{1-\left(\frac{\lambda}{2a}\right)^2} A \sin\frac{\pi x}{a} e^{-j\beta z} \tag{5.32b}$$

$$H_z = j\frac{\lambda}{2a} A \cos\frac{\pi x}{a} e^{-j\beta z} \tag{5.32c}$$

여기서

$$\beta = \sqrt{\omega^2 \mu\epsilon - \left(\frac{\pi}{a}\right)^2} = \frac{2\pi}{\lambda}\sqrt{1-\left(\frac{\lambda}{2a}\right)^2} \tag{5.33}$$

이다. 식 (5.32)에서 전계는 $\hat{y}$ 방향으로 놓여 있으므로, [그림 5-24]에서 도파관의 도체면 중에서 전계 $\hat{y}$와 나란한 면을 E 면이라고 하고, 나머지 면을 H 면이라 한다.

[그림 5-25]에 H 면에서 본 자력선의 모양을 나타내었다. 자력선이 $+z$축 방향으로 전달되고 있다. [그림 5-25]와 같은 자계가 도파관 내에 존재하면 경계조건에 의해 도파관 벽에 자계와 직각 방향으로 전류가 흐르게 된다. [그림 5-26]에 직사각형 도파관에 기본 모드인 TE_{10} 모드가 전파하고 있을 때, 도파관의 관벽에 흐르는 전류의 모형도를 나타내었다. 도파관 슬롯 어레이 안테나의 경우 각 슬롯이 도파관벽에 흐르는 표면전류의 흐름을 방해하게 되어, 슬롯에서 방사가 발생하게 된다. 이것은 등가적으로 선로에 병렬로 어드미턴스 $Y = G + jB$ 가 있는 것으로 볼 수 있다. 만약 슬롯의 길이가 반파장이 되면 공진상태가 되고 $B = 0$이 된다.

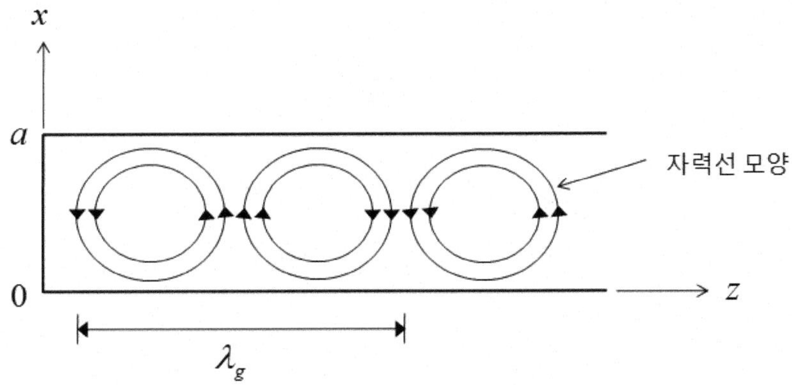

[그림 5-25] 도파관내의 자력선의 모양

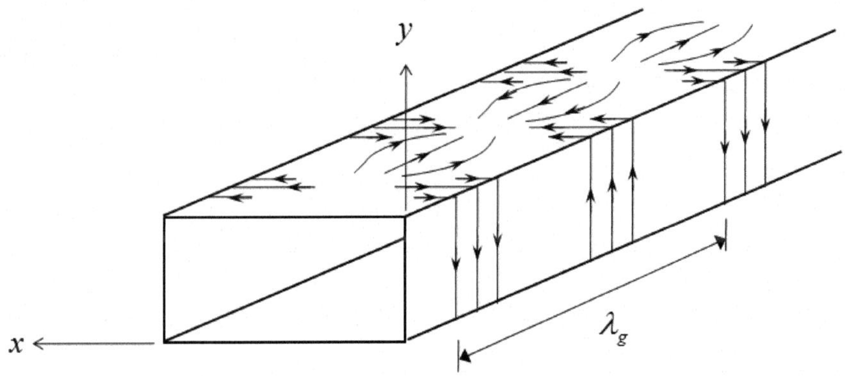

[그림 5-26] 도파관 관벽에 흐르는 전류의 모양

[그림 5-24]에서 슬롯으로부터 방사의 강도는 슬롯의 수직 방향으로부터의 경사를 제어하여 조절할 수 있다. 슬롯을 수직 방향으로 가까이 하면 전자파의 방사는 약해진다. 일반적으로 슬롯의 경사각은 15° 이하로 한다. 슬롯의 간격을 $\lambda_g/2$로 한 공진형이 있고, $\lambda_g/2$보다 넓게 하는 비공진형이 있다. 공진형은 방사 효율은 좋으나 주파수 대역폭이 좁은 단점이 있고, 비공진형은 광대역의 주파수 특성을 갖는 장점이 있어 펄스파와 같은 광대역 신호 방사에 적합하므로 많이 사용되고 있으나 빔의 방향이 도파관축의 수직방향에서 좀 벗어나게 된다. 급전은 한쪽 끝 또는 중앙부에서 하고 다른 끝에는 반사가 일어나지 않도록 무반사 종단기를 붙인다.

한편, 도파관에 [그림 5-24]와 같이 비스듬한 슬롯을 경사가 서로 교차되도록 배열하고 슬롯 간의 간격을 반 파장이 되도록 한 경우, 전체 배열 안테나의 편파는 수평 방향이 된다. 또한 한 개의 슬롯에서 발생하는 전계는 약하지만 여러 개의 슬롯을 배열함으로써 강한 전계를 얻을 수 있고, 수평 방향으로 높은 지향성을 얻을 수 있다. 예를 들면 약 100개 정도의 슬롯을 사용하면 수평면 빔폭은 약 1°, 수직면 빔폭은 약 $16^o \sim 20^o$ 정도가 된다.

5.8 코리니어 안테나 (Collinear antenna)

이동통신 기지국 및 중계기용 안테나로 수평 방향으로는 무지향성이며, 수직 방향으로는 8~12 dBi 의 이득을 가지는 안테나가 필요할 경우 사용할 수 있는 안테나 중 하나가 코리니어 안테나(collinear antenna)이다. 코리니어 안테나는 수직선상에 선형 안테나를 배열한 것으로, 수직선상에 놓이는 안테나가 많이 배열되면 안테나 이득은 증가하고, 수직 방향의 빔 폭은 좁아진다. 복잡한 급전선 없이 다이폴 등의 선형 안테나를 일직선상에 배열하여 높은 이득을 얻는데 매우 유용한 안테나이다.

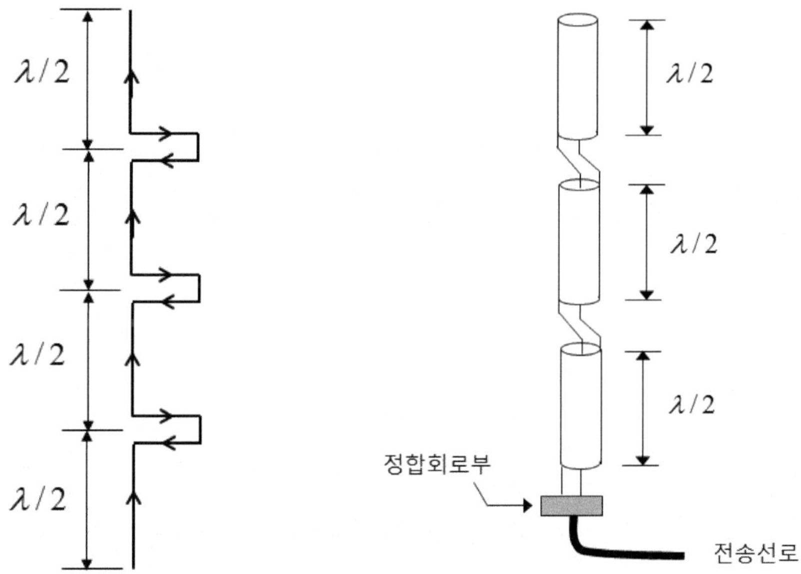

(a) Franklin 다이폴 코리니어 (b) 동축 코리니어

[그림 5-27] 코리니어 안테나 예

[그림 5-27]에 코리니어 안테나 예를 나타내었다. [그림 5-27] (a)는 $\lambda/4$ 길이의 U 형태의 선로를 갖는 코리니어 안테나 모양으로 $\lambda/2$ 길이의 수직 도선은 모두 위상이 동일한 전류가 흐르게 되어 수직 방향으로 큰 이득을 갖는 코리니어 안테나가 된다[27]. [그림 5-27] (b)는 $\lambda/2$ 길이의 동축선 3개가 각각의 신호 인가 단자를 서로 교대로 연결하여 수직선상에 일렬로

나열되어 있는 구조이다. $\lambda/2$ 길이의 동축선 간의 연결 선로의 길이를 무시할 경우 동축선의 외부에 흐르는 전류의 방향은 모두 동일한 방향이 된다. 따라서 이러한 전류에 의한 원거리장에서의 합성 전자계는 수직 방향으로 큰 지향성을 갖게 된다. 이것은 마치 여러 개의 수직 다이폴이 일직선상에서 서로 층으로 쌓여 있는 안테나와 동일한 특성을 갖는다.

5.A 요약

5.1 패턴 곱 원리 (principle of pattern multiplication)

- 동일한 단일 소자 안테나가 여러 개 배열되어 있는 경우, 단일 소자 안테나의 방사패턴을 소자패턴(element pattern)이라고 하고, 단일 소자 안테나들을 등방성 점전원으로 대체한 후의 배열 안테나의 방사패턴을 배열성분(array factor : AF)이라 하면, 배열 안테나의 방사패턴은 소자패턴(element pattern)에 배열 성분(array factor)을 곱하여 구할 수 있음. 이것을 패턴 곱의 원리(principle of pattern multiplication)라 함.

5.2 균일 급전, 등간격 선형 배열 안테나

- 등간격 d로 선형 배열되어 있는 N개의 안테나에 소자간 위상차가 α이며, 크기는 동일한 급전전류가 인가될 때 정규화된 배열 성분은 $f(\psi) = \dfrac{\sin(N\psi/2)}{N\sin(\psi/2)}$으로 표현됨. 여기서 $\psi = \beta d \cos\theta + \alpha$임.
- 균일 급전, 등간격 선형 배열 안테나의 주 빔이 $\theta = \theta_0$에서 발생하기 위해서는 각 소자 안테나 사이의 위상차가 $\alpha = -\beta d \cos\theta_0$이 되어야 함.

5.3 비균일 급전, 등간격 선형 배열 안테나

- 비 균일 급전은 배열 안테나에 인가되는 전류의 진폭이 서로 다른 경우를 말하며, 배열 안테나에 비균일 급전을 함으로써 부엽레벨과 빔폭을 조절할 수 있음.
- 전류의 진폭이 선형 배열의 끝으로 갈수록 점점 작아지면, 부엽은 감소하고, 주 빔의 빔폭은 증가함.

5.4 다차원 배열

- 1차원 선형 배열 안테나에서는 소자 안테나를 잇는 직선을 포함하는 평면에서만 배열 안테

나의 방사패턴 형상을 변형 할 수 있음. 따라서 연필형 빔(pencil beam)과 같은 높은 이득의 빔을 얻기 위해서는 2차원 이상의 배열 안테나가 요구됨.

- 모든 행(row)이 동일한 전류 분포를 갖고 있고, 모든 열(column)이 동일한 전류 분포를 갖고 있으면, 평면 배열 성분은 행(row)과 열(column)의 전류분포와 연관된 두 개의 선형 배열 성분의 곱으로 표현됨.

5.5 상호 결합 (mutual coupling)

- 배열 안테나의 경우 소자 안테나 상호 간에 영향을 미쳐 소자 안테나가 하나만 있는 경우의 특성과 다른 특성을 나타냄. 이것은 소자 안테나 상호간에 상호 결합(mutual coupling)이 생겨 소자 안테나의 전류의 크기와 위상 등이 변하기 때문임.
- 상호 결합이 발생하는 이유는 크게 소자 안테나간의 직접 결합, 산란에 의한 간접 결합, 급전회로망에 의한 결합이 있음.

5.6 급전 회로망 (feed network)

- 배열 소자를 급전하기 위기 위해 전송선로를 사용하여 구성한 회로를 급전회로망(feed network) 또는 빔형성 회로망(beam forming network : BFN)이라 함.
- 급전회로망의 종류에는 직렬 급전, 병렬 급전, 직렬 급전과 병렬 급전이 함께 존재하는 직병렬 급전 구조가 있음.

5.7 슬롯 어레이 안테나 (slot array antenna)

- 슬롯 어레이 안테나는 일반적으로 도파관이나 마이크로스트립 전송선로에 구멍이 뚫린 슬롯이 일정한 간격으로 배열되어 있는 모양의 안테나를 말함.

5.8 코리니어 안테나 (collinear antenna)

- 이동통신 중계기용 안테나로 수평 방향으로는 무지향성이며, 수직 방향으로는 8~12 dBi 의 이득을 가지는 안테나가 필요할 경우 사용할 수 있는 안테나임.
- 코리니어 안테나는 복잡한 급전선 없이 다이폴 등의 선형 안테나를 일직선상에 배열하여 높은 이득을 얻는데 매우 유용한 안테나 구조임.

5.B 연습 문제

5.1 동일한 진폭과 위상 전류를 갖고 반 파장만큼 떨어져 있는 두 개의 등방성 점전원에 대해 배열 성분(Array factor)을 구하고, 간략히 그림으로 나타내시오.

5.2 진폭은 동일하나 서로 반대의 위상 전류를 갖는 두 개의 등방성 점전원이 반 파장만큼 떨어져 있을 때 배열 성분(Array factor)을 구하고, 간략히 그림으로 나타내시오.

5.3 진폭은 동일하나 위상이 90° 차이가 나는 전류를 갖는 두 개의 등방성 점전원이 1/4 파장만큼 떨어져 있을 때 배열 성분(Array factor)을 구하고, 간략히 그림으로 나타내시오.

5.4 동일한 진폭과 위상 전류를 갖고 한 파장만큼 떨어져 있는 두 개의 등방성 점전원에 대해 배열 성분(array factor)을 구하고, 간략히 그림으로 나타내시오.

5.5 4개의 등방성 점전원이 반 파장씩 떨어져 선형으로 배열되어 있고, 각 소자간 위상차가 90° 인 경우 배열 성분(Array factor)을 구하고, 간략히 그림으로 나타내시오.

5.6 그레이팅 로브가 가시영역에 전혀 나타나지 않으면서 다음과 같은 특징을 갖는 5소자 균등급전 등간격 선형 배열을 설계하시오.

(a) 브로드사이드에서 주빔이 최대

(b) 브로드사이드로부터 30° 방향에서 주빔이 최대

5.7 안테나 소자간 간격이 0.35λ를 가진 5소자 균등 급전 엔드파이어 선형 배열의 배열 성분(array factor)을 구하시오.

5.8 동일 진폭과 동일 위상의 단자 전류를 갖는 반파장 인허가 실무가 서로 평행하게 한 파

장만큼 [그림 p1]과 같이 떨어져 있다. 원거리장에서의 방사패턴 $F(\theta, \phi)$을 구하시오. 패턴곱 원리를 이용하여 xz 평면과 yz 평면에서의 방사패턴을 개략적으로 그리시오.

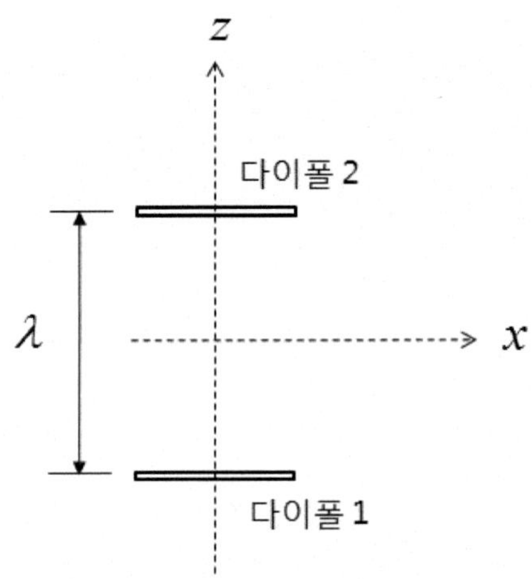

[그림 p5-1]

5.9 등방성 안테나 3개가 z 축을 따라 안테나 간격이 $\lambda/4$ 되도록 하여 선형으로 배열되어 있다. 주빔의 최대 방향이 다음과 같은 방향으로 생길 수 있도록 배열 안테나를 설계하시오.

(a) $\theta = 0^o$

(b) $\theta = 45^o$

5.C 상용 안테나 제품 소개

(1) 균일 급전, 등간격 배열 안테나

- 제품 A

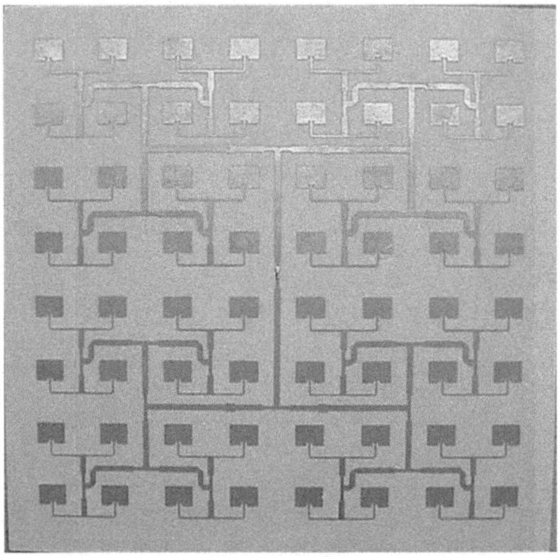

64 elements vertically polarised X-band microstrip patch array

- 제품 B

microstrip patch array for a C-band satellite application

(2) 급전 회로망

- 회로망 A

  참고문헌 [28] 중에 제시된 급전회로망

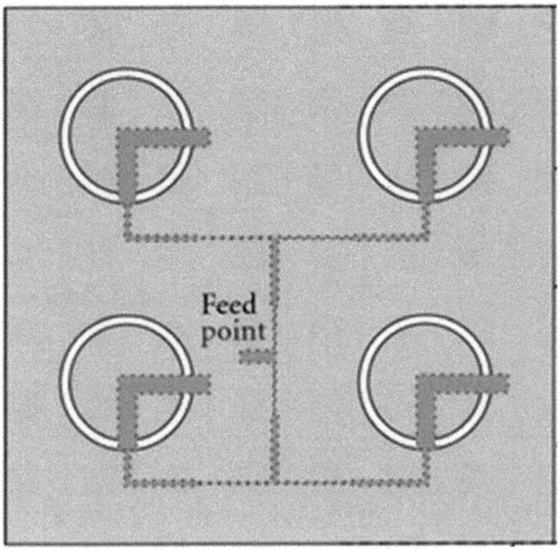

Corporate feed network

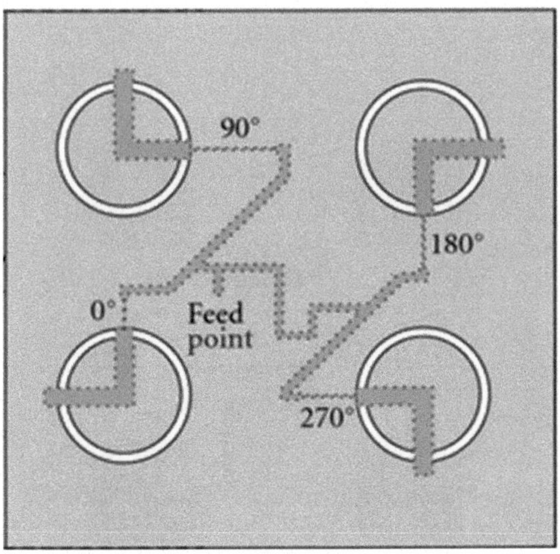

Sequential rotation feed network

- 회로망 B

  참고문헌 [29] 중에 제시된 급전회로망

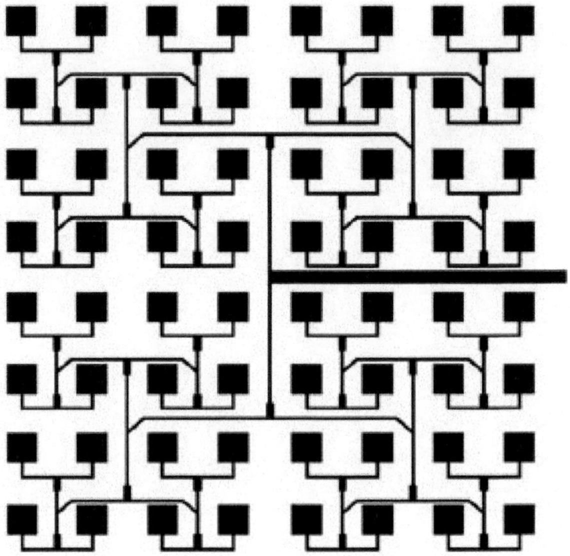

참고문헌 [30] 중에 제시된 급전회로망

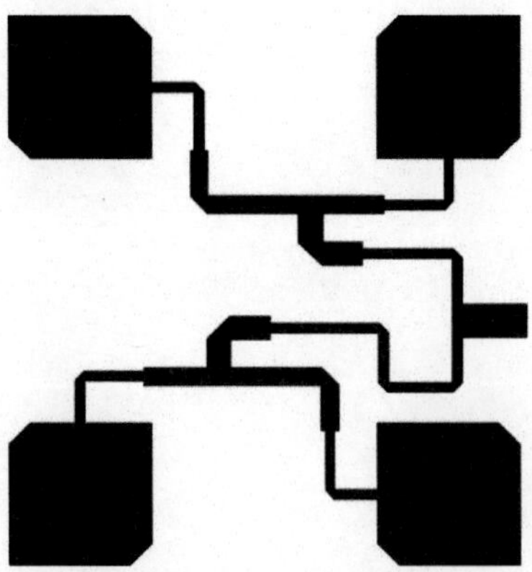

(3) 슬롯 어레이 안테나

- 제품 A

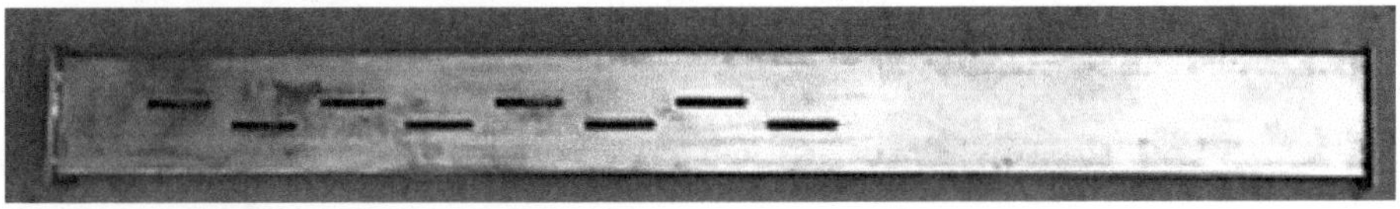

- 전방향성 도파관 슬롯 안테나
- 주파수 10,368 ~ 10,370 MHz
- 10 dB 이득
- 반사손실 -30 dB (VSWR 1.06:1)

- 제품 B

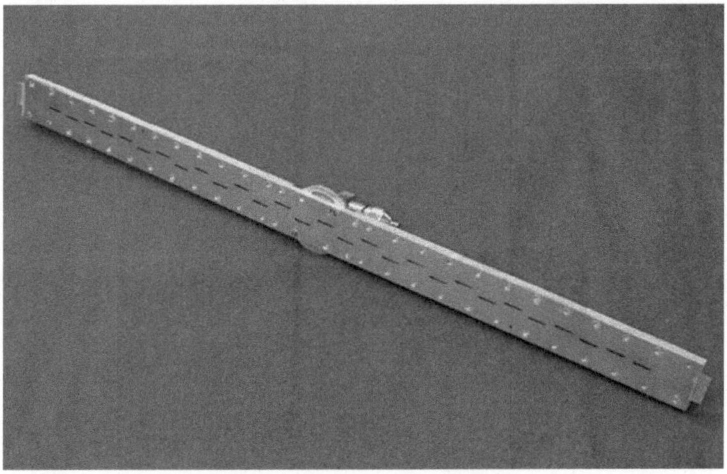

Linear slot array antenna at X-band

(4) 코리니어 안테나

- 제품 A

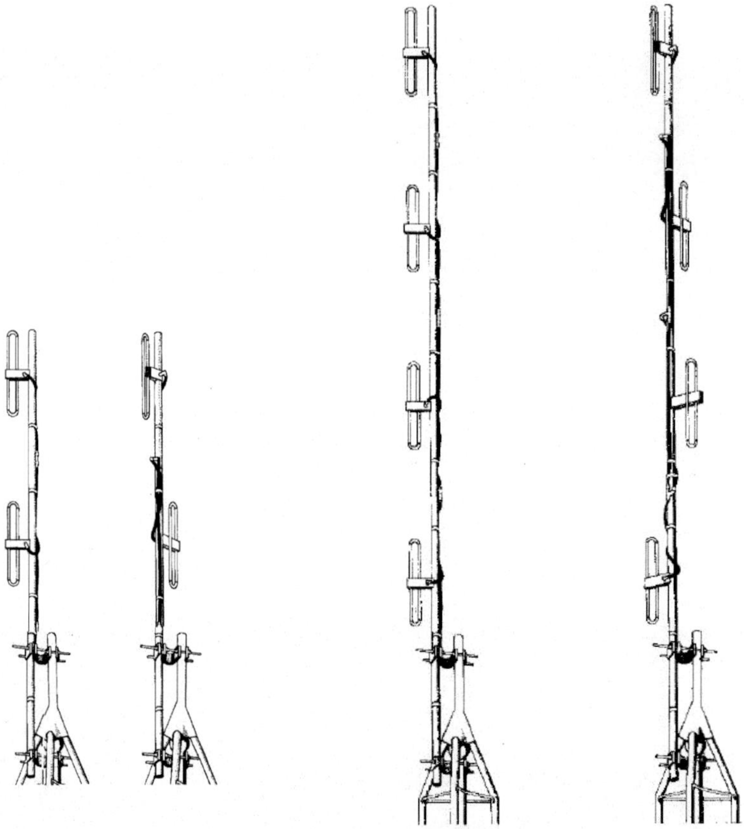

- Frequency : 225 ~ 260 MHz
- Gain : 6 dBd (concentric configure) or 9 dBd (eccentric configuration)
- Input Impedance : 50 ohms nomial
- VSWR : 1.2 : 1 or less
- Maximum Power Input : 500 watts
- Radiation pattern : omnidirectional (concentric) or directional(eccentric)

- 제품 B

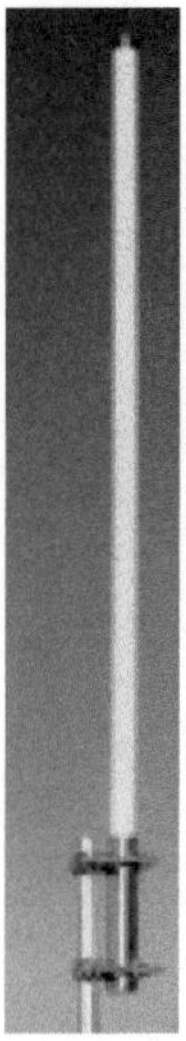

collinear antenna

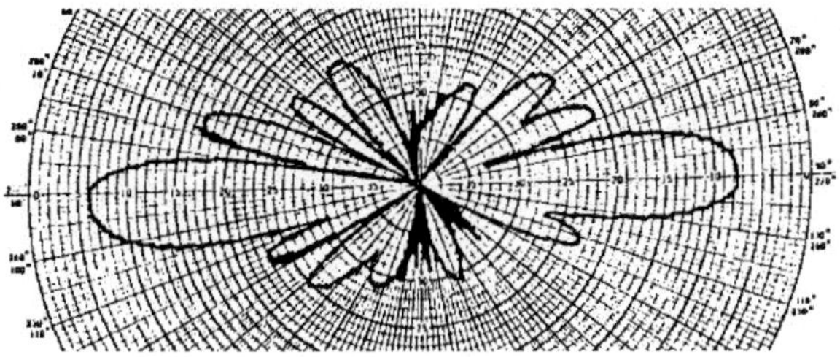

방사패턴 (Vertical plane)

- Frequency : 824 ~ 896 MHz
- Gain : 7.0 dBd
- Input Impedance : 50 ohms nominal
- VSWR : 1.5 : 1 or less
- Maximum Power Input : 250 watts
- Beamwidth, Vertical : 14 degree
- Connector : N female
- Material : Radiating elements : Copper & brass
  Radome : 2.3" dia. white fiberglass tube
  Support Pipe : 2.4" dia. aluminum pipe
- Antenna diameter : 2.3 inches
- Overall length : 6.2 ft.

Chapter 6

안테나 특성 평가 및 측정

6.1 안테나 잡음 온도

절대온도가 $0^o K$ 이상인 모든 물체는 전자파를 방사한다. 따라서 일반적으로 수신 안테나는 주변 환경에서 발생하는 전자파를 수신하여 안테나의 출력으로 잡음 전력 P_{NA}을 만들어낸다. 이러한 잡음 전력을 해석하기 위해 등가적으로 [그림 6-1]과 같이 안테나의 단자에서 안테나를 잡음온도 T_A를 갖는 잡음 저항 R_N 으로 모델링하여 해석한다.

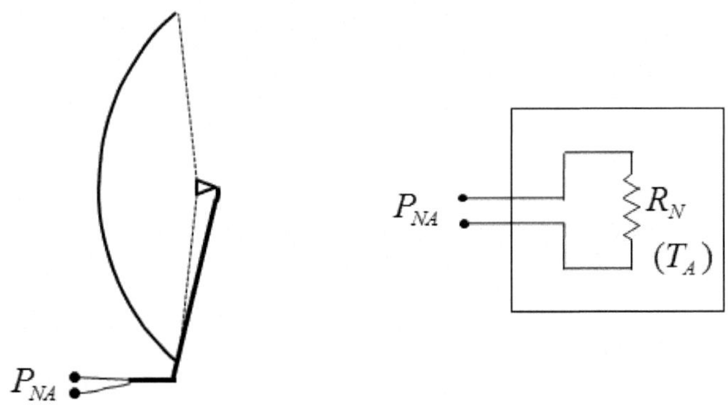

(a) 안테나 수신 잡음 (b) 등가 모델

[그림 6-1] 안테나 잡음 온도

안테나의 잡음온도 T_A는 실제 안테나의 물리적인 온도가 아니며, 주변 환경에서 안테나가 동작할 때 동일한 잡음전력 P_{NA}을 만들어 내는 등가 온도이다. 수신기의 대역폭이 $B\,[Hz]$이면, 잡음온도 $T_A\,[K]$에서 발생하는 잡음전력 $P_{NA}\,[W]$은

$$P_{NA} = k\,T_A\,B \tag{6.1}$$

이 된다. 여기서 k는 볼쯔만 상수로서 $1.38 \times 10^{-23}\,[J/K]$ 이다. 식 (6.1)과 같은 잡음을 나이퀴스트(Nyquist) 또는 존슨(Johnson) 잡음이라 부른다. 수신 시스템 전체의 잡음전력 P_N은

$$P_N = k\,(T_A + T_R)\,B \tag{6.2}$$

으로 표현된다. 여기서 T_R 은 수신기 잡음온도이다. 즉 수신 시스템 전체의 잡음온도는 안테나의 잡음온도와 수신기 잡음온도의 합으로 표현된다.

안테나의 잡음 특성을 조사하는 것은 통신이나 원격 탐사 등에서 잡음에 의한 영향을 계산하기 위해서이다. 대부분 통신 및 원격 탐사 시스템이 적절히 동작하기 위해서는 잡음 전력 레벨이 충분히 신호 레벨 이하로 작아야 한다. 이것은 약한 신호를 가지는 장거리 통신에서 특히 필요하다. 이러한 시스템에서 반송파 대 잡음비(carrier-to-noise ratio : CNR)가 중요한 파라미터로서,

$$CNR = \frac{P_S}{P_N} \tag{6.3}$$

으로 정의된다[6]. 여기서 P_S는 반송파 신호전력을 나타낸다.

또한 안테나 잡음온도가 중요한 응용 분야 중에 하나는 수동으로 원격탐사를 하는 방사 분석계가 있다. 앞서 언급하였듯이 절대온도가 0° 이상인 모든 물체는 전자파를 방사하므로 방사 분석계의 좁은 빔 안테나를 사용하여 잡음 배경을 주사(scan)해서 뜨거운 물체에서 발생하는 잡음을 검출할 수 있고 이것을 영상으로 나타낼 수 도 있다. 우주 공간에서 지표면의 강우를 조사하는 위성 방사 분석계를 예로 들면, 물 입자가 만들어 내는 잡음(신호에 해당함)을 측정하고, 배경 및 수신기에서 생기는 의도하지 않은 잡음을 측정하여 이들을 비교함으로써 원하는 정보를 얻는 방식을 사용한다.

따라서 안테나 잡음온도를 구하는 것은 중요하며, 잡음온도를 알면 잡음전력을 구할 수 있다. 안테나의 잡음온도는 안테나의 정규화된 전력 방사패턴(power radiation pattern) $P(\theta,\phi)$과 안테나 주변 환경에서의 배경 온도 분포 $T(\theta,\phi)$로부터 다음과 같이 구할 수 있다.

$$T_A = \frac{1}{\Omega_A}\int_0^{\pi}\int_0^{2\pi} T(\theta,\phi)\, P(\theta,\phi)\sin\theta\, d\phi\, d\theta \tag{6.4}$$

여기서 Ω_A는 빔 입체각(beam solid angle)이며, 아래와 같이 정의된다[6].

$$\Omega_A = \iint \left| \frac{E_\theta}{E_\theta\,(\max)} \right|^2 \sin\theta\ d\theta\, d\phi \tag{6.5}$$

식 (6.4)에서도 알 수 있듯이 안테나 패턴은 안테나 잡은온도에 직접적으로 영향을 미친다.

한편, 온도분포 $T(\theta, \phi)$는 일반적으로 우주 잡음과 지상 잡음의 두 가지 성분으로 구성이 되며, 대부분의 상황에서 지상 잡음 온도는 290 K의 값을 갖는다. 우주 잡음은 1 ~ 10 GHz 사이에서 매우 낮으며, 높은 고도각에 대해서는 수 K 정도 값을 가진다.

위성 지구국 설계시에 사용하는 성능지수(figure of merit)로서 G/T_{sys} 이 있는데, 이것은 안테나 이득을 시스템 잡음 온도로 나눈 값으로 보통 dB/K로 표시한다. 이득은 크고, 잡음 온도는 작은 것이 좋으므로 G/T_{sys}은 큰 값을 가질수록 좋다.

(예제 6-1) 안테나 잡음온도

파장 $\lambda = 20\,cm$에서 동작하는 원형 반사판 안테나가 있다. 유효 개구면의 크기는 500 m^2이며, 천정(zenith)을 바라보고 있다. 하늘의 온도는 10 K로 온도 분포는 균일하다고 가정할 때 안테나 잡음온도를 구하시오. 이때 지표면 온도는 300 K 이고, 안테나의 소엽(minor-lobe)의 절반이 반대 방향(지표면 방향)을 향하고 있고, 빔 효율은 0.7로 가정한다.

(풀이)

주빔의 빔 효율이 0.7 이므로 빔 면적(beam area) Ω_A의 70% 가 온도가 10 K인 하늘 방향을 향하고 있고, 나머지의 절반, 즉, 15%는 하늘 방향, 15%는 온도가 300 K인 지표면 방향을 향하고 있다. 따라서 식 (6.4)에 의해 잡음온도를 계산해보면

하늘 방향 주빔에 의한 온도 : $\frac{1}{\Omega_A}(10 \times 0.7\,\Omega_A) = 7\,K$

하늘 방향 소엽에 의한 온도 : $\frac{1}{\Omega_A}(10 \times \frac{1}{2} \times 0.3\,\Omega_A) = 1.5\,K$

지표면 방향 소엽에 의한 온도 : $\frac{1}{\Omega_A}(300 \times \frac{1}{2} \times 0.3\,\Omega_A) = 45\,K$

따라서 전체 안테나 잡음온도는 다음과 같다.

$$T_A = 7 + 1.5 + 45 = 53.5\,K$$

위의 결과를 살펴보면 전체 잡음온도의 84%가 지표면 방향을 향하는 소엽(안테나 후엽)으로부터 발생하였다. 만약 이러한 후엽이 없었다면 안테나 잡음온도는 하늘 방향의 온도 10 K 로 되었을 것이다. 따라서 안테나 잡음 온도에 안테나의 후엽이 시스템의 감도를 결정하는데 매우 나쁜 영향을 미치는 것을 알 수 있다. 이러한 이유 때문에 전파망원경(radio telescope) 및 우주통신용 안테나에서는 항상 후엽과 부엽을 최소로 줄이기 위한 안테나 설계가 매우 중요하다.

6.2 입력 임피던스 측정

안테나의 급전점에서 전압과 전류의 비로 식 (6.6)과 같이 안테나의 입력 임피던스를 구한다.

$$Z_{in} = \frac{V}{I}\ [\Omega] \tag{6.6}$$

안테나의 입력 임피던스와 급전 선로간에 임피던스 정합이 안되어 있는 경우 안테나 급전점에서 반사가 생기게 되며, 이 때 반사계수는 식 (6.7)과 같이 정의된다.

$$\Gamma = \frac{Z_{in} - Z_o}{Z_{in} + Z_o} \tag{6.7}$$

여기서 Z_o는 급전선로의 특성 임피던스이다. 식 (6.7)의 반사계수의 크기를 구하면 임피던스 정합의 정도를 알 수 있으므로 계측기를 사용하여 반사계수의 크기에 비례하는 반사손실(return loss) RL과 전압정재파비(Voltage Standing Wave Ratio : $VSWR$) 파라미터를 측정하는데, 이것은 다음과 같이 정의된다.

$$RL = 20\log(|\Gamma|)\ \ [dB] \tag{6.8}$$

$$VSWR = \frac{1+|\Gamma|}{1-|\Gamma|} \tag{6.9}$$

$VSWR$이 2가 되면 RL은 약 -9.5 dB 정도가 되며, $VSWR$이 1.5가 되면 RL은 약 -14 dB 정도가 된다.

또한 안테나에 입력되는 전력 P_{in}은 안테나에 공급되는 전력 P_o와 반사계수를 사용하여 다음과 같이 표현된다.

$$P_{in} = P_o(1-|\Gamma|^2) \tag{6.10}$$

이상과 같이 안테나의 입력 임피던스가 구해지면 식 (6.7) ~ 식 (6.10)을 사용하여 반사계수, 반사손실, 전압정재파비, 입력 전력이 모두 구해진다. 이러한 파라미터로부터 임피던스 정합의 정도를 알 수 있고, 필요에 따라 임피던스 정합 회로를 설계하게 된다. 그러므로 안테나의 입력 임피던스를 구하는 것은 안테나 특성 해석의 가장 기본이 된다.

본 절에서는 안테나의 입력 임피던스 측정에 대해 살펴본다. 안테나의 입력 임피던스 측정은 통상 회로망 분석기(network analyzer)를 사용하여 측정을 한다. 회로망 분석기에는 측정 케이블과 교정 키트(calibration kit)가 같이 있으며, 회로망 분석기로 안테나 임피던스 측정 시 주의해야 할 점은 회로망 분석기의 측정 케이블과 안테나의 급전점을 연결할 때 정확한 측정점이 어디인지를 명확히 알 필요가 있다. 이것이 잘못되면 임피던스의 위상 성분이 달라져서 임피던스의 값이 달라지기 때문이다.

안테나 급전점에 직접 회로망 분석기의 측정 케이블이 연결되는 경우는 측정점과 급전점이 일치하므로 측정 결과를 안테나의 임피던스라고 보면 된다. 그러나 [그림 6-2]와 같이 안테나의 급전점에서 임의의 길이의 전송선로가 접속되고, 그 전송선로의 끝에 커넥터(connector)가 연결되어 있는 경우에는, 안테나의 임피던스 측정 위치에 대해 주의할 필요가 있다.

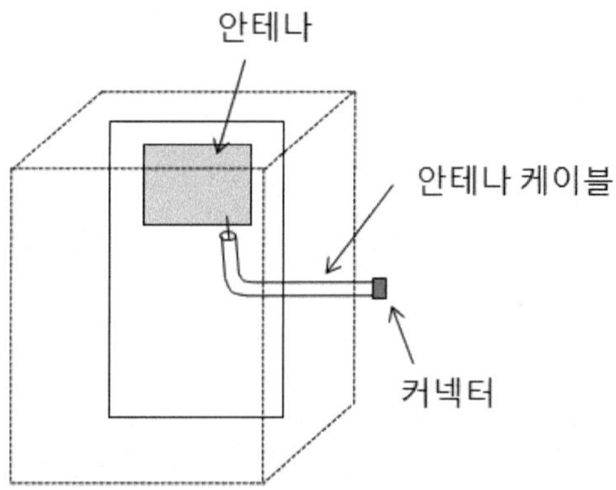

[그림 6-2] 안테나 급전점에 케이블이 연결되어 있는 경우

[그림 6-2]에서 안테나 임피던스 측정 위치는 전송선로 끝단에 있는 커넥터 위치가 아니고, 안테나에 전송선로가 연결되는 급전점 위치이다. 따라서 회로망 분석기를 사용하여 안테나의 임피던스를 측정할 때, 임피던스 측정 위치를 커넥터 연결 부위에서 급전점으로 이동시킬 필요가 있다. 일반적인 회로망 분석기의 경우 이것을 보정하는 기능이 있다. 이를 위해서는 전송선로의 전기적 길이에 대해 알고 있어야 한다.

안테나에 연결되어 있는 전송선로의 전기적 길이를 측정하는 방법에 대해 소개하고자 한다.

먼저 [그림 6-3]과 같이 단락(short)점을 이용하는 방법이다.

(a) 측정 케이블의 커넥터와 단락된 커넥터를 바로 연결

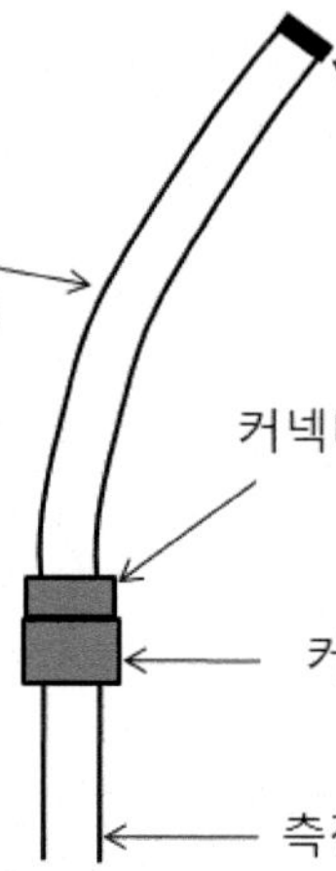

(b) 안테나 케이블과 길이가 같은 단락된 케이블을 연결

[그림 6-3] 단락점에 의한 안테나 전송선로의 전기적 길이 측정법

[그림 6-3] (a)와 같이 직접 단락된 커넥터를 만들어 회로망 분석기의 측정 케이블에 연결하여 임피던스를 측정한다. 스미스차트(Smith charter)를 이용하여 이때의 임피던스 위치를 A점으로 기록한다. 다음에 [그림 6-3] (b)와 같이 안테나에 접속되어 있는 전송선로와 동일한 길이와 특성을 갖는 전송선로를 준비하고, 커넥터가 연결되어 있는 반대편, 즉, 안테나 급전점과 연결되는 전송선로 부분을 단락시킨다. 단락된 전송선로를 회로망 분석기의 측정 케이블에 연결하여 임피던스를 측정한다. 스미스차트를 이용하여 이때의 임피던스를 조사하면 주파수에 따

라 값이 변하기 때문에 스미스차트 상에 선형의 궤적으로 나타난다. 그러므로 측정하려는 주파수에 대응하는 점의 위치를 B점으로 기록한다. A점과 B점과의 각도차를 판독하고, 이를 이용하여 전송선로의 전기적 길이를 구한다. 만약 각도가 30^o라면

$$\frac{30}{360} \times \frac{\lambda}{2} = \frac{\lambda}{24} \tag{6.11}$$

이므로, 따라서 이 전송선로의 전기적 길이는 $\lambda/24$ 가 된다.

또 다른 방법으로 안테나에 연결되어 있는 전송선로의 전기적 길이를 측정할 수 있다. [그림 6-4]에 제시된 전송선로를 사용하여 급전점에서 교정을 하는 방법이다.

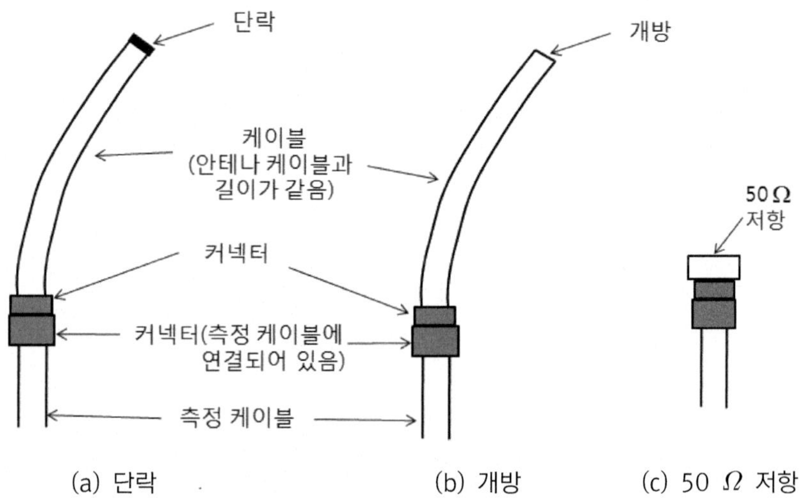

[그림 6-4] 교정법에 의한 안테나 전송선로의 전기적 길이 측정법

안테나에 접속되어 있는 전송선로와 동일한 길이와 특성을 갖는 전송선로를 2개 준비하여 커넥터가 연결되어 있는 반대편을 단락(short)한 것과 개방(open)한 것 각각을 만든다. 이 2개의 전송선로와 [그림 6-4] (c) 50 Ω 저항을 회로망 분석기의 측정 케이블에 각각 연결하여 교정(calibration) 방법을 사용하여 교정을 한다. 이렇게 교정을 하여 임피던스를 측정하면 회로망 분석기의 측정점이 측정 케이블 끝단이 아니라 안테나 급전점 위치로 이동하게 되므로, 안테나의 급전점 위치에서의 임피던스가 측정이 된다. [그림 6-4] (c)의 50 Ω 저항에 전송선

로가 연결이 안되어 있는 이유는 50 Ω 저항은 스미스차트의 중심에 위치하므로 전송선로의 길이에 무관하기 때문이다. 일반적으로 50 Ω 저항은 교정 키트(calibration kit)에 있는 것을 사용한다.

한편, 임피던스 측정에서 주변 물체에 의해 안테나의 방사계가 변하지 않도록 해야 한다. 안테나의 주변에 있는 물체에 의해 안테나의 방사계가 변하게 되면 안테나의 임피던스가 영향을 받아 오차가 발생한다. 그래서 임피던스 측정도 전파암실에서 측정하는 것이 바람직하지만, 이런 경우 회로망 분석기의 측정 케이블이 길어져야하므로 측정의 정밀도가 떨어질 수 있다. 따라서 일반적으로 안테나 주위 2 파장 정도 이내에는 금속물이 존재하지 않도록 할 필요가 있다. 또한 피측정 안테나를 지탱하는 지지대도 유전율이 낮은 유전체를 사용하여 안테나에 미치는 영향이 최소가 되도록 해야 한다.

6.3 방사패턴 및 이득 측정

6.3.1 방사패턴

안테나 방사패턴은 안테나로부터 고정된 거리에서의 장의 크기를 θ, ϕ의 함수로 그래프로 나타낸 것이다. 구좌표계의 원점에 놓인 안테나에 대해 원거리장에서 방사장을 구해보면 전계 $\overline{E}$와 자계 $\overline{H}$는 서로 수직이며, 둘 다 전파방향 $\hat{r}$에 직교한다. 또한 전계는 E_θ 와 E_ϕ 성분을 가지며, 두 성분의 크기와 위상에 의해 편파가 결정이 된다. 선형 안테나의 경우 전계는 하나의 성분만으로 표현되며, 예를 들어 E_θ 성분만을 가진다면 방사패턴 측정은 안테나를 통해 일정한 신호를 송신하면서 안테나로부터 고정된 거리에서 수신 프로브(probe)를 움직이며 송신된 전계의 세기를 측정한다. 프로브의 방향은 E_θ성분과 나란하게 두고 수신 세기를 θ, ϕ의 함수로 측정을 하고, 이를 통해 E면 방사패턴을 얻을 수 있다. 한편 H면 방사 패턴을 얻기 위해서는 수신 프로브를 E_ϕ 방향과 나란하게 두고 수신 세기를 θ, ϕ의 함수로 측정하면 된다.

[그림 6-5]에 원거리장에서 구 표면 위를 따라 움직이는 프로브를 사용한 방사패턴 측정 개념을 나타내었다. [그림 6-5]와 같이 일정한 구 표면위에서 수신 프로브를 움직이면서 방사패턴을 측정하는 것은 비실용적이므로 실제 방사패턴 측정은 송신 안테나 혹은 수신 프로브를 회전 시키면서 두 안테나간의 각도를 변화시키는 방법을 사용한다.

방사패턴을 구하고자 하는 안테나를 시험 안테나(test antenna) 혹은 AUT(antenna under test) 혹은 피측정 안테나라 부른다. 일반적으로 시험 안테나를 수신 프로브 위치에 두고, 별도의 송신 안테나(혹은 측정 안테나)를 원점에 두고, 시험 안테나를 회전시키면서 방사패턴을 측정한다.

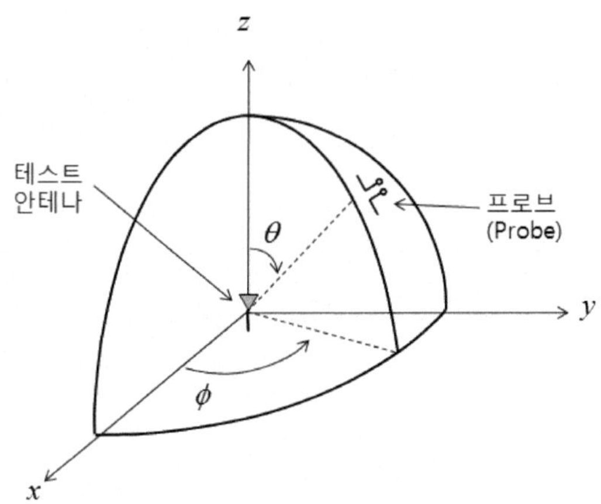

[그림 6-5] 원거리장에서 프로브를 사용한 방사패턴 측정 개념도

안테나의 방사특성을 측정하는 데 사용되는 시설을 안테나 측정장(antenna range)이라고 한다. [그림 6-6]에 측정장의 한 예인 전파 암실(anechoic chamber)를 나타내었다. 전파 암실은 도체로 차폐된 공간 내부 벽을 전파흡수체를 붙여 외부로부터의 전자기파의 침투를 막고, 내부에서 발생한 전자기파는 전파흡수체에 의해 내부로 반사가 안생기고 모두 흡수되도록 만든 시설이다. 이렇게 하여 전파암실 내부를 가상의 자유공간으로 만든다. 전파 암실 내에 송신 안테나(측정 안테나)와 시험 안테나(피측정 안테나)를 통상 5 파장 이상 떨어진 위치에 서로 배치하고, 시험 안테나를 턴테이블을 이용하여 회전시켜 방사패턴을 측정하게 된다. 시험 안테나의 회전각도와 수신된 신호 레벨을 컴퓨터를 통해 방사패턴을 구한다.

방사패턴 측정에서 송신 안테나와 시험 안테나간의 간격은 원거리장이 확보가 되어야 한다. 보통 소형 안테나 경우에서는 측정 파장의 약 5배 이상이 되면 원거리장이 된다. 그러나 기지국 안테나와 같이 대형의 안테나인 경우는 다음 식을 사용한다.

$$r > \frac{2D^2}{\lambda} \tag{6.12}$$

여기서 D는 안테나의 최대 치수이고, λ는 측정 파장이다. 예를 들면, 주파수가 900 MHz이고, 안테나의 길이가 3 m 이면, 원거리장이 되는 송수신 안테나의 거리는 54 m 가 된다. 이 때문에 기지국 안테나와 같은 대형 안테나의 측정에서는 전파 암실에서 충분한 측정 거리가 확보되지 못하므로 옥외에서 측정을 하게 된다. [그림 6-7]에 옥외 안테나 측정계를 나타내었다.

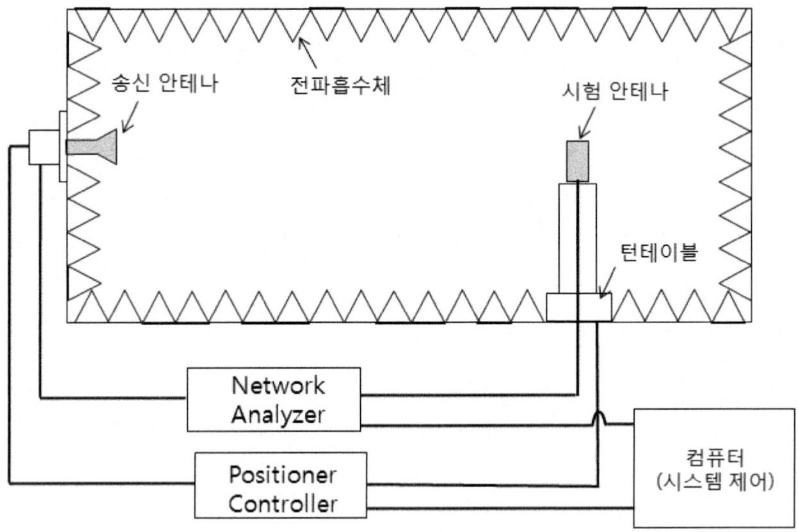

[그림 6-6] 전파 암실

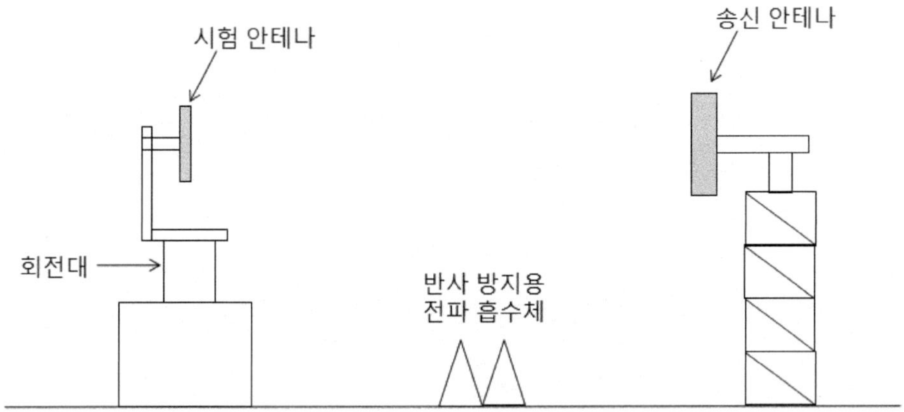

[그림 6-7] 옥외 안테나 측정계

[그림 6-7]은 옥외의 철탑 등에 송신 안테나와 시험 안테나를 설치하고 전파 암실에서와 같이 측정을 하게 된다. 단 옥외이므로 지면에서의 방사가 있으므로 반사점에 반사 방지판 등을 두어 반사를 최소로 하거나, 안테나의 높이를 높게 함으로써 반사각이 커지도록 하여 반사파를 억제하는 방법을 사용한다.

또한 대형 안테나를 실내에서 측정하는 방법으로는 근방계 측정법(near field measurement)이 있다. 이것은 [그림 6-8]과 같이 시험 안테나 가까이에 혼(horn) 이나 미소 수직 인허가 실무(cross dipole antenna) 등으로 구성된 프로브(probe)를 두고, 이것을 평면(plane) 형상이나 원통(cylinder) 형상으로 시험 안테나 주변을 주사(scan)하여 시험 안테나에서 송신하는 전자계의 근방계(near field)를 얻고, 이것을 수치 계산으로 퓨리에 변환을 하여 원방계를 구한다. 이 방법은 실내에서 측정을 할 수 있다는 장점이 있으나 측정 정밀도를 높이기 위해서는 프로브의 감도와 그 위치 정밀도를 높여야 하고, 더구나 프로브와 안테나의 상호 결합을 계산에서 고려할 수 있어야 한다.

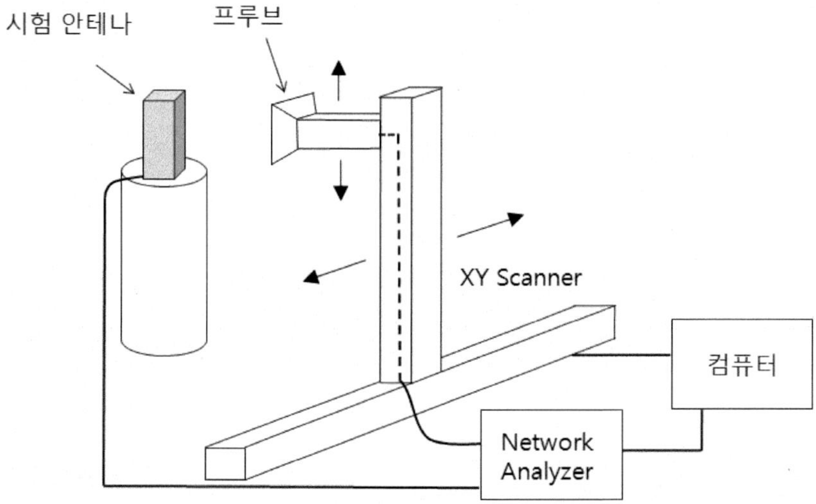

[그림 6-8] 근방계 평면 주사형 측정의 예

6.3.2 이득

이득의 측정은 방사패턴 측정과 완전히 동일한 시설을 사용하여 구한다. 다만 방사패턴 측정은 시험 안테나의 각(angle) 변화에 따른 방사에 대한 상대적인 측정이라면 이득은 절대량을 측정하는 것이다. 안테나의 이득을 측정하기 위한 방법에는 절대이득 측정법과 이득비교 측정법이 있다[31].

(1) 절대 이득 측정법

안테나 절대 이득 측정법은 표준 안테나의 이득을 정밀하게 측정하기 위해 흔히 사용된다. 이 방법에서는 사용하는 안테나의 이득을 미리 알 필요가 없으며, Friis 전달공식에 근거하여 안테나의 이득을 구한다. 절대 이득 측정법은 사용하는 안테나의 개수에 따라 다음과 같이 분류할 수 있다.

1) 2개의 안테나를 사용한 측정법

이득이 동일한 2개의 안테나를 사용하여 측정하는 방법이다. 사용하고 2개의 안테나는 서로 원거리 기준을 만족하는 거리 R만큼 떨어져 있으며, 두 안테나는 최대 복사 방향으로 마주보게 정렬하고, 두 안테나의 편파는 완전히 일치하도록 배치한다. 이 경우 식 (1.156)의 Friis 전달공식에 의하면

$$G_{t,dB} + G_{r,dB} = 20\log\left(\frac{4\pi R}{\lambda}\right) + 10\log\left(\frac{P_r}{P_t}\right) \tag{6.13}$$

이 된다. 여기서 $G_{t,dB}$ 는 송신 안테나 이득의 데시벨 값이며, $G_{r,dB}$는 수신 안테나 이득의 데시벨 값, P_r은 수신 전력, P_t는 송신 전력이다. 송신 안테나와 수신 안테나의 이득이 동일하면 식 (6.13)은 다음과 같이 된다.

$$G_{r,dB} = G_{t,dB} = \frac{1}{2}\left[20\log\left(\frac{4\pi R}{\lambda}\right) + 10\log\left(\frac{P_r}{P_t}\right)\right] \tag{6.14}$$

따라서 R, λ 및 송수신 전력비 P_r/P_t을 측정하여 안테나의 이득을 구할 수 있다.

2) 3개의 안테나를 이용한 측정법

만약 측정하고자 하는 2개의 안테나의 이득이 동일하지 않다면 3개의 안테나를 사용하여 절대 이득을 측정하는 방법이다. 이것은 3개의 안테나의 조합을 이용하여 3번의 측정을 하여 3개의 안테나의 이득을 결정한다. 3개의 안테나를 각각 a, b, c 로 표기하면, a, b의 2개 안테나에 의해

$$(G_a)_{t,dB} + (G_b)_{r,dB} = 20\log\left(\frac{4\pi R}{\lambda}\right) + 10\log\left(\frac{(P_b)_r}{(P_a)_t}\right) \tag{6.15}$$

이 되고, a, c의 2개의 안테나에 의해

$$(G_a)_{t,dB} + (G_c)_{r,dB} = 20\log\left(\frac{4\pi R}{\lambda}\right) + 10\log\left(\frac{(P_c)_r}{(P_a)_t}\right) \tag{6.16}$$

이 되며, b, c의 2개의 안테나에 의해

$$(G_b)_{t,dB} + (G_c)_{r,dB} = 20\log\left(\frac{4\pi R}{\lambda}\right) + 10\log\left(\frac{(P_c)_r}{(P_b)_t}\right) \tag{6.17}$$

이 된다. 따라서 R, λ 및 송수신 전력비 $(P_b)_r/(P_a)_t$, $(P_c)_r/(P_a)_t$, $(P_c)_r/(P_b)_t$를 모두 측정하여 알고 있다면 식 (6.15) ~ 식 (6.17)에 의해 이득 G_a, G_b, G_c 를 얻을 수 있다.

(2) 이득 비교 측정법

1) 선형 편파 안테나 이득 측정

시험 안테나의 이득을 측정하는 기법은 대부분 표준 안테나(standard antenna)로 불리는 안테나와의 이득 비교를 통해 이루어진다. 이것을 이득 비교법이라 부른다. [그림 6-9]에 나타낸 바와 같이 시험 안테나와 표준 안테나를 각각 송신 안테나로부터 원거리에 동일한 위치에 두

고 최대 수신 전력이 나오도록 안테나 위치를 조정하여 수신 레벨을 기록하여 둔다. 만약 시험 안테나의 최대 수신 전력이 $P_T\,[dBm]$ 이며, 표준 안테나의 최대 수신 전력이 $P_S\,[dBm]$ 이고, 표준 안테나의 안테나 이득이 $G_S\,[dB]$라고 하면, 시험 안테나의 이득 $G_T\,[dB]$은

$$G_T = P_T - P_S + G_S \tag{6.18}$$

이 된다. 즉 시험 안테나의 이득은 시험 안테나와 표준 안테나로부터 수신된 전력의 차이만큼 표준 안테나의 이득과 다르다는 것을 나타낸다. 예를 들면, 표준 안테나의 최대 수신 전력이 -20 dBm 이고, 시험 안테나의 최대 수신 전력이 -16 dBm 이라면 시험 안테나의 이득은 표준 안테나에 비해 4 dB 크다.

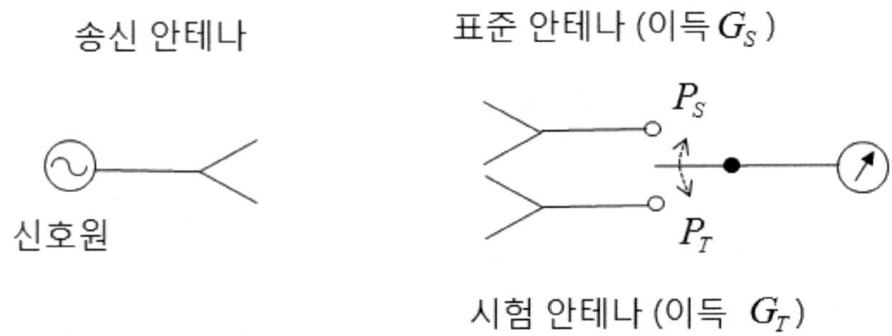

[그림 6-9] 이득 비교법을 이용한 시험 안테나 이득 측정

정확한 이득 측정을 위해서는 정확한 전력 측정이 필요하다는 사실은 식 (6.18)에서 명백히 알 수 있다. 만약 수신기의 선형성에 보장이 되지 않는다면 측정 오차가 발생할 수 있으므로, 수신기의 선형성에 의존하지 않고 이득을 측정할 수 있는 방법으로는 정밀 감쇠기를 사용하는 방법이 있다. 이 방법은 시험 안테나 및 표준 안테나모두 최대 수신 전력이 동일한 값이 나오도록 감쇠기를 조정하여, 감쇠 레벨을 기록하여 둔다. 만약 시험 안테나를 사용할 때의 감쇠 레벨을 $A_T\,[dB]$, 표준 안테나를 사용할 때의 감쇠 레벨을 $A_S\,[dB]$ 라고 하면, 시험 안테나 이득은 다음과 같이 구할 수 있다.

$$G_S = A_T - A_S + G_S \tag{6.19}$$

시험 안테나의 정확한 이득은 또한 표준 안테나 이득의 정확성에 달려 있다. 많이 사용하는 표준 안테나로는 UHF 이하에서는 반파장 인허가 실무가 사용되고, UHF 이상에서는 피라미드 혼(pyramidal horn) 안테나가 사용된다. 반파장 다이폴의 이득은 2.15 dBi 이며, 피라미드 혼 안테나의 이득은 [그림 6-10]에서와 같이 제조업자에 의해 동작 주파수 범위에서 제공된다[6].

2) 원편파 안테나 이득 측정

한편, 원편파 안테나의 이득 측정은 두 개의 직교 선형 편파 안테나 또는 하나의 선형 편파 안테나를 이용하여 두 직교 방향에서 사용하는 방법으로 이득 비교법을 사용하여 측정할 수 있다. 만약 수직 선형 편파 안테나에 대해 이득 비교법으로 측정한 이득을 G_{T_V} , 수평 선형 편파 안테나에 대해 측정한 이득을 G_{T_H} 이라고 하면, 원편파 안테나의 이득은 다음과 같다 [32, 33].

$$G_T\,[dB] = 10\log\left(G_{T\_V} + G_{T\_H}\right)\quad [dBic] \tag{6.20}$$

G_{T_V} 과 G_{T_H} 을 부분 이득이라고 하며, 식 (6.15)을 부분 이득법(partial gain method)이라고 한다.

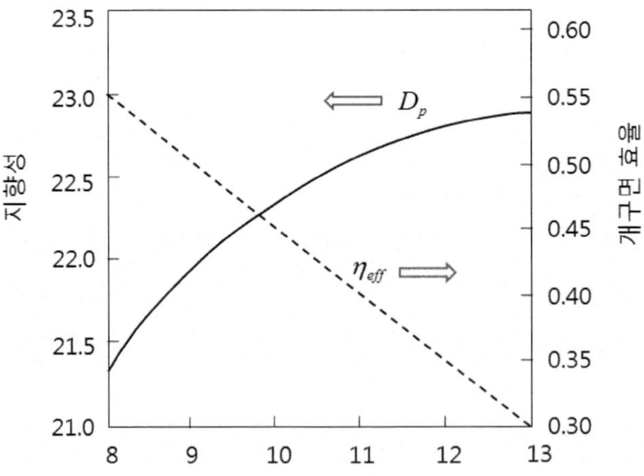

[그림 6-10] 표준 이득 피라미드 혼 안테나의 이득

(예제 6-2) 이득 비교에 의한 이득 측정

$20dB$의 이득을 가지는 표준 안테나를 사용하여 [그림 6-9]와 같은 방법으로 측정하였다. 표준 안테나로 수신된 전력이 $4mW$ 이고, 시험 안테나로 수신된 전력이 $0.5mW$ 였다면 시험 안테나의 이득은 얼마인가?

(풀이)

$P_T = 0.5mW = -3.0dBm$, $P_S = 4mW = 6dBm$, $G_S = 20dB$ 이므로 식 (6.18)에 의해

$$G_T = P_T - P_S + G_S = -3 - 6 + 20 = 11dB$$

이다.

(예제 6-3) 원편파 안테나의 이득 계산

$9GHz$에서 동작하는 원편파 안테나의 이득을 측정하기 선형 편파 안테나를 사용하여 수평, 수직 방향에서 전력을 측정한 결과 각각 $4mW$, $7mW$의 전력을 수신하였다. 이득이 $20dB$인 표준 이득 혼 안테나를 사용하여 측정한 결과 $16mW$ 가 수신되었다면 원편파 안테나의 이득은 얼마인가?

(풀이)

수평 방향의 안테나 이득 G_{T_H} 은 $P_{T\_H} = 4mW = 6dBm$,

$P_S = 16mW = 12dBm$, $G_S = 20dB$ 이므로

$$G_{T\_H} = P_{T\_H} - P_S + G_S = 6 - 12 + 20 = 14dB = 25.12$$

이며, 수지 방향의 안테나 이득 G_{T_V}은 $P_{T\_V} = 7mW = 8.45dBm$ 이므로

$$G_{T\_V} = P_{T\_V} - P_S + G_S = 8.45 - 12 + 20 = 16.45dB = 44.16$$

이다. 따라서 식 (6.20)에 의해 원편파 안테나의 이득은

$$G_T = 10\log(G_{T\_V} + G_{T\_H}) = 10\log(25.12 + 44.16) = 18.4 \ [dB]$$

이다.

6.4 안테나 방사 효율

안테나 방사효율이란 안테나가 공간에 방사한 전력 P_r 과 안테나에 입력한 전력 P_{in} 의 비율로 다음과 같이 표현된다.

$$\eta = \frac{P_r}{P_{in}} \tag{6.21}$$

안테나에 신호발생기를 접속하여 측정을 하는 경우 신호발생기의 출력이 P_{in} 이 되고, 전 입체각(solid angle)에 걸쳐 측정한 안테나의 방사전력의 총 합이 P_r 이 된다. P_{in}의 측정은 비교적 쉽다. 그러나 P_r은 원거리에서 전 입체각에 걸쳐 방사전력을 측정해야 알 수 있으므로 2축으로 움직이는 특수한 턴테이블을 사용하여 전 입체각에 걸쳐 방사전력을 측정하거나 적당한 몇 개의 평면 내에서 방사패턴을 측정한 후 이것을 이용하여 추정하여 계산하는 방법을 사용하고 있다.

특히, 방사패턴 형상이 비슷한 안테나에서 효율을 개선하는 경우에는 기준으로 하는 안테나의 효율을 가급적 정확하게 측정하고, 시험 안테나에 대해서는 최대 방사 레벨을 포함하는 2 평면 정도를 측정하여 기준 안테나와 비교를 통해 대략적인 효율을 알 수 있다.

한편, 방사효율은 1장에서 언급했듯이 안테나의 방사저항 R_{rad} 과 손실 저항 $R_{\Omega ic}$ 으로 부터도 식 (6.22)를 사용하여 구할 수 있다.

$$\eta = \frac{R_{rad}}{R_{rad} + R_{\Omega ic}} = \frac{R_{rad}}{R_{ant}} \tag{6.22}$$

따라서 안테나의 방사저항 R_{rad} 과 손실 저항 $R_{\Omega ic}$ 을 구할 수 있으면, 식 (6.22)를 사용하여 안테나의 방사효율을 구할 수 있다. 안테나의 저항 성분을 구하는 방법으로 Wheeler-cap 방법이 있다. 이 방법에 대해 설명하면 다음과 같다.

- 자유공간에서 안테나의 입력 저항을 측정한다. 측정한 입력 저항은 R_{ant} 으로 방사저항 R_{rad} 과 손실 저항 $R_{\Omega ic}$ 의 합을 의미한다.

- 안테나의 주위를 완전히 금속 캡(cap)으로 덮은 후 안테나의 입력 저항을 측정한다. 안테나 주위를 완전히 금속 캡으로 덮음으로써 방사가 억압되어 측정한 입력 저항은 오로지 손실 저항 $R_{\Omega ic}$ 만으로 된다고 생각할 수 있다.
- 따라서 위의 두 실험으로 측정된 입력 저항으로부터 $R_{ant} - R_{\Omega ic} = R_{rad}$ 으로 안테나의 방사 저항 R_{rad} 을 구하고, 식 (6.22)를 통해 방사효율을 구한다.

이 방법은 금속 캡(cap)으로 안테나를 완전히 덮은 상태에서 입력 저항을 측정하므로 [그림 6-11]와 같이 안테나가 금속 접지판으로 구성될 수 있는 구조에 대해 한정된다. 이 방법은 전파암실과 같은 대규모 시설을 필요로 하지는 않지만 금속 캡(cap)의 형상이나 치수 등에 따라 안테나 소자에 흐르는 전류가 변하게 됨으로 측정에 오차가 생기게 된다. 따라서 금속 캡(cap)을 적절히 선택할 필요가 있다. 그러므로 이 방법은 소형 안테나처럼 방사 효율이 낮은 안테나의 효율 측정에 적당한 방법이다.

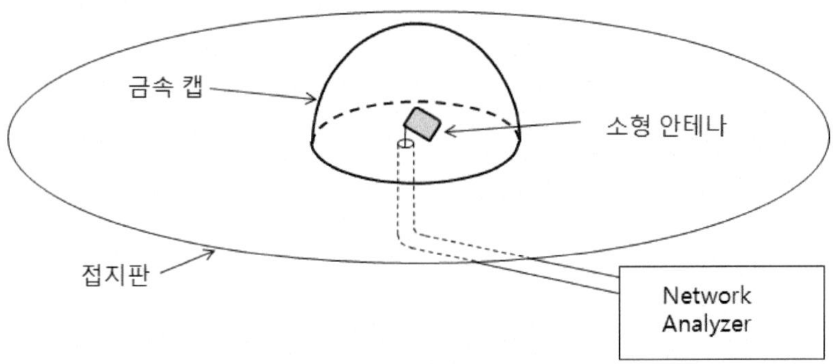

[그림 6-11] Wheeler-cap 방법

반사계수 측정 결과를 이용하여 Wheeler cap 방법으로 공진형 안테나의 효율을 측정하는 방법이 있다. 이 방법에 대해 소개하면 다음과 같다. Wheeler 캡이 있을 때와 없을 때 시험 안테나의 반사손실을 측정한다. 만약 반사계수 측정 결과가 [그림 6-12]처럼 되었다고 가정하자. 공진 주파수에서 멀리 떨어진 주파수에서 반사손실은 $L_{r,far}$ 으로 일정한 값을 갖는다. 만약 급전 선로가 손실이 없다면 이 값은 0 dB가 된다. 반사 손실이 $L_{r,far} > 0$ 이라면, 급전 선로에 손실이 있는 경우이므로, [그림 6-13]의 등가 회로 모델과 같이 급전 선로에 감쇄기를 삽입하여 감쇄기의 감쇄량을 $L_s = L_{r,far}/2$ $[dB]$ 으로 한다. 여기서 L_s는 등가 회로에서 직렬 감쇄기의 손실을 의미한다.

공진점에서 반사손실 $L_{r,res}$ 로부터 직렬 공진 회로의 저항 R_s 값은 식 (6.23)을 사용하여 구할 수 있다[20].

$$R_s = Z_o \frac{1 \pm |\Gamma_{res}|}{1 \mp |\Gamma_{res}|} \quad [\Omega] \tag{6.23}$$

여기서 $|\Gamma_{res}| = 10^{-(L_{r,res} - L_{r,far})/20}$ 으로 Γ_{res} 는 공진 회로의 전압 반사계수, Z_o는 급전 선로의 특성 임피던스를 나타낸다.

식 (6.23)에서 아래 부호는 과결합(overcoupled)인 경우, 위 부호는 약결합(undercoupled)인 경우에 적용된다. 결합의 정도는 시험 안테나의 복소 반사계수의 공진원(resonant circle)의 크기를 조사하면 알 수 있다. 만약 공진원의 직경에 $10^{L_{r,far}/20}$ 을 곱한 값이 1 보다 크면, 과결합(overcoupled) 경우가 되며, 1 보다 작으면 약결합(undercoupled) 경우가 된다.

Wheeler cap 이 있을 때와 없을 때의 저항을 각각 R_{s1}, R_{s2} 이라고 하면 안테나 효율 η_r을 식 (6.24)와 같이 구할 수 있다.

$$\eta_r = 10^{-L_s/10} \frac{R_{s2} - R_{s1}}{R_{s2}} \tag{6.24}$$

이 때 L_s는 안테나 위에 캡(cap)이 있더라도 변하지 않는다.

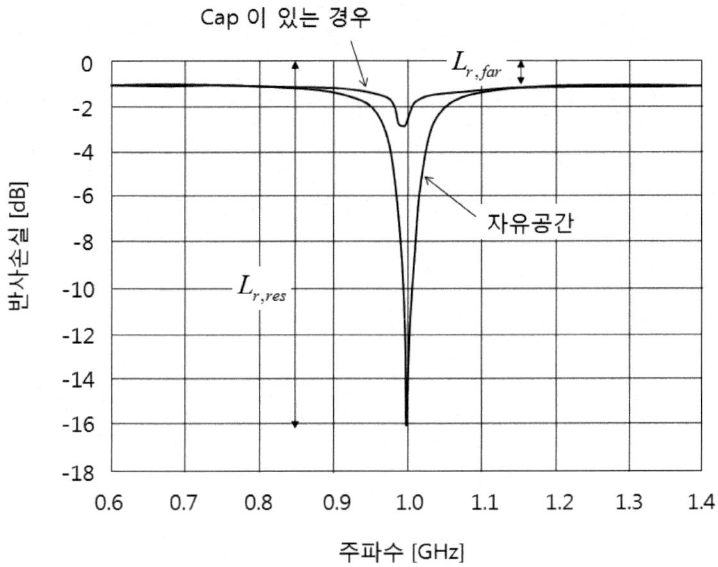

[그림 6-12] 반사 손실

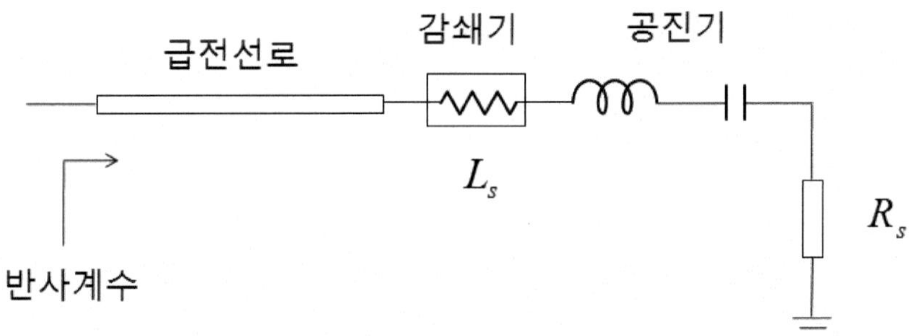

[그림 6-13] 등가 회로

6.5 편파 측정

안테나의 편파를 측정하는 기법에 대해 살펴보고자 한다. 안테나로부터 방사된 전자계 필드의 위치에 따라 편파가 변하는 것에 주목하라. 예를 들면 원형편파 안테나의 경우 거의 매우 좁은 빔폭에서만 거의 원형에 가깝고, 안테나의 주 빔에서 먼 곳은 선형 편파가 된다.

6.5.1 편파 패턴법(polarization pattern method)

편파를 측정을 하기 위해 시험 안테나를 송신으로 사용하고 수신 안테나로 선형 편파 안테나, 일반적으로 반파장 인허가 실무를 사용한다. 선형 편파 수신 안테나를 회전시키면서 수신 안테나의 회전각의 함수로 수신 전력을 기록한다. 이런 식으로 시험 안테나의 편파에 대한 정보를 얻을 수 있는데 이 방법을 편파 패턴법(polarization pattern method)이라 부른다. [그림 6-14]에 편파 측정을 위한 기본적인 실험 설비를 나타내었다.

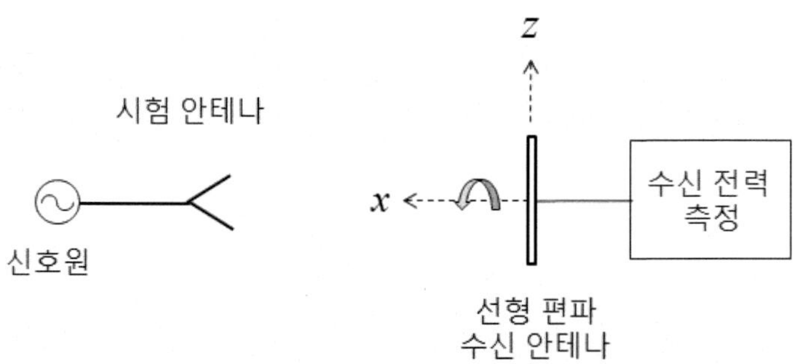

[그림 6-14] 안테나의 편파 측정을 위한 실험 개념도

선형 편파 수신 안테나를 x축을 중심으로 회전하면서 회전각을 함수로 수신 전력을 기록한다. 만약 시험 안테나가 수직 방향의 선형 편파 안테나이고, 수신 안테나 역시 수직 선형 편파 안테나이면, 회전각의 함수로 수신 안테나에 수신된 전력을 나타내면 [그림 6-15]와 같이 표현된다.

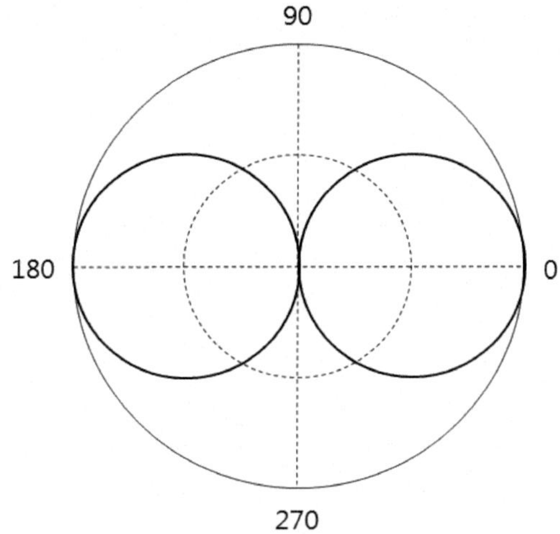

[그림 6-15] 시험 안테나가 수직 선형 안테나일 때의 수신 전력

만약 시험 안테나가 수평 선형 안테나이고, 수신 안테나는 수직 선형 편파 안테나이면, 회전각의 함수로 수신 안테나에 수신된 전력을 나타내면 [그림 6-16]과 같이 표현된다.

이제 시험 안테나가 원편파(Circular Polarization : CP)를 방사하는 경우를 가정하자. 만약 시험 안테나가 CP를 방사할 때 수직 선형 편파 안테나를 사용하여 회전각을 함수로 측정한 수신 전력을 정규화하여 나타내면 [그림 6-17]와 같이 나타난다.

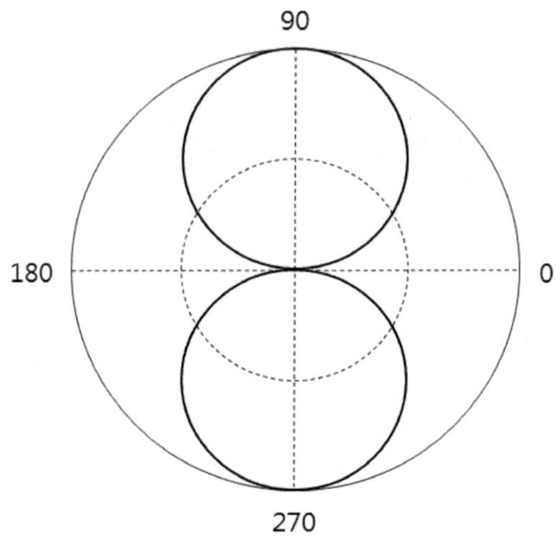

[그림 6-16] 시험 안테나가 수평 선형 안테나일 때의 수신 전력

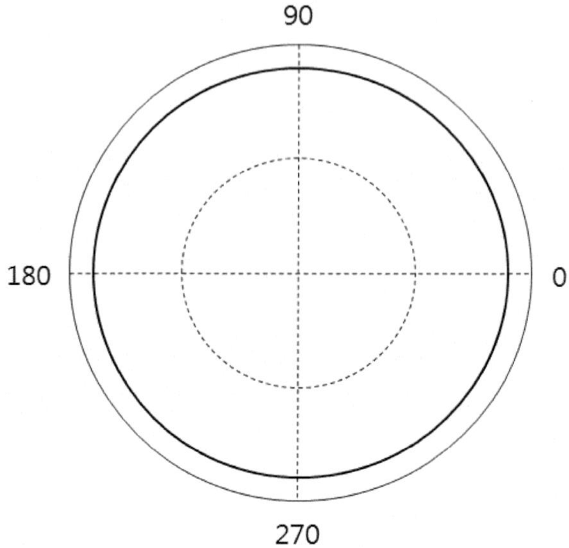

[그림 6-17] 시험 안테나가 원편파 안테나일 때의 수신 전력

이것은 원형 편파의 경우 두 수직 방향으로 동일한 성분을 갖기 때문에 선형 편파를 갖는 안테나를 회전시키며 수신하는 경우 수신 전력은 일정한 값을 갖는다. 단, 원편파의 회전 방향(RHCP or LHCP)에 대해서는 [그림 6-17]를 통해 알 수 없다. 이것을 알기 위해 수신 안테나로 RHCP 안테나를 사용하여 수신 전력을 측정하고, 수신 안테나를 LHCP 안테나로 바꾸어 수신 전력을 다시 측정한다. 만약 시험 안테나가 RHCP 인 경우, 수신 안테나가 RHCP 인 경우가 LHCP 인 경우에 비해 수신 전력의 세기가 훨씬 크게 나타난다. 즉, 수신 전력이 RHCP와 LHCP 중 어느 것이 크게 나오느냐를 보고 원편파의 회전 방향을 알 수 있다. 이 때 RHCP와 LHCP의 수신 전력의 차이를 편파 isolation 이라 부르며, dB로 나타낸다. 그러나 이것은 동일한 주파수에서 동작하는 RHCP 안테나와 LHCP 안테나 2개가 모두 있어야만 실험이 가능하다.

한편 시험 안테나가 타원편파를 가지며, 경사각이 45° 이며, 축비(axial ratio)가 3 dB 인 경우 [그림 6-14]와 같은 좌표계에서 전계는

$$\overline{E} = \hat{y}\left(1 - \frac{j}{2}\right) + \hat{z}\left(1 + \frac{j}{2}\right) \tag{6.25}$$

로 표현되며, 수신 전력은 [그림 6-18]과 같이 나타난다.

[그림 6-18]에서 두 가지 파라미터를 알 수 있다. 첫째는 수신 전력의 최대값이 45^o방향에서 생기는 것을 볼 수 있다. 따라서 경사각이 45° 인 것을 알 수 있다. 둘째는 축비(axial ratio)를 계산할 수 있다. 축비란 수신 전력의 최대치 값과 최소값의 비를 말하며, 일반적으로 dB 값으로 나타낸다. [그림 6-18]의 경우 보면, 만약 45^o방향의 최대치 값이 1과 약 135^o방향의 최소치 값이 0.5 라고 하면, 축비는 1/0.5=2=3 dB 를 얻는다. 보통 상용 원편파 안테나의 축비는 3 dB 이내이다. 목적에 따라 1dB 이내를 요구하는 경우도 있는데 이것은 상당히 성능이 좋은 원편파 안테나를 요구하는 경우이다.

그러나 [그림 6-18]에서 타원편파의 회전 방향에 대해서는 알 수 없다. 회전 방향을 알려면 원편파와 마찬가지로 RHEP 와 LHEP 두 개의 안테나를 사용하여 수신 전력을 비교하는 과정이 필요하다.

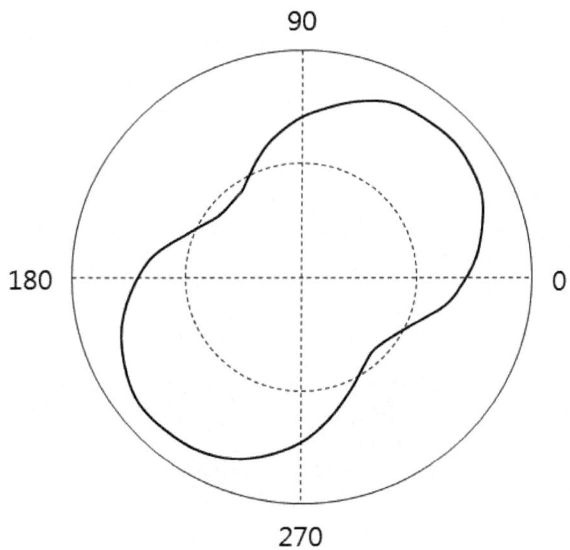

[그림 6-18] 시험 안4테나가 타원편파 안테나일 때의 수신 전력

6.5.2 회전 전원법(rotating source method)

축비를 측정하는 또 다른 방법에는 회전 전원법(rotating source method)이 있다. 이것은 축비의 크기를 회전각의 함수로 결정하는 신속한 측정 기법이다. [그림 6-14]의 실험 설비에서 수신용 선형 안테나를 송신 모드로 바꾸고, 기존과 같이 회전시키고, 시험 안테나를 수신 안테나로 사용하면서 방사패턴을 측정할 때와 같이 회전시키면서 수신되는 전력 레벨을 기록한다. 즉, 두 안테나 모두 회전을 하고 있지만 회전하는 속도가 다른데, 일반적으로 시험 안테나는 천천히 회전하는데, 송신하는 선형 안테나가 반회전하는 동안 시험 안테나의 수신 전력의 레벨이 두드러지게 변하지 않는 정도여야 한다. 이렇게 수신 전력을 측정하여 회전각에 따라 그림을 그리면 [그림 6-19]와 같은 모양이 된다. [그림 6-19]는 나선형 안테나를 회전전원법으로 측정한 예를 나타내었다[5]. 축비는 각각의 각에서 인접하는 최대값과 최소값의 차이로 구할 수 있다. 예를 들면, [그림 6-19]에서 주빔 축으로부터 반시계 방향으로 30° 방향에서 축비는 최대값 약 -8 dB 와 최소값 약 -10 dB의 차, 즉 2 dB가 축비가 된다. 회전 전원법의 결과만으로는 원편파 및 타원편파의 경우 편파의 회전방향에 대해서는 알 수 없고 단지 회전각에 따른 축비만을 쉽게 구할 수 있다.

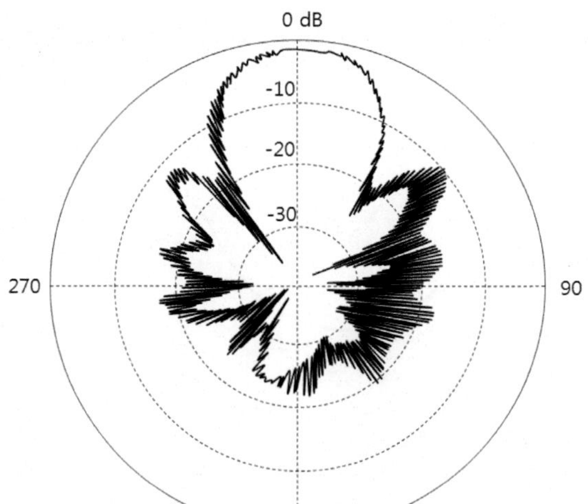

[그림 6-19] 회전전원법으로 측정한 나선형 안테나 실험 예

6.5.3 이중-선형 패턴법(dual-linear pattern method)

축비를 구하는 또 다른 방법으로 회전 전원법을 조금 변형하여 만든 이중-선형 패턴법(dual-linear pattern method)이 있다. 이것은 선형 송신 안테나를 회전시키지 않고, 두 개의 직교 방향에 대해서만 패턴을 측정하여 두 시험 결과를 장축과 단축으로 정렬이 되도록 한다. 앞서 언급한 나선형 안테나에 대해 이중-선형 패턴법으로 측정한 실험 결과를 [그림 6-20]에 나타내었다[5]. 이 예에서 최대 빔으로부터 반시계 방향으로 30^o의 방향에 대해 두 선형 패턴 값이 -8 dB 와 -10 dB 이며, 여기서도 2 dB의 축비값을 얻는다.

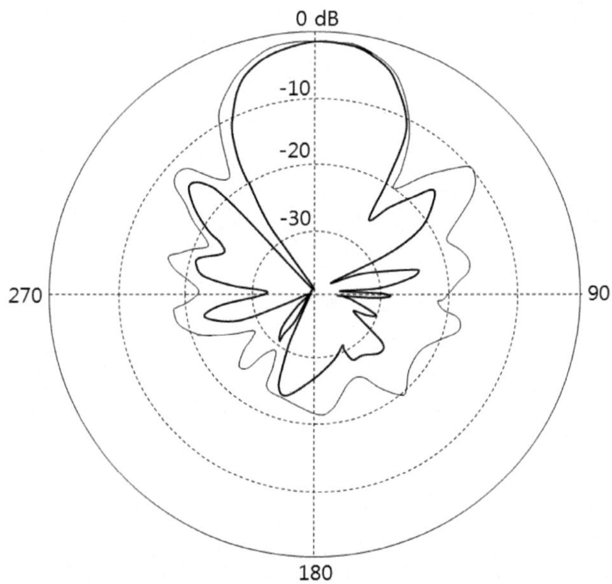

[그림 6-20] 이중-선형 나선법으로 측정한 나선형 안테나 실험 예

6.6 스케일 모델 측정 (scale model measurement)

시험 안테나의 크기, 무게 등이 너무 거대하거나, 너무 작아서 안테나 특성 측정이 어려울 경우에 스케일 모델(scale model)을 사용하여 안테나의 특성을 측정하는 방법이 있다. 이것은 실제 측정해야 할 안테나를 n배 (n은 1보다 크거나 작다) 스케일(scale)하여 측정이 용이한 크기로 변형하여 안테나의 특성을 측정하는 방법이다. 이렇게 측정한 값이 원래 측정하고자 한 안테나의 특성과 동일한 결과 값을 나타내기 위해서는 [표 6-1]에 제시되어 있는 변수들이 정확히 스케일이 되어야 한다. 그리고 [표 6-2]에 제시되어 있는 변수는 그대로 유지되어야 한다. [표 6-1]과 [표 6-2]에서 프라임이 붙어 있지 않은 물리량은 실제 물리량이며, 프라임이 붙어 있는 물리량은 스케일된 물리량을 나타낸다.

정확히 실제 안테나와 동일한 결과를 얻기 위해서는 [표 6-1]과 [표 6-2]의 스케일 모델을 통해 실제 구조물과 물리적인 관점에서나 전기적인 관점에서 정확히 동일하게 복제되어야 한다. 그러나 실제에서는 대부분 근사적으로 구현이 되고 있는데, 이것은 특히 도전율을 정확히 스케일하는 것이 어렵기 때문이다.

[표 6-1] 스케일 모델 측정에서 스케일 되는 물리량

스케일 되는 물리량	변화량
주파수	$f' = nf$
길이	$l' = l/n$
파장	$\lambda' = \lambda/n$
전도도	$\sigma' = n\sigma$
커패시터	$C' = C/n$
인덕턴스	$L' = L/n$
산란면적	$S' = S/n^2$
시간	$t' = t/n$

[표 6-2] 스케일 모델 측정에서 변하지 않는 물리량

변하지 않는 물리량	변화량
유전율	$\epsilon' = \epsilon$
투자율	$\mu' = \mu$
입력 임피던스	$Z_{in}' = Z_{in}$
안테나 이득	$G' = G$
속도	$v' = v$

이러한 스케일 모델은 방사 패턴 측정에 주로 사용되지만 이득, 지향성, 복사효율, 입력 임피던스, 상호 임피던스 등 다양한 안테나 파라미터를 측정하기 위해서도 사용되고 있다.

6.A 요약

6.1 안테나 잡음온도

- 절대온도가 $0K$ 이상인 모든 물체는 전자파를 방사함. 따라서 일반적으로 수신 안테나는 주변 환경에서 발생하는 전자파를 수신하여 안테나의 출력으로 잡음 전력을 만들어냄.
- 안테나의 잡음온도는 실제 안테나의 물리적인 온도가 아니며, 주변 환경에서 안테나가 동작할 때 동일한 잡음전력을 만들어 내는 등가 온도를 의미함.
- 수신 시스템 전체의 잡음전력은 $k(T_A + T_R)B$ 으로 표현됨. 여기서 k는 볼쯔만 상수, B는 주파수 대역폭, T_R은 수신기 잡음온도, T_A는 안테나 잡음온도임. 즉 수신 시스템 전체의 잡음온도는 안테나의 잡음온도와 수신기 잡음온도의 합으로 표현됨.
- G/T 는 안테나 이득을 시스템 잡음 온도로 나눈 값으로 보통 dB/K로 표시함. 이득은 크고, 잡음 온도는 작은 것이 좋으므로 G/T은 큰 값을 가질수록 좋음.

6.2 입력 임피던스 측정

- 반사손실(return loss) $RL = 20\log|\Gamma|$ 과 전압정재파비 (Voltage Standing Wave Ratio) $VSWR = (1+|\Gamma|)/(1-|\Gamma|)$는 반사계수의 크기에 비례하는 파라미터임.
- 안테나의 입력 임피던스 측정은 회로망 분석기(network analyzer)를 사용하여 개방, 단락, 50 Ω 저항을 이용한 교정(calibration)을 통해 측정함.

6.3 방사패턴 및 이득 측정

- 안테나의 방사패턴은 전파암실(anechoic chamber)이나, 옥외 시험장 및 실내에서 측정하는 근방계 측정(near field measurement) 방법 등이 있음.
- 안테나 이득 측정 방법에는 절대이득 측정법과 이득비교 측정법이 있음.
- 절대 이득 측정은 안테나를 2개 또는 3개를 사용하는 측정 방법이 있음.
- 이득비교 측정법은 표준 안테나와의 이득 비교를 통해 시험 안테나의 이득을 구하는 방법임.

6.4 안테나 효율 측정

- 안테나 방사효율이란 안테나가 공간에 방사한 전력과 안테나에 입력한 전 의 비율로 정의됨.
- 안테나의 저항 성분을 구하는 방법으로 Wheeler-cap 방법이 있음. 이것은 소형 안테나처럼 방사 효율이 낮은 안테나의 효율 측정에 적당한 방법임.

6.5 편파 측정

- 시험 안테나를 송신으로 사용하고 수신 안테나로 선형 편파 안테나를 사용하여 선형 편파 수신 안테나를 회전시키면서 수신 안테나의 회전각의 함수로 수신 전력을 기록하고, 이런 식으로 시험 안테나의 편파에 대한 정보를 얻는 방법을 편파 패턴법(polarization pattern method)이라 부름.
- 선형 안테나를 송신, 시험 안테나를 수신 안테나로 사용하고 두 안테나 모두 회전시키면서 수신되는 전력 레벨을 기록하여 시험 안테나의 편파에 대한 정보를 얻는 방법을 회전전원법(rotating source method)이라 함.
- 선형 송신 안테나를 회전시키지 않고, 두 개의 직교 방향에 대해서만 패턴을 측정하여 두 시험 결과를 장축과 단축을 정렬이 되도록 하여 시험 안테나의 편파에 대한 정보를 얻는 방법을 이중-선형 패턴법(dual-linear pattern method)이라 함.

6.6 스케일 모델 측정

- 시험 안테나의 크기, 무게 등이 너무 커거나 너무 작아서 측정이 어려울 때 안테나를 측정이 용이한 크기로 스케일링 하여 안테나의 특성을 측정함.
- 스케일 모델 측정에서 스케일 되는 물리량과 변하지 않는 물리량이 있으며, 정확히 스케일링 되면 실제 안테나와 물리적 관점 및 전기적 관점에서 동일한 특성을 갖게 됨.
- 스케일 모델 측정을 통해 방사패턴, 이득, 지향성, 복사효율, 입력 임피던스, 상호 임피던스 등 다양한 안테나 파라미터를 측정할 수 있음.

6.B 연습 문제

6.1 안테나의 잡음 온도를 설명하시오.

6.2 주파수 $f = 30GHz$에서 동작하는 원형 반사판 안테나가 있다. 유효 개구면의 크기는 $100m^2$이며, 천정(zenith)을 바라보고 있다. 하늘의 온도는 $20K$로 온도 분포는 균일하다고 가정할 때 안테나 온도를 구하시오. 이때 지표면 온도는 $300K$ 이고, 안테나의 소엽(minor-lobe)의 절반이 반대 방향(지표면 방향)을 향하고 있고, 빔 효율은 0.7로 가정한다.

6.3 안테나 입력 임피던스를 측정하는 방법을 설명하시오.

6.4 안테나 방사패턴을 측정할 수 있는 측정 설비에 대해 설명하시오.

6.5 안테나 이득을 측정하는 방법에 대해 설명하시오.

6.6 $4GHz$에서 동작하는 원편파 안테나의 이득을 측정하기 선형 편파 안테나를 사용하여 수평, 수직 방향에서 전력을 측정한 결과 각각 $10mW$, $8mW$의 전력을 수신하였다. 이득이 $15dB$인 표준 이득 안테나를 사용하여 측정한 결과 $22mW$ 가 수신되었다면 원편파 안테나의 이득은 얼마인가?

6.7 안테나 방사효율의 정의와 Wheeler-cap 방법에 대해 설명하시오.

6.8 안테나 편파를 측정하는 방법에 대해 설명하시오

6.9 스케일 모델 측정법에 대해 설명하시오.

부록

부록 A : 주파수 대역

A.1 방송용 주파수 현황

- TV 채널

[표 A.1] VHF 대역 TV 채널 주파수

채널 번호	주파수 대역 [MHz]	채널 번호	주파수 대역 [MHz]
2	54-60	8	180-186
3	60-66	9	186-192
4	66-72	10	192-198
5	76-82	11	198-204
6	82-88	12	204-210
7	174-180	13	210-216

[표 A.2] UHF 대역 TV 채널 주파수

채널 번호	주파수 대역[MHz]	채널 번호	주파수 대역[MHz]
14	470-476	52	698-704
15	476-482	53	704-710
16	482-488	54	710-716
17	488-494	55	716-722
18	494-500	56	722-728
19	500-506	57	728-734
20	506-512	58	734-740
23	512-518	59	740-746
⋮	⋮	⋮	⋮
51	692-698	69	800-806

- AM : 526.5 ~ 1606.5 kHz
- 단파 : 5950 ~ 26100 kHz
- FM : 88 ~ 108 MHz
- DMB :
  - 지상 DMB (T-DMB) : 174 ~ 216 MHz
  - 위성 DMB (S-DMB) : 2630 ~ 2655 MHz
- 위성 방송
  - 디지털 위성 방송용 : 11.7 ~ 12.2 GHz (6개의 좌선회 편파 대역을 활용)
  - HDTV 전송용 : 21.4 ~ 22.0 GHz
- 방송 중계용 : 900 MHz

A.2 통신용 주파수 현황

- 이동전화 (국내) :
  - 2G : 상향(이동국에서 기지국) 824 ~ 834 MHz, 하향 869 ~ 879 MHz
  - 3G : 상향 1.92 ~ 1.98 GHz, 하향 2.11 ~ 2.17 GHz
  - LTE : 상향 819 ~ 824 MHz, 834 ~ 849 MHz
    하향 864 ~ 869 MHz, 879 ~ 894 MHz
    상향 905 ~ 915 MHz, 1745 ~ 1765 MHz
    하향 950 ~ 960 MHz, 1840 ~ 1860 MHz
- TRS : 상향 811 ~ 817 MHz, 376.5 ~ 381.5 MHz,
  하향 856 ~ 862 MHz, 394.5 ~ 399.5 MHz
- WLAN : 2400 ~ 2483.5 MHz, 5725 ~ 5825 MHz
- Wibro : 2300 ~ 2400 MHz
- RFID :
  - 13.552 ~ 13.568 MHz (무선 근접 카드용 등)

- 433.67 ~ 434.17 MHz (항만, 내륙 컨테이너 집하장, 부두 창고 등)
- 917 ~ 923.5 MHz (공급망, 물류관리, 자동 통행료 징수 등)

- WCDMA : 상향 2110 ~ 2170 MHz, 하향 1920 ~ 1980 MHz
- GSM900 : 상향 925 ~ 960 MHz, 하향 880 ~ 915 MHz
- DCS1800 : 상향 1805 ~ 1880 MHz, 하향 1710 ~ 1785 MHz
- GPS : 1575.42 MHz (L1), 1227.60 MHz (L2)
- Bluetooth : 2400 ~ 2483.5 MHz
- UWB : 3.1 ~ 4.8 GHz, 7.2 ~ 10.2 GHz
- Marine VHF Radio : 156 ~ 174 MHz
- EPIRB : 121.5 MHz, 406.025 MHz
- AIS : 161.975 MHz, 162.025 MHz
- GMDSS Inmarsat : 상향 1626.5 ~ 1645.5 MHz, 하향 1530.0 ~ 1545.0 MHz
- MICS : 402 ~ 405 MHz
- 무선마이크 : 928 ~ 930 MHz, 950 ~ 952 MHz, 942 ~ 952 MHz
- 광대역 WLL (B-WLL) : 상향 24.252 ~ 24.750 GHz, 하향 25.5 ~ 26.7 GHz
- 무선 데이터 : 상향 898 ~ 900 MHz, 하향 938 ~ 940 MHz
- 휴대 인터넷(Wibro) : 2.3 ~ 2.4 GHz
- 코드없는 전화기 :
  - 아날로그 : 46.51 ~ 46.97 / 49.695 ~ 49.97 MHz
    914 ~ 915 / 959 ~ 960 MHz (서비스 종료 예정)
  - 디지털 : 1.7 GHz, 2.4 GHz
- ISM(Industrial, Scientific, Medical frequencies) :
  - 13.553 ~ 13.567 MHz, 26.975 ~ 27.283 MHz, 40.66 ~ 40.70 MHz
  - 902 ~ 928 MHz, 2.4 ~ 2.5 GHz, 5.725 ~ 5.875 GHz
  - 24 ~ 24.25 GHz

부록 B : 매질 상수

매질	상대 유전율		도전율 [S/m]
	ϵ'_r	ϵ''_r	
Air	1.0006	0	0
Aluminum	1	0	3.5×10^7
Bakelite	5	0.05	10^{-14}
Carbon			3×10^4
Copper	1	0	5.8×10^7
Glass	6	0.03	10^{-13}
Graphite			10^5
Mica	6	0.2	10^{-15}
Oil, mineral	2.2	0.0002	10^{-14}
Paper	3	0.1	
Paraffin	2.1	0.0004	$\sim 10^{-15}$
Plexiglas	3.4		
Polyfoam	~1.05		
Polystyrene	2.7	0.0002	10^{-16}
Porcelain	5	0.004	
PVC	~1.1		
Quartz	5	0.001	10^{-17}
Rubber, neoprene	5	0.02	10^{-13}
Rutile	100	0.02	
Snow, fresh	1.5	0.5 ~ 0.0003	
Soil, clay	14		5×10^{-3}
Soil, sandy	10		2×10^{-3}
Stone			10^{-2}
Stone, slate	7		
Styrofoam	1.03		
Urban ground	4		2×10^{-4}
Vacuum	1	0	0
Vaseline	2.2	0.0003	
Teflon	2.1	0.005	10^{-15}
Water, distilled	80		10^{-4}
Water, sea	80		$4 \sim 5$
Wood, fir plywood	2	0.04	

부록 C : 전송선로의 파라미터

C.1 무손실 전송선로의 특성 임피던스

(1) 동축선로

내부 도선의 반경이 a, 외부 도체의 안쪽 반경이 b, 내외부 도체 사이에 상대 유전율 ϵ_r 인 유전체로 채워진 선로)

$$Z_0 = \frac{138}{\sqrt{\epsilon_r}} \log \frac{b}{a}$$

(2) 2선 전송선로(Two-wire transmssion)

도선의 반경이 a인 두 도선으로 구성된 2선 전송선로에서 두 도선의 중심 간의 간격이 D 이고, $D \gg a$일 때

$$Z_0 = \frac{276}{\sqrt{\epsilon_r}} \log \frac{D}{a}$$

(3) 마이크로스트립 선로

마이크로스트립의 선폭 w, 유전체 기판의 두께 h 이며, $w \geq 2h$ 이면,

$$Z_0 \approx \frac{377}{\sqrt{\epsilon_r}\,[(w/h)+2]}$$

C.2 분포 정수회로 파라미터와 전송선로의 특성 임피던스 관계

(1) 일반적인 경우부록

$$Z_0 = \sqrt{\frac{Z}{Y}} = \sqrt{\frac{R + j\omega L}{G + j\omega C}}$$

(2) 손실이 작은 경우

$$Z_0 = \sqrt{\frac{L}{C}}\left[1 + j\left(\frac{G}{2\omega C} - \frac{R}{2\omega L}\right)\right]$$

(3) 무손실인 경우

$$Z_0 = \sqrt{\frac{L}{C}} = R_0$$

C.3 종단된 전송선로의 입력 임피던스

특성 임피던스가 Z_0인 전송선로에 부하 Z_L가 연결되어 있고, 부하로부터 거리 x떨어진 위치에서 부하를 바라본 입력 임피던스를 구하면 [표 ..]와 같다. [표 ..]에서 $\gamma = \alpha + j\beta$으로 α는 감쇠 상수이며, β는 위상 상수로서 $\beta = 2\pi/\lambda$ 이다.

(1) 임의의 임피던스 Z_L

- 손실 선로 : $Z_{in} = Z_0 \dfrac{Z_L + Z_0 \tanh \gamma x}{Z_0 + Z_L \tanh \gamma x}$
- 무손실 선로 : $Z_{in} = Z_0 \dfrac{Z_L + jZ_0 \tan \beta x}{Z_0 + jZ_L \tan \beta x}$

(2) 종단이 단락된 경우 $Z_L = 0$

- 손실 선로 : $Z_{in} = Z_0 \tanh \gamma x$
- 무손실 선로 : $Z_{in} = jZ_0 \tan \beta x$

(3) 종단이 개방된 경우 $Z_L = \infty$

- 손실 선로 : $Z_{in} = Z_0 \coth \gamma x$
- 무손실 선로 : $Z_{in} = -jZ_0 \cot \beta x$

C.4 반사계수, 투과계수 및 VSWR

특성 임피던스가 Z_0인 전송선로에 부하 Z_L가 연결되어 있을 때, 부하가 연결된 위치에서 반사계수, 투과계수, VSWR을 구하면 다음과 같다.

전압 반사계수 : $\Gamma = \dfrac{Z_L - Z_0}{Z_L + Z_0}$

전류 반사계수 : $\Gamma_I = \dfrac{Z_0 - Z_L}{Z_0 + Z_L} = -\Gamma$

전압 투과계수 : $T = \dfrac{2Z_L}{Z_0 + Z_L} = 1 + \Gamma$

전류 투과계수 : $T_I = \dfrac{2Z_0}{Z_0 + Z_L} = 1 + \Gamma_I$

전압 정자파비 (VSWR) : $VSWR = \dfrac{1 + |\Gamma|}{1 - |\Gamma|} = \dfrac{1 + |\Gamma_I|}{1 - |\Gamma_I|}$

반사계수의 크기 : $|\Gamma| = |\Gamma_I| = \dfrac{VSWR - 1}{VSWR + 1}$

부록 D : 벡터 공식

D.1 단위 벡터

$$\hat{x} = \hat{r}\sin\theta\cos\phi + \hat{\theta}\cos\theta\cos\phi - \hat{\phi}\sin\phi$$

$$\hat{y} = \hat{r}\sin\theta\sin\phi + \hat{\theta}\cos\theta\sin\phi + \hat{\phi}\cos\phi$$

$$\hat{z} = \hat{r}\cos\theta - \hat{\theta}\sin\theta$$

$$\hat{r} = \hat{x}\sin\theta\cos\phi + \hat{y}\sin\theta\sin\phi + \hat{z}\cos\theta$$

$$\hat{\phi} = \hat{x}\cos\theta\cos\phi + \hat{y}\cos\theta\sin\phi - \hat{z}\sin\theta$$

$$\hat{\phi} = -\hat{x}\sin\phi + \hat{y}\cos\phi$$

D.2 벡터 항등식

$$\overline{A}\times(\overline{B}\times\overline{C}) = (\overline{A}\cdot\overline{C})\overline{B} - (\overline{A}\cdot\overline{B})\overline{C}$$

$$(\overline{A}\times\overline{B})\times\overline{C} = (\overline{C}\cdot\overline{A})\overline{B} - (\overline{C}\cdot\overline{B})\overline{A}$$

$$\nabla\cdot(\nabla\times\overline{G}) = 0$$

$$\nabla\times\nabla g = 0$$

$$\nabla\cdot\nabla g = \nabla^2 g$$

$$\nabla(f+g) = \nabla f + \nabla g$$

$$\nabla\cdot(\overline{F}+\overline{G}) = \nabla\cdot\overline{F} + \nabla\cdot\overline{G}$$

$$\nabla(fg) = g\nabla f + f\nabla g$$

$$\nabla\cdot(f\overline{G}) = \overline{G}\cdot(\nabla f) + f(\nabla\cdot\overline{G})$$

$$\nabla\times(f\overline{G}) = (\nabla f)\times\overline{G} + f(\nabla\times\overline{G})$$

$$\nabla\times(\nabla\times\overline{G}) = \nabla(\nabla\cdot\overline{G}) - \nabla^2\overline{G}$$

$$\nabla^2\overline{G} = \hat{x}\nabla^2 G_x + \hat{y}\nabla^2 G_y + \hat{z}\nabla^2 G_z$$

$$\nabla\cdot(\overline{F}\times\overline{G}) = \overline{G}\cdot(\nabla\times\overline{F}) - \overline{F}\cdot(\nabla\times\overline{G})$$

$$\overline{F}\cdot(\overline{G}\times\overline{H}) = \overline{G}\cdot(\overline{H}\times\overline{F}) = \overline{H}\cdot(\overline{F}\times\overline{G})$$

$$\nabla\times(\overline{F}\times\overline{G}) = \overline{F}(\nabla\cdot\overline{G}) - \overline{G}(\nabla\cdot\overline{F}) + (\overline{G}\cdot\nabla)\overline{F} - (\overline{F}\cdot\nabla)\overline{G}$$

$$\nabla(\overline{F}\cdot\overline{G})=(\overline{F}\cdot\nabla)\overline{G}+(\overline{G}\cdot\nabla)\overline{F}+\overline{F}\times(\nabla\times\overline{G})+\overline{G}\times(\nabla\times\overline{F})$$

$$\iiint\nabla\cdot\overline{G}\,dv=\oiint\overline{G}\cdot d\overline{s}$$

$$\iint(\nabla\times\overline{G})\cdot d\overline{s}=\oint\overline{G}\cdot d\overline{l}$$

D.3 벡터 미분 연산자

- 직각좌표계

$$\nabla g=\hat{x}\frac{\partial g}{\partial x}+\hat{y}\frac{\partial g}{\partial y}+\hat{z}\frac{\partial g}{\partial z}$$

$$\nabla\cdot\overline{G}=\frac{\partial G_x}{\partial x}+\frac{\partial G_y}{\partial y}+\frac{\partial G_z}{\partial z}$$

$$\nabla\times\overline{G}=\hat{x}\left(\frac{\partial G_z}{\partial y}-\frac{\partial G_y}{\partial z}\right)+\hat{y}\left(\frac{\partial G_x}{\partial z}-\frac{\partial G_z}{\partial x}\right)+\hat{x}\left(\frac{\partial G_y}{\partial x}-\frac{\partial G_x}{\partial y}\right)$$

$$\nabla^2 g=\frac{\partial^2 g}{\partial x^2}+\frac{\partial^2 g}{\partial y^2}+\frac{\partial^2 g}{\partial z^2}$$

- 원통 좌표계

$$\nabla g=\hat{\rho}\frac{\partial g}{\partial\rho}+\hat{\phi}\frac{1}{\rho}\frac{\partial g}{\partial\phi}+\hat{z}\frac{\partial g}{\partial z}$$

$$\nabla\cdot\overline{G}=\frac{1}{\rho}\frac{\partial}{\partial\rho}(\rho G_\rho)+\frac{1}{\rho}\frac{\partial G_\phi}{\partial\phi}+\frac{\partial G_z}{\partial z}$$

$$\nabla\times\overline{G}=\hat{\rho}\left(\frac{1}{\rho}\frac{\partial G_z}{\partial\phi}-\frac{\partial G_\phi}{\partial z}\right)+\hat{\phi}\left(\frac{\partial G_\rho}{\partial z}-\frac{\partial G_z}{\partial\rho}\right)+\hat{z}\frac{1}{\rho}\left(\frac{\partial}{\partial\rho}(\rho G_\rho)-\frac{\partial G_\rho}{\partial\phi}\right)$$

$$\nabla^2 g=\frac{1}{\rho}\frac{\partial}{\partial\rho}\left(\rho\frac{\partial g}{\partial\rho}\right)+\frac{1}{\rho^2}\frac{\partial^2 g}{\partial\phi^2}+\frac{\partial^2 g}{\partial z^2}$$

- 구 좌표계

$$\nabla g=\hat{r}\frac{\partial g}{\partial r}+\hat{\theta}\frac{1}{r}\frac{\partial g}{\partial\theta}+\hat{\phi}\frac{1}{r\sin\theta}\frac{\partial g}{\partial\phi}$$

$$\nabla \bullet \overline{G} = \frac{1}{r^2}\frac{\partial}{\partial r}\left(r^2 G_r\right) + \frac{1}{r\,\sin\theta}\frac{\partial}{\partial \theta}(G_\theta \,\sin\theta) + \frac{1}{r\,\sin\theta}\frac{\partial G_\phi}{\partial \phi}$$

$$\begin{aligned}\nabla \times \overline{G} = {} & \hat{r}\,\frac{1}{r\,\sin\theta}\left(\frac{\partial}{\partial\theta}(G_\phi\,\sin\theta) - \frac{\partial G_\theta}{\partial\phi}\right) + \hat{\theta}\,\frac{1}{r}\left(\frac{1}{\sin\theta}\frac{\partial G_r}{\partial\phi} - \frac{\partial}{\partial r}(r\,G_\phi)\right) \\ & + \hat{\phi}\,\frac{1}{r}\left(\frac{\partial}{\partial r}(rG_\theta) - \frac{\partial G_r}{\partial\theta}\right)\end{aligned}$$

$$\nabla^2 g = \frac{1}{r^2}\frac{\partial}{\partial r}\left(r^2\frac{\partial g}{\partial r}\right) + \frac{1}{r^2\,\sin\theta}\frac{\partial}{\partial\theta}\left(\sin\theta\,\frac{\partial g}{\partial\theta}\right) + \frac{1}{r^2\,\sin^2\theta}\frac{\partial^2 g}{\partial\phi^2}$$

부록 E : 삼각함수 및 기타 수학 공식

E.1 삼각함수 관계식

$$\sin(\alpha \pm \beta) = \sin\alpha \cos\beta \pm \cos\alpha \sin\beta$$

$$\cos(\alpha \pm \beta) = \cos\alpha \cos\beta \pm \sin\alpha \sin\beta$$

$$\sin\left(\frac{\pi}{2} \pm \alpha\right) = \cos\alpha$$

$$\cos\left(\frac{\pi}{2} \pm \alpha\right) = \mp \sin\alpha$$

$$\sin\alpha \cos\beta = \frac{1}{2}[\sin(\alpha+\beta) + \sin(\alpha-\beta)]$$

$$\cos\alpha \sin\beta = \frac{1}{2}[\sin(\alpha+\beta) - \sin(\alpha-\beta)]$$

$$\cos\alpha \cos\beta = \frac{1}{2}[\cos(\alpha+\beta) + \cos(\alpha-\beta)]$$

$$\sin\alpha \sin\beta = -\frac{1}{2}[\cos(\alpha+\beta) - \cos(\alpha-\beta)]$$

$$\sin\alpha = 2\sin\frac{\alpha}{2}\cos\frac{\alpha}{2}$$

$$\sin 2\alpha = 2\sin\alpha \cos\alpha$$

$$\cos\alpha = 2\cos^2\frac{\alpha}{2} - 1 = 1 - 2\sin^2\frac{\alpha}{2}$$

$$\cos 2\alpha = 2\cos^2\alpha - 1 = \cos^2\alpha - \sin^2\alpha = 1 - 2\sin^2\alpha$$

$$\cos 3\alpha = 4\cos^3\alpha - 3\cos\alpha$$

$$\cos 4\alpha = 8\cos^4\alpha - 8\cos^2\alpha + 1$$

$$\sin^2\alpha + \cos^2\alpha = 1$$

$$1 + \tan^2\alpha = \sec^2\alpha = \frac{1}{\cos^2\alpha}$$

$$\sin\alpha = \alpha - \frac{\alpha^3}{3!} + \frac{\alpha^5}{5!} - \frac{\alpha^7}{7!} + \cdots$$

$$\cos\alpha = 1 - \frac{\alpha^2}{2!} + \frac{\alpha^4}{4!} - \frac{\alpha^6}{6!} + \cdots$$

$$e^{\pm j\alpha} = \cos\alpha \pm j\sin\alpha$$

$$\tan\alpha = \frac{\sin\alpha}{\cos\alpha}$$

E.2 쌍곡선 함수 관계식

$$\sinh\alpha = \frac{e^{\alpha} - e^{-\alpha}}{2} = \alpha + \frac{\alpha^3}{3!} + \frac{\alpha^5}{5!} + \frac{e^7}{7!} + \cdots$$

$$\cosh\alpha = \frac{e^{\alpha} + e^{-\alpha}}{2} = 1 + \frac{\alpha^2}{2!} + \frac{\alpha^4}{4!} + \frac{e^6}{6!} + \cdots$$

$$\tanh\alpha = \frac{\sinh\alpha}{\cosh\alpha} = \frac{1}{\coth\alpha}$$

$$\sinh(\alpha \pm j\beta) = \sinh\alpha\cos\beta \pm j\cosh\alpha\,\sin\beta$$

$$\cosh(\alpha \pm j\beta) = \cosh\alpha\cos\beta \pm j\sinh\alpha\,\sin\beta$$

$$\sinh(j\alpha) = j\sin\alpha = \frac{e^{j\alpha} - e^{-j\alpha}}{2}$$

$$\cosh(j\alpha) = \cos\alpha = \frac{e^{j\alpha} + e^{-j\alpha}}{2}$$

E.3 수학적인 관계식

(1) Dirac delta function (디락 델타 함수)

$$\delta(x - x_0) = 0 \qquad \text{for } x \neq x_0$$

$$\int_{-\infty}^{\infty} \delta(x - x_0)\,dx = 1$$

$$\int_{-\infty}^{\infty} g(x)\,\delta(x - x_0)\,dx = g(x_0)$$

(2) Binomial theorem (이항 정리)

$$(a+b)^n = a^n + n\,a^{n-1}\,b + \frac{n(n-1)}{2!}\,a^{n-2}\,b^2 + \frac{n(n-1)(n-2)}{3!}\,a^{n-3}\,b^3 + \cdots$$

$$(1 \pm x)^n \approx 1 + nx \qquad \text{for } x \ll 1$$

(3) Bessel function (베셀 함수)

$$J_0(x) = \frac{1}{2\pi}\int_0^{2\pi} e^{jx\cos\alpha}\,d\alpha$$

$$J_n(x) = \frac{j^{-n}}{2\pi}\int_0^{2\pi} e^{jx\cos\alpha}\cos(n\alpha)\,d\alpha$$

$$= \sum_{m=0}^{\infty} \frac{(-1)^m\,x^{2m+n}}{m!\,(m+n)!\,2^{2m+n}}$$

$$J_n(x) = \frac{2(n-1)}{x}\,J_{n-1}(x) - J_{n-2}(x)$$

$$\int x^{n+1}\,J_n(x)\,dx = x^{n+1}\,J_{n+1}(x)$$

$$\int_0^1 (1-x^2)^n\,x\,J_0(bx)\,dx = \frac{2^n\,n!}{b^{n+1}}\,J_{n+1}(b)$$

(4) 자주 쓰는 적분식들

$$\int \sin(a+bx)\,e^{cx}\,dx = \frac{e^{cx}}{b^2+c^2}\,[c\sin(a+bx) - b\cos(a+bx)]$$

$$\int_{-\infty}^{\infty} \frac{\sin^2 x}{x^2}\,dx = \pi$$

$$\mathrm{Si}(x) = \int_0^x \frac{\sin\tau}{\tau}\,d\tau \qquad \text{sine integral}$$

$$\mathrm{Ci}(x) = -\int_x^{\infty} \frac{\cos\tau}{\tau}\,d\tau \qquad \text{cosine integral}$$

$$\mathrm{Cin}(x) = \int_0^x \frac{1-\cos\tau}{\tau}\, d\tau$$

$$\mathrm{Cin}(x) = 0.5772 + \ln(x) - \mathrm{Ci}(\mathrm{x})$$

(5) Fresnel integral

$$C(x) = \int_0^x \cos\left(\frac{\pi}{2}\tau^2\right) d\tau$$

$$S(x) = \int_0^x \sin\left(\frac{\pi}{2}\tau^2\right) d\tau$$

$$C(-x) = -C(x)$$

$$S(-x) = -S(x)$$

참고문헌

[1] J. Ramsay, "Highlights of antenna history," IEEE Ant. & Prop. Soc. Newsletter, pp. 8-20, Dec. 1981.

[2] J. D. Kraus and R. J. Marhefka, Antennas for all applications, 3rd ed., McGraw-Hill, 2002.

[3] 박동국, 초고주파 회로, 도서출판 미래컴, 2007.

[4] Y. T. Lo and S. W. Lee, Eds., Antenna Handbook, Van Nostrand Reinhold, New York, p.27-21, 1988.

[5] 박영태, 안테나공학, 도서출판 인터비젼, pp. 154-156, 2006.

[6] 윤영중, 홍의석, 전계석, 김민준, 임영석, 정백호 공역, 안테나 이론과 설계, 교보문고, 2004.

[7] E. Jordan and K. Balmain, Electromagnetic Waves and Radiating Systems, 2nd ed., Prentice-Hall, Englewood Cliffs, NJ, p.402, 1968.

[8] H. E. Green, "Design data for short and medium length Yagi-Uda arrays," Institution of Engineers (Australia), Elec. Eng. Trans., pp.1-8, March 1966.

[9] G. A. Thiele, "Analysis of Yagi-Uda type antennas," IEEE Trans. Antennas & Propagation, vol. AP-17, pp. 24-31, Jan. 1969.

[10] D. Proctor, "Graphs simplify corner reflector antenna design," Microwaves Magazine, pp. 48-52., July 1975.

[11] R. C. Johnson, Ed., Antenna Engineering Handbook, 3rd ed., McGraw-Hill, New York, Ch. 5, 1993.

[12] W. S. Stutzman and G. A. Thiele, Antenna Theory and Design, John Wiley & Sons, p. 247, 1981.

[13] Y. T. Lo and S. W. Lee, Eds., Antenna Handbook, Van Nostrand Reinhold,

New York, p.27-23, 1988.

[14] V. Rumsey, Frequency Independent Antennas, Academic Press, New York, 1966.

[15] A. J. Poggio and P. E. Mayes, "Pattern bandwidth optimization of the sleeve monopole antenna." IEEE Trans. Antennas & Propagation, vol. AP-14, pp. 643-645, Sept. 1966.

[16] H. E. Kong and J. L. Wong, "Characteristics of 1 to 8 wavelength uniform helical antennas," IEEE Trans. Antennas & Propagation, vol. AP-28, pp. 291-296, March 1980.

[17] J. J. Nail, "Designing discone antennas," Electronics, vol. 26, pp. 167-169, Aug. 1953.

[18] T. H. Crowley and W. Marsh, "Discone type antennas," Ohio State Research Foundation Tech. Rept. 510-13, June 30, 1954.

[19] Y. Mushiake, Self-Complementary Antennas, Springer-Verlag, Berlin, p.16, 1996.

[20] J. D. Kraus and R. J. Marhefka, Antennas for all applications, 3rd ed., McGraw-Hill, 2002.

[21] R. L. Carrel, "The design of Log-period dipole antennas," IRE Int. Conv. Rec., vol. 1, pp. 61-75, 1961.

[22] W. M. Cheong and R. W. P. King, "Log periodic dipole antenna," Radio Sci., vol. 2, pp. 1315-1325, Nov. 1967.

[23] 이상설, 안테나 및 전자파전파, 형설출판사, 1995.

[24] M. T. Ma, Theory and Applications of Antenna Arrays, Wiley, New York, Sec. 1.3, 1973.

[25] R. C. Hansen, ed., Microwave Scanning Antennas, vol. II, Array Theory and Practices, Academic Press, New York, 1966.

[26] A. Parfitt, D. Griffin, and P. Cole, "Mutual coupling between metal strip antennas on finite size, electrically thick dielectric substrates," IEEE Trans. Ant. Prop., vol. 41, pp. 108-115, Jan. 1993.

[27] C. C. Franklin, Brit. Patent No. 242342-1924, 1924.

[28] T. Y. Han, "Series-fed microstrip array antenna with circular polarization," International Journal of Antennas and Propagation, Vol. 2012, Article ID 681431, pp. 1-5, 2012.

[29] Roger Hill, "A practical guide to the design of microstrip antenna arrays," Microwave Journal, Feb. 2001.

[30] A. Chen, C. Yang, Z. Chen, Y. Zhang, and Y. He, "Design of multilevel sequential rotation feeding networks used for circularly polarized microstrip antenna arrays," International Journal of Antennas and Propagation, Vol. 2012, Article ID 304816, 2012.

[31] 이문수, 전성근, 양규식, 최병하, 손태호, 안병철 공역, 안테나 이론: 해석과 설계, 도서출판 미래컴, 2001.

[32] W. L. Stutzman, Polarization in Electromagnetic Systems, Artech House, Boston, MA, 1993.

[33] H. V. Carnagan, "Measure that field using any antenna," Microwaves, vol. 14, pp. 45-47, July 1975.

찾아보기

W+ 안테나공학

2025년 8월 15일 인쇄 발행

저 자 박동국
발 행 인 송기수
발 행 처 도서출판 위즈덤플
편 집 처 도서출판 위즈덤플
편 집 인 한아름
인 쇄 처 트윈벨미디어
등록번호 제 2015-000009 호
I S B N 979-11-89342-77-7(93560)

주 소 서울 은평구 증산로 15길 69 2층
전 화 02-976-7898
팩 스 02-6468-7898
홈페이지 gsintervision.co.kr
E-Mail gsinter7@gmail.com

정 가 32,000원